A Genealogy of Industrial Design in China:
Heavy Industrial Equipment and Machinery

工业设计中国之路
重工业装备产品卷

孙立　沈榆　编著

大连理工大学出版社

图书在版编目(CIP)数据

工业设计中国之路. 重工业装备产品卷 / 孙立，沈榆编著. -- 大连：大连理工大学出版社，2019.6
ISBN 978-7-5685-1953-3

Ⅰ. ①工… Ⅱ. ①孙… ②沈… Ⅲ. ①工业设计—中国②重工业—工艺装备—工业设计—中国 Ⅳ. ①TB47 ②TH16

中国版本图书馆CIP数据核字（2019）第060497号

GONGYE SHEJI ZHONGGUO ZHI LU
ZHONGGONGYE ZHUANGBEI CHANPIN JUAN

出版发行：大连理工大学出版社
（地址：大连市软件园路80号 邮编：116023）
印　　刷：深圳市福威智印刷有限公司
幅面尺寸：185mm × 260mm
印　　张：18.5
插　　页：4
字　　数：427千字
出版时间：2019年6月第1版
印刷时间：2019年6月第1次印刷
策　　划：袁　斌
编辑统筹：初　蕾　裘美倩　张　泓
责任编辑：裘美倩
责任校对：初　蕾
封面设计：温广强

ISBN 978-7-5685-1953-3
定　　价：318.00元

电 话：0411-84708842
传 真：0411-84701466
邮 购：0411-84708943
E-mail：jzkf@dutp.cn
URL:http://dutp.dlut.edu.cn

本书如有印装质量问题，请与我社发行部联系更换。

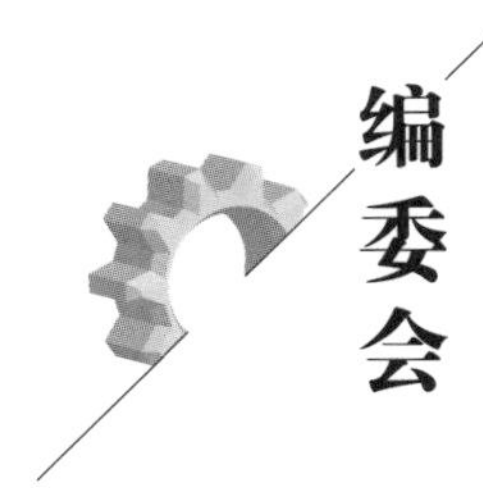

编委会

“工业设计中国之路” 编委会

工业设计中国之路　概论卷

工业设计中国之路　电子与信息产品卷

工业设计中国之路　交通工具卷

工业设计中国之路　轻工卷（一）

工业设计中国之路　轻工卷（二）

工业设计中国之路　轻工卷（三）

工业设计中国之路　轻工卷（四）

工业设计中国之路　重工业装备产品卷

工业设计中国之路　理论探索卷

总序

面对西方工业设计史研究已经取得的丰硕成果，中国学者有两种选择：其一是通过不同层次的诠释，理解其工业设计知识体系。毋庸置疑，近年中国学者对西方工业设计史的研究倾注了大量的精力，出版了许多有价值的著作，取得了令人鼓舞的成果。其二是借鉴西方工业设计史研究的方法，建构中国自己的工业设计史研究学术框架，通过交叉对比发现两者的相互关系以及差异。这方面研究的进展不容乐观，虽然也有不少论文、著作涉及这方面的内容，但总体来看仍然在中国工业设计史的边缘徘徊。或许是原始文献资料欠缺的原因，或许是工业设计涉及的影响因素太多，以研究者现有的知识尚不能够有效把握的原因，总之，关于中国工业设计史的研究长期以来一直处于缺位状态。这种状态与当代高速发展的中国工业设计的现实需求严重不符。

历经漫长的等待，“工业设计中国之路”丛书终于问世，从此中国工业设计拥有了相对比较完整的历史文献资料。本丛书基于中国百年现代化发展的背景，叙述工业设计在中国萌芽、发生、发展的历程以及在各个历史阶段回应时代需求的特征。其框架构想宏大且具有很强的现实感，内容涉及中国工业设计概论、轻工业产品、交通工具产品、重工业装备产品、电子与信息产品、理论探索等，其意图是在由研究者构建的宏观整体框架内，通过对各行业有代表性的工业产品及其相关体系进行深入细致的梳理，勾勒出中国工业设计整体发展的清晰轮廓。

要完成这样的工作，研究者的难点首先在于要掌握大量的原始文献，但是中国工业设计的文献资料长期以来疏于整理，基本上处于碎片化状态，要形成完整的史料，就必须经历艰苦的史料收集、整理和比对的过程。本丛书的作者们历经十余年的积累，在各个行业的资料收集、整理以及相关当事人口述历史方面展开了扎实的工作，其工作状态一如历史学家傅斯年所述："上穷碧落下黄泉，动手动脚找东西。"他们义无反顾、凤凰涅槃的执着精神实在令人敬佩。然而，除了鲜活的史料以外，中国工业设计史写作一定是需要研究者的观念作为支撑的，否则非常容易沦为中国工业设计人物、事件的"点名簿"，这不是中国工业设计历史研究的终极目标。本丛书的作者们以发现影响中国工业设计发展的各种要素以及相互关系为逻辑起点并且将其贯穿研究与写作的始终，从理论和实践两个方面来考察中国应用工业设计的能力，发掘了大量曾经被湮没的设计事实，贯通了工程技术与工业设计、经济发展与意识形态、设计师观念与社会需求等诸多领域，不将彼此视作非此即彼的对立，而是视为有差异的统一。

在具体的研究方法上，本丛书的作者们避免了在狭隘的技术领域和个别精英思想方面做纯粹考据的做法，而是采用建立"谱系"的方法，关注各种微观的事实，并努力使之形成因果关系，因而发现了许多令人惊异的、新的知识点。这在避免中国工业设计史宏大叙事的同时形成了有价值的研究范式，这种成果不是一种由学术生产的客观知识，而是对中国工业设计的深刻反思，体现了清醒的理论意识和强烈的现实关怀。为此，作者们一直不间断地阅读建筑学、社会学、历史学、工程哲学，乃至科学哲学等方面的著作，与各方面的专家也保持着密切的交流和互动。研究范式的改变决定了"工业设计中国之路"丛书不是单纯意义上的历史资料汇编，而是一部独具历史文化价值的珍贵文献，也是在中国工业设计研究的漫长道路上一部里程碑式的著作。

工业设计诞生于工业社会的萌发和进程中，是在社会大分工、大生产机制下对资源、技术、市场、环境、价值、社会、文化等要素进行整合、协调、修正的活动，并可以通过协调各分支领域、产业链以及利益集团的诉求形成解决方案。

伴随着中国工业化的起步，设计的理论、实践、机制和知识也应该作为中国设计发展的见证，更何况任何社会现象的产生、发展都不是孤立的。这个世界是一个整体，一个牵一丝动全局的系统。研究历史当然要从不同角度、不同专业入手，而当这些时空（上下、左右、前后）的研究成果融合在一起时，自然会让人类这种不仅有五官、体感，而且有大脑、良知的灵魂觉悟：这个社会发展的动力还带有本质的观念显现。这也可以证明意识对存在的能动力，时常还是巨大的。所以，解析历史不能仅从某一支流溯源，还要梳理历史长河流经的峡谷、高原、险滩、沼泽、三角洲，乃至海床的沉积物和地层剖面……

近年来，随着新的工业技术、科学思想、市场经济等要素的进一步完善，工业设计已经被提升到知识和资源整合、产业创新、社会管理创新，乃至探索人类未来生活方式的高度。

2015 年 5 月 8 日，国务院发布了《中国制造 2025》文件，全面部署推进“实现中国制造向中国创造的转变”和“实施制造强国战略”的任务，在中国经济结构转型升级、供给侧结构性改革、人民生活水平提高的过程中，工业设计面临着新的机遇。中国工业设计的实践将根据中国制造战略的具体内容，以工业设计为中国“发展质量好、产业链国际主导地位突出的制造业”的支撑要素，伴随着工业化、信息化“两化融合”的指导方针，秉承绿色发展的理念，为在 2025 年中国迈入世界制造强国的行列而努力。中国工业设计史研究正是基于这种需求而变得更加具有现实意义，未来中国工业设计的发展不仅需要国际前沿知识的支撑，也需要来自自身历史深处知识的支持。

我们被允许探索，却不应苟同浮躁现实，而应坚持用灵魂深处的责任、热情，以崭新的平台，构筑中国的工业设计观念、理论、机制，建设、净化、凝练“产业创新”的分享型服务生态系统，升华中国工业设计之路，以助力实现中华民族复兴的梦想。

理想如海，担当做舟，方知海之宽阔；理想如山，使命为径，循径登山，方知山之高大！

柳冠中

2016 年 12 月

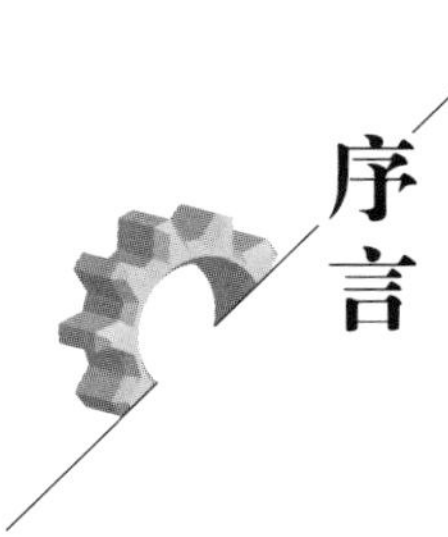

序言

"工业设计中国之路"丛书《重工业装备产品卷》重点介绍了中华人民共和国成立后到改革开放期间装备制造领域的重大成就。对当下的我们而言，这是不远的历史。当我们重温过去，读到一篇篇装备研发过程中生动的故事时，依然感到亲切，因为那是我们前辈们曾经奋斗过的岁月；那种艰苦奋斗、勇于创新的精神依然能深深地感动我们。当然，历史不仅为我们留下了感动，历史也将为我们今天的设计创新活动提供新的思想源泉。

本卷将主要内容分为机械母机和通用装备。装备产品涵盖了万吨水压机、普通机床、支线与干线飞机、内燃机车、矿用自卸车等。虽然那时的中国装备设计具有政治制度与计划经济的特点，但从取得重大成就的结果来看，工业设计思想与方法的运用无疑发挥了重大作用。

装备制造业工业设计的特征主要表现在：物质功能明确，不刻意追求艺术表现；受技术与成本因素制约，造型可变空间小；产品体积大，工作强度大，对装备操作的人机环境协调性要求很高。从设计角度去看这段历史，我们会吃惊地发现前辈们非常好地应用设计思维解决了设计与制造中的一系列问题，虽然那时还没有出现设计思维这个名词。

在计划和论证阶段，从提出需要开始，对军事需求、战略和战术观点、地理和气候条件、科学技术水平、生产制造的能力、经费投入等进行充分的调研、比较和讨论，最终形成产品规划和发展计划。这个过程相当于设计思维中的用户需求洞察与问题的定义过程。

在研究阶段，在研制任务下达之前，根据需求和预测，进行新技术、新部件的预先研究与技术准备。在接受任务后，对总体方案和关键技术，有针对性地进行研究，验证新技术、新部件和总体方案的可行性。这是设计思维极为强调的技术可行性研究过程。

在设计阶段，在已有各类装备和预研成果的技术基础上，进行总体设计、部件设计和零件设计。在设计过程中，对方案进行补充或修改。这是设计思维中的设计与迭代过程。

在试制和试验阶段，一般要制作原理样机、初样机和正样机。通过试制和试验，可以检验设计、工艺等各方面的合理性和经济性，发现存在的问题，以便进行修改，直至满足要求。这是设计思维中的原型与测试部分。

除此之外，前辈们为了解决各种问题还应用了许多创新方法，如老中青结合、群策群力、蚂蚁啃骨头、制作缩小比例模型进行验证等。这些都给我们以后的创新设计提供了非常好的借鉴。

《重工业装备产品卷》展现的设计事实有助于我们更加清楚地认识工业设计的本质。当下的设计教育存在很多问题，似乎都在夸大设计中的艺术性的作用，注重局部而忽视了整体，背离了设计的初心，即设计创新是为了解决问题的。本卷提供了很多可以借鉴的内容，即如何在约束条件极为严苛的情况下应用工业设计，如何通过集成创新解决问题，如何在设计中把握整体与局部的关系等。这些案例都能给我们有益的启迪。

我们应当看到，本卷所反映的绝不仅仅是某种装备的研发成功过程，也不仅仅是一种思维、一种方法的成功应用经验，更为重要的是，它反映了前辈们的艰苦奋斗精神、科学研究精神、大胆创新精神，以及为国担当的使命感。这是一部十分难得的工业设计史著作，作者们直面装备产品设计的复杂性，通过查阅大量的资料，梳理了鲜明的设计线索，尤其是对设计思想、工程问题细致入微的追问和记载，使得全书没有停留在一般的设计叙述状态，因而成为近年来工业设计史著作中具有结构性突破的文献。无印良品艺术总监原研哉说：“我们的立足之处，是过去与未来的夹缝之中。创造力的获得，并不一定要站在时代的前端。如果能够把眼光放得足够长远，我们的身后或许也一样隐藏着创造的源泉。”中国工业设计史写作的必要性由此可见一斑。

余隋怀

2018 年 6 月

目录

第一章　工业装备制造业在中国

第一节　为什么要发展装备制造业

装备制造业是我国在实现自身工业化过程中为满足国家产业计划而提出的概念，国际上无此种说法。其概念是为国民经济各部门进行简单再生产和扩大再生产提供生产工具的制造部门的总称，实际上这与国际上通用的机械工业的概念基本一致。之所以要创造这一新术语是为了区别于一般加工制造业，如电视接收机、自行车、手表，乃至一般交通工具的制造业。也就是说，装备制造业是指机械工业中技术较为复杂的高端领域，对于一个国家来说是具有战略意义的活动，如重型工程机械、机床工业、海洋工程装备、核电装备等方面，其中很大一部分与国防军事有关。

从历史上来看，近代中国对于机械工业的称呼不尽相同，如铁工业、机制工业、机器业、机器工业、机器制造业、机械工业、机械制造业等。但机械工业无论在哪个国家、被赋予何种称呼，它都是国家的“心脏产业”，这一点毫无疑问。机械工业的能力与一个国家的现代化程度密切相关，是衡量国家总体工业实力的标杆。

中国的机械工业肇始于19世纪中叶，清朝重臣曾国藩1861年创立的安庆内军械所和李鸿章1865年创立的江南机器制造总局为其开端。但是由于社会制度落后、国际形势复杂多变，在1949年之前，中国的机械工业多为二次加工，能组装飞机却不能生产高质量航空铝材，能装配火炮却不能大规模生产无缝钢管，始终无法建立机械工业的产业链。

中华人民共和国成立后，在经历了一段时间的经济恢复与建立生产秩序的工作后，中央人民政府重工业部于1950年开始研究并确定未来的发展方针，同时开始筹建大型企业。1950年2月，中央人民政府重工业部在时任政务院副总理陈云的指示下，以“化万能为专能，集专能为万能”为目标，对我国的机械工业企业进行了初步划分。到 1952 年，机械工业已能为国民经济的恢复和抗美援朝提供军需用品，同时也为国家大规模建设做好了准备。1952 年 8 月 7 日，中央人民政府委员会第十七次会议决定成立第一机械工业部和第二机械工业部，第一机械工业部设通用机械、机床工具、重型机械、动力机械、电工、汽车、船舶和机车车辆 8 个专业管理局，第二机械工业部则主管核工业。1958 年 2 月，第一机械工业部、第二机械工业部与电机制造工业部合并为第一机械工业部，主管航空工业的第三机械工业部改名为第二机械工业部，中国装备工业的建设与管理框架就此形成。

中华人民共和国成立之初的机械工业设计者们为建立与中国大国地位相匹配的机械工业打下了坚实的基础。首先，工业部门把已有的老厂定向组织起来，并以工艺为中心进行技术改造，使其逐步建立正规的生产秩序。例如，东北的机械工厂学习苏联的管理经验，推行按指示图表组织生产节奏，在加强计划管理的基础上，按照现有工业水平，致力于实现全面的均衡生产，并建立起健全的企业技术管理，改善生产技术准备工作。其次，以发展冶金设备、电力设备、运输机械和金属切削机床为重点，以苏联、捷克斯洛伐克、民主德国援建项目为主，建设一批现代化大型骨干企业，其中最为庞大而关键的计划便是著名的苏联援建的“156 项工程”。这些工程大多属于能源、原材料和制造业，被援建的企业在建设过程中得到了苏联多数工厂都没有配备的先进设备。其间，苏联代表团还决定送给中方两个礼物：一是将当时正在我国展览的 83 台机床和农业机械赠送给中方；二是派遣专家帮助我国建立一个播种面积为 2 万公顷的国营农场，并提供相应的机械设备。

协议达成后，苏联部长会议于 1954 年 11 月 25 日通过了相关决议，决定满足我国政府的请求，要求苏联一些工业部门必须完成援建项目的企业设计工作，在企业建设、安装、调试和生产中提供设备、电缆制品和技术援助。比如，交通建设部派出设计师和建设者；发电部派出 13 名专家勘测长江水力资源；冶金和化学企业建设部派出 11 名专家，为我国 11 个国有企业的建设提供技术援助；黑色冶金部和国家计划委员会鉴定鞍山钢铁公司轧钢设备的使用能力，以帮助我国确定该公司整个冶炼周期的设计能力，同时该部还帮助我国实现 59 式坦克装甲板的本土化生产；其他部门，如建设部、化学工业部、电站部也要如期完成援建项目中造船厂和鱼类生产厂的配套设计。此外，苏联每年还接收 2 000 名我国技工到苏联工厂进行生产实习，同时提高我国工人和专家的水平，并视实际情况延长培训时间。

苏联的深度参与使我国的机械工业从无到有地建立了汽车、拖拉机、发电设备和机械工程等一大批制造业，扩大和加强了机床工具、机车车辆和造船工业的规模和技术力量。不仅沿海传统工业城市的机械工业得到进一步发展，还初步建立了哈尔滨、洛阳、西安和兰州等一批新兴的机械工业基地。

搭建装备工业发展框架的同时，我国也在制订与产业相匹配的科学计划。1955 年 8 月，苏联科学院代表团在访华期间向中方决策人员提出了发展计算机技术的建议，苏方认为中国尽快发展计算机技术将为未来各个机械工业领域的难题提供解决方案。接受了苏联专家建议后，我国于次年 3 月派出代表团前往莫斯科，通过“苏联数学机械与数学仪器制造发展的途径”这一国际会议了解了苏联相关学科的发展与成就。会议上，莫斯科大学的列别捷夫提出了重要建议，他认为，“中国应该尽快建立起像苏联现在的精密机械与计算机技术研究所和雏形工厂，建立时研究工作人员约 100 人，工厂中的工作人员约 50 人，开始时计算中心可和制造机器的研究机构在一起，三年后可分开，同时视国内的需要不同，可建成若干。”并要求“目前在莫斯科学习数学的留学生立即开始学习计算机技术，将来好掌握自己的工作”。而苏联则可以“将新做成尚未命名的机器经过一定的手续，使中国得到，中国可以在有机器的具体条件下，培养使用和制造的干部”。

这次会议为我国制订和实施与机械工业相匹配的科学技术发展规划提供了非常必要的思想储备。此后，我国不断引进技术，采用新工艺来发展新产品，并发展了与产业相匹配的教育与科研事业，在建设计划安排上提出“建厂先建校，生产先育人”的宗旨，充实与建立了一批专业院校，并着手建立了一批科研院所，我国机械工业的齿轮就此转动起来。

第二节 “军-工-学”体制的基础

在近代历史上，欧洲出现了一个不断自我强化的循环，“在循环过程中，它的军事组织支持了经济和政治的扩张，它本身也受到了经济和政治扩张的支持”。这一循环造就了西方世界的军工综合体。19 世纪，现代意义上的军工综合体首次出现，在这一架构中，军方加强了介入经济发展的动机，冶金、机械等工业的技术也受到军事需求的推动而向前发展。伴随着西方工业体系扩展于全球，军工综合体这一现代国家架构也被复制于世界各地，并与各个后发工业国家的战略性工业化努力紧密相系。以我国来说，抗日战争时期一度出现了一个军－工－学综合体的雏形，但战争结束后即遭遇解体，军－工－学的关系因抗日战争而得到强化。在抗战时期，西南联大等高校的工程学科师生参与了军工生产，可视为军－工－学关系的明显强化。我国在民国时期就有意识地培育了工程学科，扭转了此前我国教育界重文法轻理工的结构，这对于中国军－工－学关系的演化影响较为深远。因为在现代军－工－学综合体中，理工科人才具有直接作用，工科教育的壮大意味着军－工－学综合体人力资源的扩充。

1949 年中华人民共和国成立以后，战略性工业得以强势展开，军－工－学综合体的创建乃是必然。我国军－工－学综合体造端于 1949—1957 年间，并与机械工业有密切关联。到 1957 年，中国的机械工业实现了跨越式发展，并成为支撑军－工－学综合体的骨干产业之一。

就战略性产业的建设而言，军－工－学综合体在机械、铁路等部门率先形成。这一点首先体现在解放军将领成为各战略部门的领导。例如，重工业部代部长何长工曾担任红八军军长、红十三军政委、东北军政大学代校长等职务，铁道部部长滕代远曾任中共中央军委参谋长、华北军区副司令员等职务。即使那些更具文职色彩的干部，如第一机械工业部部长黄敬，在革命时期也曾参与军事斗争，担任过平原军区政委等职务。这些解放军高级干部转化为政府的行政干部，其具有军队背景不足为奇，这是由于当时战事尚未完全结束，若干战略部门尚直接被用于作战。在这种情形下，军事干部参与对铁路、机械、电信等产业的管理亦具有相当之合理性。实际上，解放军对一些战略工业有非常迫切的需求。例如，1950 年 7 月 13 日，朱德总司令写信给萧劲光等海军将领，称为了加强海军建设“就必须有造船厂、飞机厂”，而且“有了这两种厂能自造还不够，必须要有石油厂，才能强化起来”，故海军应“有计划地请求燃料部，在三年至五年内，必须设油管”。因此，军事干部任职于战略性工业部门，也有利于军队和产业的沟通。尽管这些干部并非工业技术专家，但他们在长期军事斗争中形成的世界观和领导能力，对于当时我国战略产业的发展却是一个优势。例如，对于是否应该优先发展尖端的航空工业，当时政府内部是存在争议的，但重工业部代部长何长工极力主张发展该产业，其理由为“要取得抗美援朝战争的最后胜利，要想保卫我国的神圣领空不受侵犯，必须建立强大的空军，发展自己的航空工业”。当时中央政府财力紧张，苏联对我国空军又能够给予直接援助，在此情形下，发展独立自主的航空工业对我国来说缺乏经济上的合理性。可以说何长工的理由主要是一种军事考虑，这与他系由军人转为文职不无关系。然而，正是这一非经济的战略考虑使中国航空工业能及早起步。由此可见，军队出身的干部所具有的战略观，对于战略性产业的推动作用是巨大的。除了由具有军队背景的干部出任工业部门领导外，解放军还对机械工业等部门的生产提出要求和建议。在抗美援朝战争与解放东南沿海岛屿的战争中，我国机械工厂广泛参与了军工生产。例如，1952 年 11 月中央军委通信部副部长刘寅的报告指出：“自抗美援朝以来，各电信厂为保证军事需要，已全部转向生产通信机（器）材。电机、电线两厂，为配合军需亦已逐步转向以供应军事通信器材为主。到目前为止，各厂为军事生产之力量已占全部生产能力之 70%。”同样是出于军事需要，部队对机械工业的生产也会提出一些建议。例如，1954 年 12 月，解放军总参谋部作战部部长张震提出了关于造船问题的建议。当时，部队需要 500 艘登陆舰艇，但工业部门研制的主机尚存在技术问题，向苏联订货时间上也来不及。因此，张震提出了三个解决方案：（1）由国务院严令机械工业部门突击试造 121 kW 的柴油机并扩大生产计划；（2）若工业部门实在无法完成任务，则向国外提出主机的紧急订货；（3）若上述两条均难办到，则可以考虑先造一部分 44 kW 的船，以应海防作战的需要。总之，张震认为“能争取到第一方案最好。若第一、第二方案均不行，即需速下决心造一部分慢速度的船”。1955 年 1 月，解放一江山岛和大陈列岛的战役迅速取得胜利，部队对于舰船的需求遂没有那么紧迫了。但在一江山岛作战前夕，由于船只缺少，负责指挥的司令员张爱萍不得不亲自到江南造船厂等单位调集舰艇，这仍然反映了解放军面临着装备供给的困难。正因为如此，部队与负责提供装备的机械工业部门形成了密切关系。实际上，部队还会针对机械企业的产品提出技术上的改进意见，如建议天津动力机厂生产的空气压缩机的“高、低压风缸用循环冷却水套包起来，以降低温度”以及“进风管请加长一些”等。在提出这些专业性较强的建议前，部队曾对上述产品进行过初步试验，故其建议应当具有实际价值。因此，军队作为机械产品的专业性用户，对于机械企业的技术改进能够提供实质性的帮助。不过，现代军队的武器装备虽由机械工业等产业供应，但武器装备的战斗力有赖于科学技术的进步，这是军－工综合体向军－工－学综合体扩展的重要原因。因此，我国的科学技术发展政策也与解放军有着紧密联系。聂荣臻作为主管军工生产和军队装备工作的领导，参与了《1956—1967 年科学技术发展远景规划纲要》的制定和领导工作。据聂荣臻回忆，对于科学规划的原则，当时存在着较大分歧：一种意见认为要按任务来规划，即“根据国民经济和国防建设对科学技术提出的任务来进行规划”；另一种意见则认为要按学科来规划，即“有什么科学家、有什么机构就规划什么学科”。聂荣臻是支持以任务带学科的，后来这种意见胜出。客观地说，基础学科的纯理论研究长远来看对工业技术的发展起着决定作用。在最终的《1956—1967 年科学技术发展远景规划纲要》中，机械工业相关技术的发展被视为重点之一。其中，民用技术部分列出了机械制造研究的三项任务：其一是掌握工业、运输业各部门机器器械特别是大型机器器械的制造；其二是掌握并研究高效率、高精密度和高材料利用率的材料加工过程；其三是研究机器和工具使用期限的延长方法，特别是金属防腐问题。军用技术部分包括 5 个方面：（1）航空的发展方向问题；（2）电子科学（无线电技术）方面的问题；（3）热核子的应用问题；（4）防化与军事医学问题；（5）常规武器的改进问题。其中不少与机械制造有关，如喷气式飞机的改进、导弹的制造、高速大马力内燃机和喷气式发动机的研究等。由于资源有限，《1956—1967 年科学技术发展远景规划纲要》在 57 项国家重要科学技术任务中又特别列出 12 项任务作为今后 12 年内的科学研究重点，要求“优先保证它们的发展”，其中和机械工业有直接关系的占半数，包括原子能的和平利用、无线电电子学中的新技术（半导体、电子计算机和电子仪器等）、喷气技术、生产过程自动化和精密仪器、新型动力机械和大型机械，以及农业的机械化。细加分析，这 6 项任务中，原子能技术、电子学技术和喷气技术又属于前述军用技术研究规划直接关注的内容。因此，《1956—1967 年科学技术发展远景规划纲要》对机械工业技术的重视在相当程度上是为部队的战略意图服务的。进一步说，该规划体现了军队试图以科学技术的进步来提升工业水平的努力，这对军队、产业和科学研究来说都具有好处。

科学技术的进步是由科研技术人员实际推动的，因此，军 – 工 – 学综合体的基础在于大量技术人才的加入。中华人民共和国成立后，大批科研人员被进一步组织起来，于 1950 年成立了中华全国自然科学专门学会联合会（简称“科联”）。在科联之下，又组建了各学科的分学会。其中机械方面的中国机械工程学会成立于 1951 年，其推动者既包括刘仙洲、庄前鼎等民国时期中国机械工程界的重要学者，又包括刘鼎、沈鸿等国家技术干部。学会在各地设有分会，至 1951 年 12 月底，会员共计 4 292 人。从其活动来看，这一新的中国机械工程学会与民国时期的学会大体相似，某些工作甚至是接续此前未竟之事业，如编订《机械工程名词》，系以刘仙洲过去所编《机械工程名词》一书为基础，并利用了国民政府国立编译馆的资料。不过，新学会也有新气象，其最重要者莫过于翻译《苏联机器制造百科全书》。该书共 15 卷，

206 本，其汉译工作始于 1952 年，1955 年方全部出版。可以说，中国机械工程学会代表了当时中国机械科学技术研究的基本力量，其工作对于中国机械工业技术轨道的变更有着重要影响。

当时的科技力量还包括海外归国学者，其中最著名的自然是钱学森。早在 1935 年，钱学森发表在《浙江青年》上的科普性文章就向中国读者介绍了各国科学家在空间科学方面的竞赛，他写道："朋友们，全世界都热心于火箭了，工程家和科学家都动员了，他们努力地、忍耐地、一步一步地走向征服宇宙的路，他们每一步都是坚实的。"毫无疑问，钱学森是希望自己的祖国也能加入这场征服宇宙的大棋局中的。在美国期间，钱学森不仅参与了美国军事技术的前沿研究，还见证了第二次世界大战期间美国军－工－学综合体的强化。1956 年，钱学森在关于火箭和导弹的专题报告中追忆了美国火箭技术的研发历程，指出一开始大学试验室"只有靠自己"，所以"根本没有试验经费"，直到第二次世界大战爆发，美国军方对这个问题产生了相当大的兴趣，大学的研究才得以扩大。在美国的亲身经历使钱学森形成了打造军－工－学综合体的战略观。钱学森回到中国后，于 1956 年 2 月 17 日向国务院递交了《建立我国国防航空工业的意见书》，该《意见书》所谓"国防航空工业"实际上是替代火箭、导弹的保密性代称。钱学森在《意见书》中指出："健全的航空工业，除了制造工厂以外，还应当有一个强大的为设计而服务的研究及试验单位，应该有一个做长远及基本研究的单位。自然，这几个部门应该有一个统一的领导机构，做全面规划及安排的工作。"中央对钱学森的建议高度重视，3 月 14 日，周恩来主持召开了会议，决定由周恩来、聂荣臻和钱学森等人筹建航空工业委员会，作为中国航空和导弹事业的领导机构。同年，钱学森还提出了组建独立于陆、海、空三军的导弹部队的构想。综上，钱学森以科学家的身份参与了解放军的建设，而解放军实际上也成为推动中国空间技术发展的主体力量，这与美国军－工－学综合体形成的逻辑是一致的，可以视为 1949 年中华人民共和国成立后中国军－工－学关系强化的一个缩影。

军－工－学关系的强化还明显地体现在相关教育的发展方面。从工－学关系来说，中央对工程教育的重视使机械工业与大学等教育机构之间的联系渐趋紧密。在“一五”计划中，中央人民政府明确规定“高等教育以发展高等工科学校和综合大学的理科为重点”，在专业的设置和发展中，则“应该以机器制造、土木建筑、地质勘查、矿藏开采、动力、冶金等为重点”。这一重理轻文的政策导向性是相当明显的。而在国家对工科人才的培育中，机械工程又为重中之重。在“一五”计划中，机械工程专业学生的计划人数在大多数指标上都居于首位。这些机械工程专业的大学生毕业后主要会从事和机械工业有关的工作，由此自然能为该产业扩充人力资本。据统计，在院系调整之后，至 1957 年，我国共有高校 229 所，其中工业院校 44 所，高校所设专业共 323 种，工科专业有 183 种，全国高校在校生共 441 181 人，其中工科生有 163 026 人。在工科专业中，机械学科的发展可以很直观地由中国一流高校清华大学机械工程学系历年入学人数的变化体现出来。1954 年、1955 年，该系入学人数分别为 582 人与 526 人，其扩招之势达于顶点。1957 年，该系入学人数回落至 314 人，但比之 1950 年的 101 人，仍是其 3 倍有余。清华大学机械工程学系入学人数的增长，很清楚地反映了国家对机械工程人才的培养是很有力度的。而除了培养技术人才以外，高等院校也与机械企业进行了直接的技术合作。例如，1955 年，佳木斯电机厂在试制防爆型轴流式扇风机时遇到了困难，在一般书籍和手册上查不到相关资料，遂与北京矿业学院矿山机械设备教研室取得联系，订立技术合作合同，由校方提供所有的技术资料，企业则把设计图样和成品交给学校审查，并共同解决制造过程中产生的技术问题。再如，济南第一机床厂于 1956 年 3 月成立了技术改造组，到厂实习的哈尔滨工业大学、山东工学院和浙江大学的 22 名学生参加了该组工作。厂方认为学生的技术力量较强，称若由企业自行设计夹具需要 1 年的时间，但学生参加后，只用了大约 3 个月的时间。另一方面，不仅学生“在工厂中进行毕业设计所考虑的问题比在学校里复杂、全面、具体”，带队的青年教师也“从实际工作中得到了锻炼和提高”。由此可见，此时我国的高等院校与机械企业在一定程度上形成了良好的互动。除了清华大学等普通高校外，在当时中国的工程教育体系中，军事院校亦占有重要地位。军事工程教育是与解放军的技术兵种一起成长起来的。例如，在中国人民解放军海军建军之初，中央军委就把创办海军学校摆在优先发展的位置。1950 年 2 月，被称为“大连海校”的中国人民解放军海军学校正式开学，设航海指挥系和机械工程系。当年 12 月，航海指挥系扩编为指挥分校，机械工程系扩编为机械分校。很显然，解放军在其现代化进程中对机械、电子等技术的需求是军事院校开展工程教育的动因。1952 年，中央决定在哈尔滨创办一所为解放军全军培养技术人才的综合性高等军事工程技术学校，即中国人民解放军军事工程学院。1953 年 9 月，该学院正式开学。此外，在 1952 年开始的全国高等学校院系调整之后，一批国防工业高等院校得以组建，如北京航空学院、南京航空学院、成都电讯工程学院等。部分高校，如北京工业学院，被改组为以兵工为主的学校。1952 年 5 月，中央军委制定了《关于航空工业建设的决议案》，决定以既有大学的航空系为基础筹建航空学院后，将清华大学等高校的相关院系拆分、合并，重组为北京航空学院。与普通院校一样，这些国防工业院校对当时中国机械工业的发展也有非常直接的影响。例如，1956 年，航空工业局第一设计室在设计歼教 –1 型喷气式教练机之前，曾请北京航空学院的张桂联教授给设计人员上喷气飞机气动布局的基础课，介绍相关参考资料。在设计进行过程中，设计室也经常与各院校的学者商讨技术问题，并邀请学者做学术报告，保证了设计队伍的知识常青。因此，1949—1957 年，中国工程教育体系能够为机械工业提供知识与技术上的帮助，使机械工业更好地为部队服务，而部队也为工程教育和机械工业提供了有力的支持，三者互相促进，相得益彰。一个部队、战略工业与大学之间的关系趋于紧密，形成了军 – 工 – 学综合体，出现了协同演化，而这种协同演化同时增进了三方的力量，最终提升了中国的硬实力。在这个军 – 工 – 学综合体中，部队以直接或间接的方式扮演了推动者的角色。所谓军 – 工 – 学综合体，其实是优先发展重工业之大战略的基础。然而，这一体制对当时我国的战略性产业之发展有着极大的优势。

第三节　装备的设计与实现

如何通过人才与设备将理论和图纸转化为现实的产品，是所有装备的最后一道难关。装备产业是集材料、设计、工程、通信及机、电、光技术于一体的复杂性系统，其技术性能要求从几十到几百项，其设计是以当代科学技术研究为基础，在满足技术性能要求的条件下，创造性地应用多方面技术来处理矛盾，确定技术文件和工程图纸的过程。装备的设计不但要进行各种性能之间、总体布置与部件之间的结构协调，而且还要解决使用和生产之间，即产品性能的先进性和生产的可能性之间的矛盾——既要使产品的综合性能达到高水平，又要经济地制造出来。只有这样，研制出的装备才能成批且有效地使用，并在各种复杂的使用环境中很好地完成任务。

装备的技术综合性和结构复杂性决定了其研制是一个研究、创新的过程。达到产品设计定型和生产定型所需要的时间，对于研发一种新装备来讲，通常需要 3 ～ 5 年；达到现代高技术水平所需要的时间更长，约为 10 年。对已有装备改进，或利用基准装备设计改型装备，研制周期会短一些。通常参加研制的各种技术人员达几百人。设计制造过程大致分五个阶段：

（1）计划和论证阶段：从提出需要某种装备，甚至从形成某种新装备的概念开始，对军事需求、战略和战术观点、地理和气候条件、科学技术水平、生产制造的能力、国防的经费投入、部队的素质和后勤保障等进行充分的调研、比较和讨论，明确列入各类装备的型谱规划和装备发展计划。

（2）研究阶段：在研制任务下达之前，根据对需求和科技发展方向的预测，按计划课题，进行新技术、新部件的预先研究和试验，做好技术准备。接受任务后，以已开展的预先研究为基础，对总体方案和关键技术有针对性地进行研究和试验，验证新技术、新部件和总体方案的可行性，为下一步研制工作打好基础。

（3）设计阶段：根据论证的战术技术要求，在已有各类装备和预先研究成果的技术基础上，首先进行总体设计，确定总体设计方案，在总体方案和设计评审通过后，开始部件设计和零件设计。在完成设计计算和工程图纸的过程中，对总体方案、部件结构进行补充或修改。

（4）试制试验阶段：一般分为原理样机阶段、初样机阶段和正样机阶段。有时也同时试制一种以上方案的不同部件和样机。对于重要部件，需要先进行台架试验。台架试验表明相应的关键技术已经突破，功能及性能指标已满足要求后才能进行装备试验。试制和试验可以检验设计、工艺等各方面的合理性和经济性，特别是能否达到战术技术要求指标，发现存在的各种问题，以便进行修改，有时甚至是大改，直至满足性能要求。经过全面试验，包括热区、寒区、高空等特殊环境的适应性试验并合格后，才能设计定型。

（5）生产阶段：工厂根据设计定型图纸和技术文件进行生产准备，主要是生产定线、协作定点，包括确定工艺及工艺流程，设计或改进生产线，设计、制作或采购新的工艺装备，研究和掌握新的工艺技术，同时安排定点协作和材料供应，组织生产。首先试行小批量生产，并装备部队试用。等生产工艺稳定、产品质量基本达到要求后，才能批准产品生产定型，进入正式大批量生产。以上工作也可以用表 1–1 来说明。

从装备的分类来看也是十分繁杂，由于装备还有针对各种需求的专门设计，本书力求从叙述的角度将内容分成了机械母机和通用装备。本着发现工业设计在其中的作用的目的，选择其中的代表性设计做阐述。

机械母机被称作生产机器的机器，也被称为工作母机，我们选择万吨水压机及 C62 系列普通机床等做介绍。通用装备选择了支线、干线客机，内燃机车这些具有很强通用性的装备产品做介绍，矿用自卸车的介绍是出于在极端恶劣环境中装备产品工业设计的理念方法和途径的思考，这是装备类产品工业设计十分特殊的现象。

表 1-1 机械装备设计制造的五个阶段

<table>
<tr><td rowspan="7">计划和论证阶段</td><td colspan="3">考察国外装备水平</td></tr>
<tr><td rowspan="6">新装备的计划与论证</td><td rowspan="3">制定产品指标</td><td>军事需求</td></tr>
<tr><td>战略和战术</td></tr>
<tr><td>使用环境</td></tr>
<tr><td rowspan="3">产品研发保障</td><td>研发能力和水平</td></tr>
<tr><td>人员素质</td></tr>
<tr><td>后勤保障能力和水平</td></tr>
<tr><td>研究阶段</td><td colspan="3">新技术研究和试验</td></tr>
<tr><td rowspan="2">设计阶段</td><td rowspan="2">工程设计</td><td colspan="2">总体设计</td></tr>
<tr><td colspan="2">部件设计</td></tr>
<tr><td rowspan="3">试制试验阶段</td><td rowspan="3">样机试制与试验</td><td colspan="2">原理样机试制与试验</td></tr>
<tr><td colspan="2">初样机试制与试验</td></tr>
<tr><td colspan="2">正样机试制与试验</td></tr>
<tr><td rowspan="2">生产阶段</td><td colspan="3">设计定型</td></tr>
<tr><td colspan="3">生产定型</td></tr>
</table>

诚然，民用装备绝不仅限于上述产品，但由于其工业设计的思路和想法比较接近，故不做介绍。同时还需要说明的是，凡是具有“平台”功能的装备不在本卷书介绍之列，如海上钻井平台、大型运输船舶、大型发电机组等。

同时我国装备设计的发展还与我国国家政治、制度密切相关。中华人民共和国成立初期，装备制造业是我国建设工业化强国政策的重要组成部分，也是建设社会主义公有制的基础，所有重大装备的研发、设计、制造机构均为国有企业，有些军工企业还采用了军事化管理，政府管理体制也具有计划经济色彩。从客观的事实来看，工业设计思想和方法的注入提升了装备产品的品质，而回首我国装备制造业的发展，可以肯定地说，其对保卫国家安全、人民安全，维护国家统一，抵御外来之敌入侵及促进国民经济发展产生了积极的作用，同时为改革开放以后我国装备制造业的快速发展奠定了坚实的基础。

工业设计在装备产品中发挥的作用越来越明显。20 世纪 90 年代，西北工业大学教授陆长德基于自己多年从事设计、教学工作的经验提出建立“飞机设计美学”体系的呼吁。该校的工业设计研究所所长余隋怀教授领导的团队近年来完成了天宫一号、神舟八号、神舟九号等国家载人航天领域重大工程的工业设计任务，承担了某型号载人深潜器的舱内布局和人机设计任务、某型号战斗机驾驶舱人机工效分析、大型运输机工装平台的工业设计以及军用交通工具及机械装备工业设计的任务。中国商飞上海飞机客户服务有限公司副总工程师任和，中国商用飞机有限责任公司科技委员会副主任、研究员徐庆宏结合自己参与设计的飞机项目以及科研成果，于2017年共同出版了《民用飞机工业设计的理论与实践》一书，系统地介绍了这方面的相关知识，强调了工业设计在行业产品竞争中的作用。北京理工大学源于自身的背景在陆地军事装备产品设计上取得了重大的突破。我国的高铁车辆近年来也成为我国工业设计的标志性成果。三一重工股份有限公司近年来在全球领先的装备产品方面也充分地运用了工业设计。无论是具有战略意义的重大装备设计，还是在其走向世界市场的过程中，工业设计都成了不可或缺的要素。配合先进制造手段，特别是3D打印技术，我国工业装备质量不断提高。在设计方法探索方面，中国工程院院士谭建荣提出了多品种大批量定制设计技术、多性能数字化样机设计技术和多参数分析与匹配设计技术，研究成果获国家科技进步二等奖4项，在一批重点装备制造企业中得到成功应用，推进并实现了我国重点制造装备的设计创新，并编著了《制造装备创新设计案例研究》，还研究了新一代人工智能环境下创新设计的发展趋势、关键技术和应用案例。中国工程院院士谢友柏和徐志磊致力于推动中国设计走上数字化、网络化、智能化、绿色化发展道路，共同促进技术创新，完善设计创新体系，搭建协同创新平台，提升设计创新能力，共同推动产业进步，大力推动基于新技术、新工艺、新装备、新材料的设计应用，推动设计服务领域延伸和服务模式升级。

中国科学院院士、中国工程院院士路甬祥则从战略的高度倡导中国创新设计发展研究。路甬祥认为，设计创新需要有国家战略的支持，由于设计对促进国家经济、社会发展和全面提升竞争力的重要价值和作用，为了实现创新驱动发展，应对全球竞争合作，实现向制造强国的历史跨越，我们必须要顺应创新设计的规律和时代特点，制定促进创新设计发展的国家战略和举措，建立与之相适应的机制，加快提升我国创新设计的能力和水平。应该深化国际交流合作，一个全球化时代的创新设计，绝不能闭门造车，必须要面向世界开放合作，在弘扬我国设计文化资源的同时，充分吸纳国际的设计，使我们的产品走向世界。关于创新集成，既要重视原始创意和关键核心技术的研发，更要重视吸收和再创新。只有通过原始创意的设计，将关键技术创新和系统集成设计创新结合起来，形成具有自主知识产权的产品、工程系统，并且实现产业化，才能引领市场而又不受制于人。要加强发展战略的研究，制定符合国情和时代的设计产业的发展规划路线，加快以产业为主体、市场为主导的资源整合和协调创新机制，促进创新设计与先进制造等新兴产业，实现中国设计制造的跨越式发展。

第二章　机械母机

第一节　万吨水压机

一、历史背景

水压机是一种用途广泛的锻压机器。锻压是常见的成型加工方法，通过对原料施加压力，使其产生塑性变形，以得到所需的形状和尺寸，并提高材质的机械性能。锻压加工的对象非常普遍，各种金属材料，如碳钢、合金钢、铜合金、铝合金、钛合金、高温合金，以及塑料制品、橡胶制品、人造板或其他坯料等。锻压与普通铸造相比，锻件的性能一般要高于相同材质的铸件，抗压、耐磨，在高温、高压下使用的重要零件大多采用锻件。锻件一般分为自由锻件、模锻件、积压件、冲压件、封头成型等类型。在过去，用铁锤锤击金属是铜铁匠们擅长的自由锻造加工方式，刀剑、斧头、铁锄、剪刀等兵器、工具和农具都缺少不了锻造加工。水力落锤和蒸汽锤等锻压机器的出现不仅提高了生产效率、节省了人力，而且可以加工几十公斤，甚至上百公斤的坯料，材料性能也有明显的提高。随着机器制造技术和锻压工艺水平的提高，锻压设备分化出不同的品种。根据工作原理的不同，锻压设备有机械压力机、螺旋压力机、重力落锤、动力落锤、弯曲校正机和水压机等不同类型。

水压机以液体为工作介质，实现能量传递和多种加工工艺。这种机器的工作原理并不复杂，主要是帕斯卡定律：加在一个封闭容器里的液体的压强（压强 = 压力 / 面积），将会大小不变地传递到液体中的各个部分。由于这个定律的形式和效果类似于阿基米德杠杆原理，所以又被称为“液体杠杆定律”。帕斯卡据此原理推断出：一个人在一个连通器一端的小活塞上用不大的力，在大活塞的一端可以产生很大的力；施加在小活塞上的力越大，或者大、小活塞的面积相差越大，大活塞上

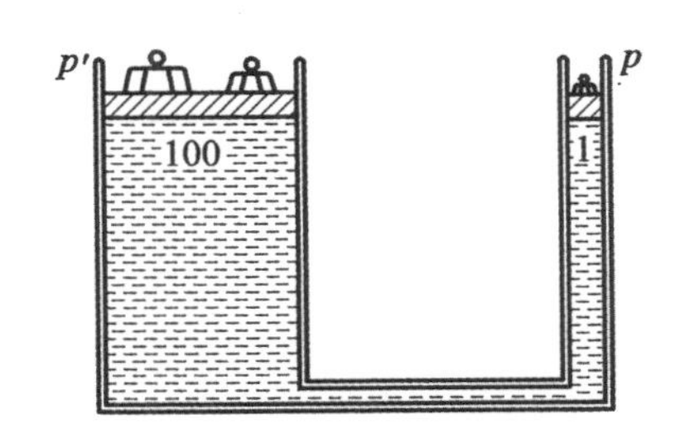

图 2–1 帕斯卡定律示意图

产生的压力也就越大。在此基础上，帕斯卡预见了水压机和其他液压机械的出现。

与其他种类的锻造机器相比，水压机具有一些明显的优点：一是可以通过增大液体的压强产生强大的压力，而不是靠增加锤头本身的重力；二是具有大的工作空间和工作行程，适用于加工大尺寸的工件；三是可以在任意位置输出全部功率和保持所需的压力；四是工作部分的压力和速度可以在较大的范围内无级调整；五是利用静压力工作，设备的冲击和噪声较小。大型水压机具有压力较大、压力稳定和操作灵活、生产效率高的特点，非常适合于大型和高质量锻件的加工。

大型水压机为加工大锻件而生。自“机器时代”以来，不论是工厂中的机器，

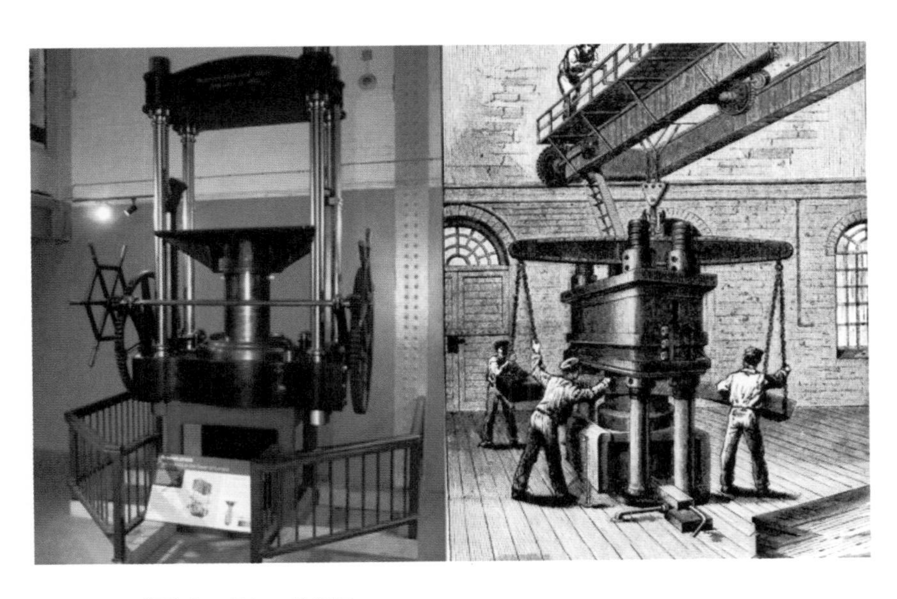

图 2–2 早期的水压机与工作场景

还是汽车、机车车辆、化工容器、舰船以及武器装备，许多关键大型零件均为大锻件。19 世纪末 20 世纪初，大型水压机的运用为大型铸锻件的生产发挥了推波助澜的作用，生产一二百吨的大锻件已不算稀奇。随着电力工业的发展和航空工业的出现，一些高精度、高性能的合金锻件也由大型水压机加工。这些大型铸锻件对整个工业，尤其是冶金、矿山、电力、装备制造、汽车、机车车辆、船舶、化工等基础工业的发展影响巨大。因此，大型水压机很快就在钢铁厂、机器厂、兵工厂、汽车厂和造船厂等地站稳了脚跟。

大型水压机具有液压机的共同特点——以矿物油或水基液体（一般要在纯水中加入乳化剂等）为工作介质。与一般的中小型水压机相比，大型水压机工作压力更大，个头更大，设计和制造的难度也显著增加。

这主要表现在几个方面：一是工作中承受的负荷大，而且多在高温、高压下工作，对其零部件的选材和精密度都要求较高；二是零件尺寸大，部分零件的质量可达数百吨，在制造过程中通常需要使用大型加工设备，如大型铸造设备、大型锻压设备、大型金属切削机床等；三是零部件多达上万个，系统更加复杂，且对整机的自动化程度要求更高；四是成套性强，除主机之外，一台大型水压机还包括水泵、蓄势器、加热炉、热处理炉、运输吊车、锻造吊车、翻料机、工具操作机等几十台甚至上百台配套设备，而且作为重型机器厂或金属加工厂的核心设备，大型水压机需要铸造、热处理、粗加工和动力等辅助车间的配合；五是一般是单件或小批量生产，技术准备和制造周期较长。

不论是普通中小型水压机还是大型水压机，都逐渐发展出多种类型。按照工件加工方式的不同，可以划分为自由锻造水压机、模锻水压机、冲压水压机、压力水压机和其他专门用途的水压机等。在大型水压机家族中，最先被制造出来，应用也最广泛的是大型自由锻造水压机。这类水压机是一种基础的锻压设备，在单件和小批量生产中应用广泛。从工艺上来说，它通常使用上、下锻砧和简单工具进行自由锻造，既可以完成镦粗、拔长、扩孔、滚圆、冲孔、弯曲、校直等基本的自由锻造工序，用于钢锭开坯和大中型锻件加工，也可进行模锻或胎模锻造工艺，用于齿轮、叶轮，以及飞机零件等特殊零部件的加工。

大型自由锻造水压机是重要的工业基础装备。从对上下游产业的影响或产品的关联性来说，它在车轴、曲轴、大型化工容器、轧辊、机器主轴、汽轮机转子、电机护环、高压锅炉汽包和许多军工产品的关键零部件的生产中不可或缺。因此，拥有这种新型锻压设备的数量、品种、等级和产量，不仅是一些工厂和行业实力的显示，也被视作一个地区或者一个国家工业基础和制造能力的标志。大型水压机不单是装备制造业，还是一个国家工业基础、制造能力和国防实力的标志之一。

大型水压机的发展大致经历了三个阶段。1890 年以前，大型水压机还是一个新生事物，数量稀少，技术也处在探索阶段。19 世纪末至第一次世界大战之前，随着欧美重工业和军事工业的快速发展，装备制造业的规模也不断扩大，技术水平提高较快。这一阶段最具代表性的是美国在 1893 年制成的世界上第一台万吨级的水压机，公称压力达到 14 000 t。受到两次世界大战的刺激，大型锻造水压机在 20 世纪 20 年代至 40 年代进入全盛时期，技术也日渐成熟。这一时期，德、苏、美、英、日、意等国新增大型水压机 17 台，而各国的万吨级水压机总数则达到了 14 台。其中，美国在第二次世界大战期间的表现非常突出，仅在战争后期就为本国制造了 6 台大型水压机，使得其大型锻造水压机的保有量达到 12 台，而万吨级的就有 6 台之多。按公称压力排序，除日本的 1 台 15 000 t 级的水压机之外，德国的 2 台 15 000 t 级的大型水压机，在很长时间内都保持着世界纪录。

冷战时期，大型水压机的发展受到军事需求与重工业发展的带动。美、苏等国继续将重工业维持在较高的水平，与军事需求增长息息相关的钢铁、机器等产品的多寡也成为两大阵营角力的重要指标。美、苏两国的钢铁产量和机械设备制造能力在全球工业中占有较大优势，远远领先于其他国家。相较而言，冷战初期美国的工业实力明显强于苏联，与工业基础相适应的锻压设备的保有量很能说明问题——1949 年美国拥有锻压设备 54.1 万台，而同期，苏联仅拥有 26.2 万台，大型水压机的数量也只有美国的一半左右。

战后技术的发展表明，大型自由锻造水压机并不是吨位越大越好。美、苏等国的大型自由锻造水压机公称压力基本稳定在 8 000 ～ 15 000 t，规格并没有继续提高。其原因基本可归为以下几个方面：

第一，技术条件的束缚。大吨位虽然可以实现更强的加工能力，但是同时对炼钢、机器制造等方面提出了更高的要求。在 20 世纪 70 年代之前，炼制 250 t 的钢锭已逼近当时许多大型工厂的技术装置的极限。此外，大吨位还意味着更大的机身，以及更大的动力设备、加热炉、锻造行车和厂房。

第二，新型锻压设备的发展。无砧锻锤和快速锻造水压机，因其具有成本低，生产效率高，制造、安装简单，振动和噪声比普通锻锤小等优点，得到迅速发展。苏联在 1954 年明确地把无砧锻锤作为重型锻压设备的一个发展方向，并研究将快速锻造水压机的脉冲次数（锻压次数）从 35 次 / 分提高到 50 ～ 60 次 / 分。第二次世界大战后，大型锻压设备操作和生产过程自动化的趋势明显。此外，水压机的传动方式也由蒸汽—水压传动改为纯水压传动，使水压机的操作更灵活，锻造能力更强。经过适当的技术改造，英国的 7 000 t 水压机就可以锻造 250 t 普通钢锭，已经达到一些万吨级水压机的加工能力。

第三，锻压工艺的改善。在锻压方法上，广泛采用冷锻、挤出锻压、无氧化皮锻压和精密锻压等新的工艺措施。在钢锭处理方面，美、苏、英等国都在发展真空铸造；苏联还试验了改进结晶组织的高频振动法。

第四，制造技术的进步。在机械加工方面，20 世纪中叶，制造业发达的国家已经开始普及自动机床、联动机床，以及使用高性能材料的切削刀具；焊接技术也有所突破，用电渣焊接技术可以拼合出大型铸锻件，降低了对大型铸锻设备和压力加工设备的需求；液压技术的进步促进了液压阀、管路系统和密封装置的设计，而高压和超高压技术的应用可使水压机的结构向高效和小型化方向发展，例如苏联的重型机床和水压机制造工厂在 1955 年左右试验了液体压力达 1 300 个大气压的水压机。

第五，重视模锻水压机等设备的发展。大型模锻水压机是发展航空航天器和电子工业所需的高性能材料必不可少的加工设备。模锻水压机比自由锻造水压机的工作压力高，对结构设计和制造材料的要求也更高。世界上第一台万吨模锻水压机由德国在第二次世界大战期间制造出来，公称压力为18 000 t。第二次世界大战后，美国、苏联、联邦德国、英国和法国重点发展大型模锻水压机。继1946年建成18 000 t模锻水压机后，美国军工部门又建造了4台35 000～50 000 t模锻水压机。苏联战后就没有制造过万吨级的自由锻造水压机，而是把力量投入到模锻水压机等设备的发展上。

制造大型水压机是对我国装备制造业的考验。20世纪50年代初，我国确立了优先发展重工业和国防工业的工业化策略。装备制造业伴随着重工业和国防工业的增强而快速发展起来。

1949年中华人民共和国成立后即确定要加速工业化的进程，并着手规划重工业的发展。1949年9月通过的《中国人民政治协商会议共同纲领》第三十五条规定："应以有计划有步骤地恢复和发展重工业为重点。"1950—1952年，在国民经济恢复期间，重工业得到了恢复性的发展。至1952年底，重工业在工业生产中的比重由1949年的26.4%上升到35.5%，特别是东北重工业的生产能力有了很大提高。

我国确立优先发展重工业和国防工业的建设方针，这既是国民经济、国家安全和社会发展的需求，也是因为受到了当时中苏关系的影响。中苏全面合作开始后，苏联"重工业优先"的工业化理论影响了中国相关政策的制定。第二次世界大战后，苏联积极扶持重工业发展，在战前已有的重工业基础上，建立起"超重型"经济结构，尤其注重发展与国防密切相关的重工业部门。同时，把发展"重工业及其心脏"——机器制造业作为国民经济各部门技术进步的基础，并通过五年计划来保障实施。

在"一五"和"二五"计划时期，沈阳重型机器厂等一批老企业在苏联援助下相继完成了改扩建，生产设备和技术力量都有较大发展。这一时期，通过测绘、参考苏联设备，沈阳重型机器厂生产了2 t、3 t和5 t蒸汽－空气自由锻锤等为数不多的重机产品，及2 000 t多层液压机等。

1953年，沈阳重型机器厂安装了2 000 t水压机。1956年，在苏联专家的指导下，将另两台日本的2 500 t和3 000 t蒸汽水压机修复并改为纯水式传动。通过对这三台水压机的修复，沈阳重型机器厂培养了一支水压机设计制造的专业队伍。

图 2-3　大型水压机是重工业的根本，江南造船厂设计生产的 12 000 t 水压机的成功试制为此后重工业的发展铺平了道路

苏联专家以“传帮带”的方式帮助中国培养了第一批重型水压机的自行设计力量，为中国后来开展包括万吨水压机在内的重型水压机的设计、研究和试验打下了基础。1958 年，这批设计人员又在苏联专家指导下设计制造了一台 2 500 t 自由锻造水压机，可锻制 48 t 钢锭。这些产品的技术水平虽然不高，但是填补了一些空白。1949—1959 年的十年间，我国装备了少量的最大公称压力为 2 000 ～ 6 000 t 的水压机。至 1959 年，全国重机行业共拥有 8 台自由锻造水压机，19 台 1 t 以上的蒸汽锻锤。

“一五”计划进展十分顺利。为冶金工业提供成套设备和重要零部件是“二五”计划期间重机制造业最主要的任务。在制定具体规划时，负责相关援助项目的苏联专家认为，重型锻压设备需要量的变化应与国家钢材生产的增长率相似或更高一些。

第一机械工业部当时采用了苏联专家的建议。

20 世纪 60 年代初，为了解决重工业建设和国防建设对大型重型机器和成套设备的急需，我国开始加速发展重机制造业。国产万吨水压机便是在此时被立项的，该项目由沈鸿负责，他选择由上海江南造船厂和当时新建的上海重型机器厂作为完成这一使命的主力。一般来说，由重型机器厂来承担研制水压机的任务比较合适，而沈鸿却选择了一家专业的造船厂，这有些不合常理。但是，沈鸿对此有自己的理解。

设计院虽有较强的技术力量，但在水压机的试制阶段需要大型工厂的参与，协调与管理并不方便。相比之下，大型工厂拥有相对独立的技术力量，实力也较强，设计和制造可以结合得更好，管理也更便利，有利于研究工作的开展和工程的实施。

江南造船厂是国内老牌的大型企业，其前身是晚清洋务运动时期开设的江南机器制造总局，曾制造了大量的枪炮弹药、军民舰船及其他机器设备，技术实力不俗。沈鸿早年在上海时对这家著名的工厂有不少的了解。作为总设计师，他很看重江南造船厂的设计能力。该厂当时设有设计科室，技术人员较多，并且拥有动力、机械、电气、材料、加工等多门类的专业力量，综合实力较强，能够提供相关专业的设计人员。此外，江南造船厂的铸锻车间、机械车间、船体车间等都拥有种类比较齐全的机器设备，大体能够满足制造水压机的需要。江南造船厂有较强的机器设计和制造能力，例如，1958 年下水的 8 930 t“和平廿八”号海轮、30 t 电弧炼钢炉、40 t 高架式起重机和大型柴油机等设备。因此，仅从机械设备的设计和制造能力来讲，江南造船厂在当时的上海企业中居于前列。

江南造船厂还拥有一支工种齐全、经验丰富的技术工人队伍。这些技术工人多数从学徒时起就在该厂工作，在修船和造船中练就了过硬的手艺。特别是在机械加工、焊接和起重等行当中，不乏能工巧匠。沈鸿曾说：“我选定江南造船厂，这里老工人多，技术力量雄厚。”高水平的技术工人将有助于万吨水压机的制造，沈鸿是技工出身的总设计师，有多年从事工业生产的经验，自然非常认可江南造船厂的这个优势。

江南造船厂有着完备的设计研发团队，这也是沈鸿看好该厂的一个重要原因。江南造船厂在发展过程中曾多次完成大型产品的设计与建造：1920—1921 年为美国制造了“官府”号等 4 艘万吨运输船；1957 年修理了苏联“西比利采夫”号万吨捕蟹船；当时，江南造船厂正在着手两项“万吨”任务——自行制造“东风”号万吨远洋轮和准备承接苏联 15 600 t“伊里奇”号大型客轮的大修任务。工厂劲头十足，没有被水压机这个新的“万吨”吓住。沈鸿在与他们的接触中感到非常满意。

后来的事实表明，选择江南造船厂反映出沈鸿独具的慧眼和胆识，对成功建造上海万吨水压机意义重大。有意思的是，这台大机器的技术路线、技术特色的形成，与造船技术大有关系，这一点恐怕也出乎了沈鸿的预计。

二、经典设计

为实现目标，沈鸿在研发初期组建了十几个人的设计班子，他担任总设计师，并邀请当时在国家经济委员会工作的林宗棠担任副总设计师。

困难是显而易见的，设计班子里除沈鸿外，再没人见过万吨水压机。制造条件也不具备，制造这样大型设备所需的大铸件、大锻件、大机床、大厂房、大专家，江南造船厂当时都没有，沈鸿称之为“五大皆空”。就是在这样的条件下，沈鸿和他那个年轻的设计班子运用智慧和工人们的技术和创造力，攻克了一个又一个难关。

图 2-4　沈鸿与林宗棠在上海重型机器厂为水压机挑选材料

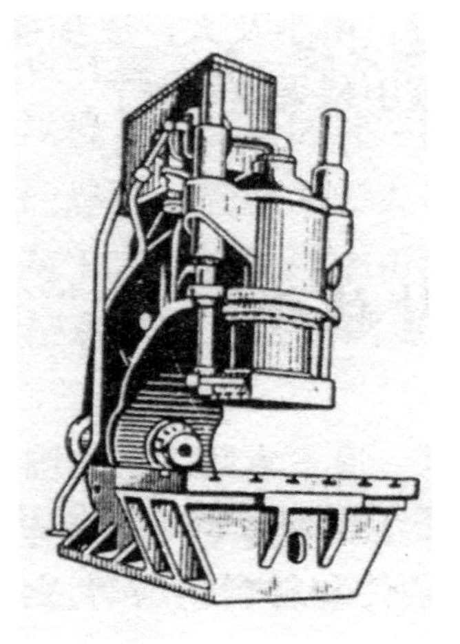

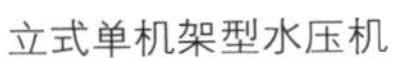
立式单机架型水压机

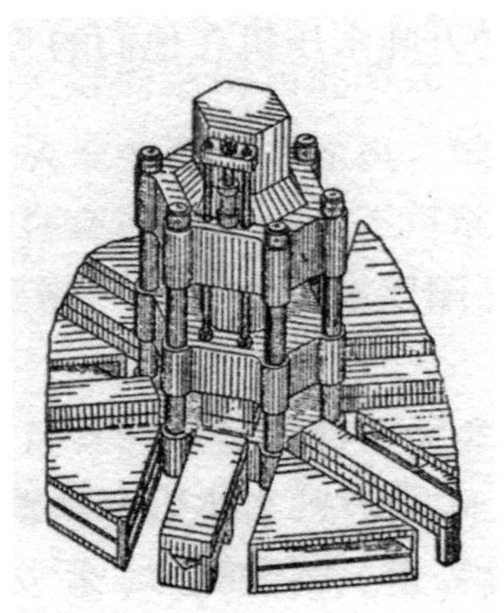

立式多柱型水压机

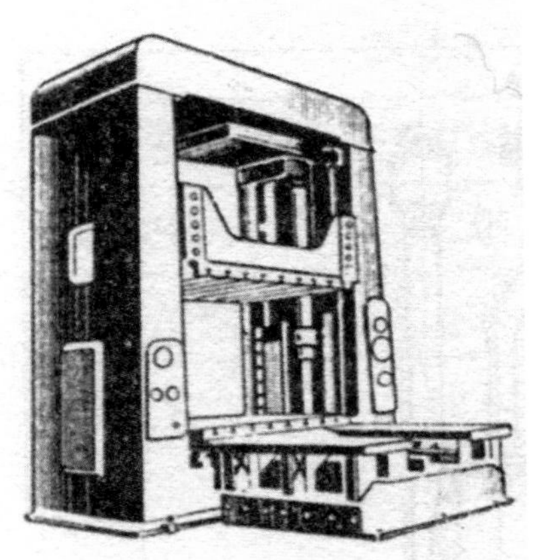

立式框架型水压机

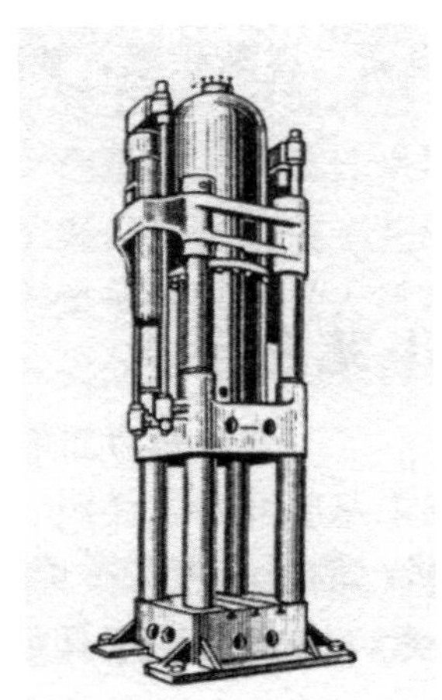

立式三横梁四立柱型水压机

图 2-5　常见的水压机类型

为了获得水压机的实际知识，沈鸿带着设计组的年轻人，花了 3 个月时间跑遍了全国已有的水压机车间，认真观察每一台水压机的工作情况，分析结构设计，向操作工人、检修工人和技术人员请教，找出优点和缺点。同时，他还和技术人员搜集了大量有关的图书和资料。在主要参考书中，有几种中文书、七八种俄文书和三四种英文书刊，还有联邦德国密勒著的《水压机与高压水设备》。还搜集到若干张外国大型水压机的总图。沈鸿带头下功夫读书，研究资料，把别人已经总结出来

图 2–6　按比例缩小的 1 200 t 模拟试验水压机

的基本知识和设计成果，首先掌握起来。

在万吨水压机的设计制造过程中，每前进一步都要先从理论上弄得一清二楚。为此，设计团队制作了一台公称压力缩小到百分之一的 120 t 模拟试验小水压机和一台缩小到十分之一的 1 200 t 模拟试验水压机。光设计草图就修改了 15 次之多。

图 2–7　制造中的万吨水压机

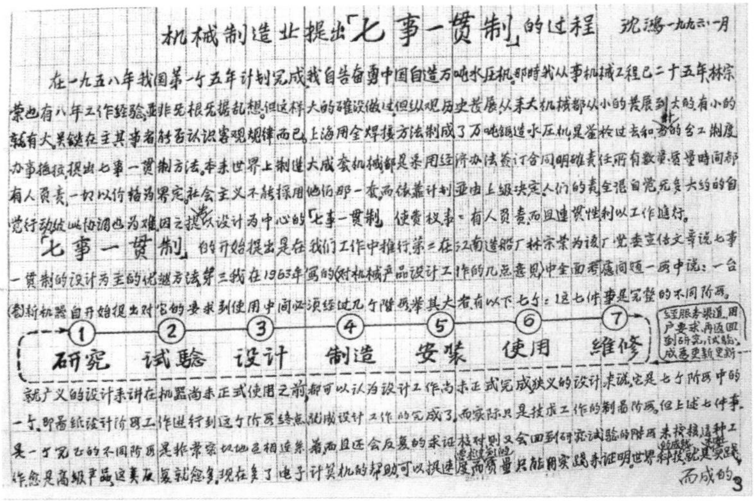

机械制造业提出「七事一贯制」的过程　沈鸿一九九六一月

在一九五八年我国第一个五年计划完成，我自告奋勇中国自造万吨水压机。那时我从事机械工程已二十五年，林宗棠也有八年工作经验，并非凭想乱想。但这样大的确没做过，但纵观历史发展，从来大机械都从小的发展到大的，有小的就有大，关键在主其事者能否认识客观规律而已。上海用全焊接方法制成了万吨锻造水压机，是鉴于过去和计划的分工制度办事拖拉，提出七事一贯制方法。本来世界上制造大成套机械都是采用经济办法签订合同，明确责任，所有数量、质量、时间都有人负责，一切以价格为界定。社会主义不能采用他们那一套，而依靠计划并由上级决定，人们的责全凭自觉，免负大约的自觉行动，彼此协调也为难，因之提出以设计为中心的「七事一贯制」，使责权集一有人负责，而且连贯性利于工作进行。

「七事一贯制」的开始提出是在我们工作中推行，第二在江南造船厂林宗棠为该厂党委宣传文章说七事一贯制的设计为主的优越方法，第三我在1963年写的《对机械产品设计工作的几点意见》中全面考虑问题一段中说：一台（套）新机器自开始提出对它的要求到使用中间必须经过几个阶段，举其大者有以下七个：这七件事是完整的不同阶段。

①研究　②试验　③设计　④制造　⑤安装　⑥使用　⑦维修

就广义的设计来讲，在机器尚未正式使用之前，都可以认为设计工作尚未正式完成；狭义的设计来说，它是七个阶段中的一个，即画纸设计阶段，工作进行到这个阶段终点就成设计工作的完成了，而实际只是技术工作的制备阶段。但上述七件事是一个完整的不同阶段，是非常密切地互相连系着，而且还会反复的求证，校对则又会回到研究试验的阶段来校核。这种工作愈是高级产品，这类反复就愈多。现在有了电子计算机的帮助可以提速度，而质量只能用实践来证明。世界科技就是实践而成的。3

图 2–8　机械设计“七事一贯制”图表

作为万吨水压机基础的 4 根大立柱，通常都用 200 t 大钢锭整体锻造。然而上海没有这个条件。设计人员就采用德国的“铸钢竹节式”方法，经过在 1 200 t 试验机上试验，多次锻压，结果证明很好。大水压机立柱便采用了“铸钢竹节式”结构。

图 2–9　万吨水压机设计组成员合影，前排右一为赵志明，右二为沈鸿，右三为林宗棠

万吨水压机一般都采用三个工作缸，工件尺寸很大，当时的上海没有企业具有相关制造能力。基于设想用多缸来解决问题的想法，沈鸿决定在1 200 t试验机上试验，用了12个缸。结果着力点分布均匀，非常平稳。但后来经过综合考虑，万吨水压机采用了6缸。

万吨水压机的三个大横梁，国外采用铸钢组合式结构。上海没有大铸钢能力，便决定采用焊接组合式结构。车间一位技术工人提出：既然焊，为什么不焊成整体呢？沈鸿认为有理，决定用这种结构造一个120 t小水压机试验，试验压力最后达到430 t，为设计能力的3.6倍，结构仍完好无损。沈鸿决定大水压机就采用这种结构，

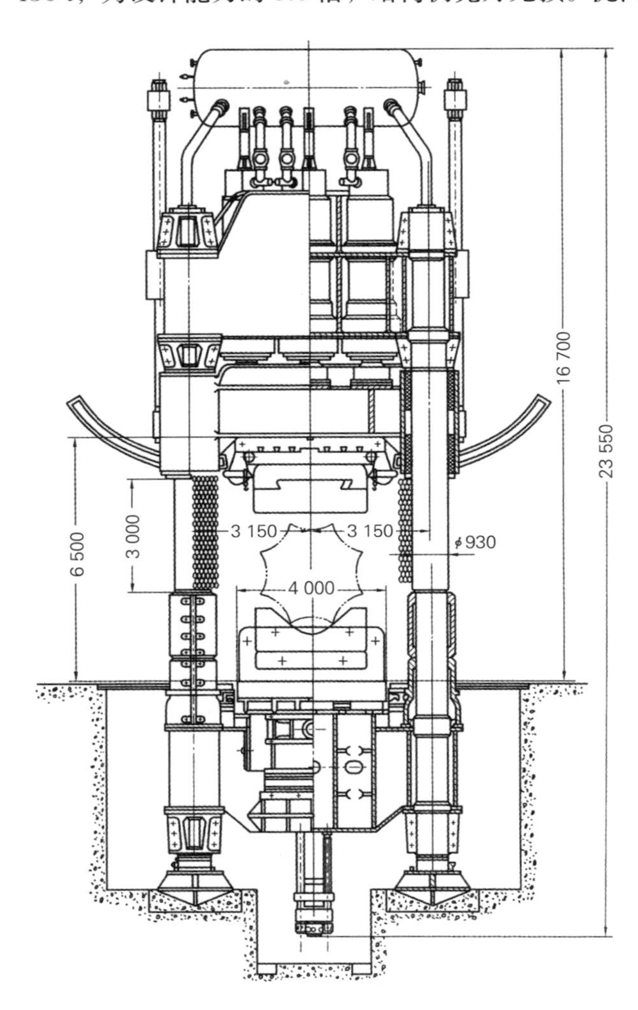

图 2–10　上海万吨水压机结构图

结果使横梁质量减少一半，加工量也减少了一半。

在万吨水压机的研发过程中，沈鸿作为总设计师，对设计人员提出了“七事一贯制”和“四个到现场”的要求，不是只管设计，交出图纸完事。“七事一贯制”就是把研究、试验、设计、制造、安装、使用、维修七件事贯穿在一起，负责到底。“四个到现场”：到使用现场，调查研究，提出方案；到试验现场，反复试验，确定设计；到制造现场，劳动服务，解决问题；到安装现场，安装试车，总结提高。

设计组确实是这样做的。他们不但出色地完成了任务，更重要的是，树立了一种新的工作作风，锻炼、造就了一批有全局观点的设计人才。

在万吨水压机制造过程中的核心工作是几个大件的焊接工作，归纳起来大致有三大特点。

第一是难度大。焊缝普遍存在厚、长、结构复杂的情况。焊缝厚度一般为 8 ～ 30 cm，个别处厚达 60 cm；长度一般为 1.5 ～ 4 m，而下横梁盖板的焊缝有的长达 10 m；立柱接头处是由环形断面组成的，横梁因全部是由钢板拼接，空间狭窄，丁字形和十字形接头密布；由于都是大件（如下横梁重达 260 t），焊接中立柱的转动和横梁的翻身都十分困难。

第二是质量要求高。立柱、横梁和工作缸是万吨水压机本体的主要部件，绝大多数的焊缝和接头都需要承受很大的力，因此要求焊缝必须全部焊透；再者因焊缝多，必须控制好结构变形，例如 18 m 立柱的中心偏差必须控制在 20 mm 以内。

第三是工作量大。这台水压机的本体有 4 根立柱、3 个横梁和 6 个工作缸，共 13 个大件，全部采用焊接结构。此外，整套水压机系统还包括 3 块大工作台和 16 个层板式高压蓄势器，也都采用焊接结构。以焊接长度来衡量，仅横梁和立柱的焊缝总长加起来就有 1 300 m 左右，全部工件的焊接总量占水压机全部制造工作量的 30%，这还不包括焊接后的热处理、焊接件的起重等操作。

为了完成研制，设计工作分成若干步来推进。第一步，到苏联进行有针对性的考察和学习。第一机械工业部多次派代表到苏联相关的研究所和工厂考察、学习电渣焊技术。在考察中，中方人员详细记录了电渣焊的设备、操作工艺、生产成本，以及焊接材料的生产及设备使用情况。同时，中国还派遣留学生和实习人员到苏联和捷克斯洛伐克学习这项新技术。1956 年，中国负责重型机器制造业的第一机械工业部第三局局长钱敏在苏联考察时，电渣焊技术及其大型拼焊结构给他留下了深刻的印象。他兴奋地称赞电渣焊“是焊接技术中最革命性的创造”。回国后，第三局召开全国焊接会议，提出要用焊接全部代替铆接，部分代替锻造、铸造的设想。

第二步，制定多种规划，明确发展目标和任务。1956 年，第一机械工业部给中央的报告中已经提出将大型铸锻件的电渣焊作为新技术来开展科学研究工作。这一建议被吸收进同期国务院制定的《1956—1967 年科学技术发展远景规划纲要》中，拼焊结构也被确定为 23 项“国家重要科学技术任务”之一：“用焊接结合较小锻件与铸件来代替大型铸件或锻件，这样可以不用重大锻压铸造设备，使大机件减少制造上的困难，减少内部缺陷，而且降低质量。”

1958 年 2 月，国务院科学规划委员会将电渣焊与复合工艺作为当年的重点研究项目，要求掌握大型铸锻件的电渣焊工艺及设备。在 1959 年第一机械工业部制定的新技术发展规划中，大型锻压设备制造采用的新工艺第一项即是电渣焊工艺。在计划经济体制下，这些全国性的规划又被分门别类地列入行业和地方的规划之中，引导生产和科研部门制订各种计划。

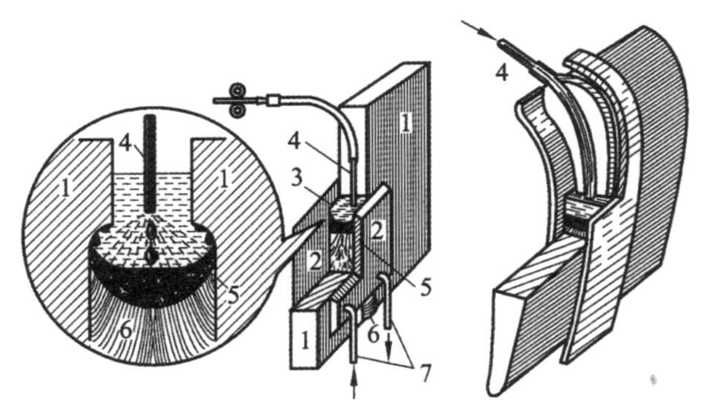

1—焊件；2—冷却成型板；3—熔渣池；4—焊丝；
5—液态金属；6—焊缝；7—冷却水

图 2-11　电渣焊示意图

第三步，积极开展试验研究，做好技术引进和消化吸收。最初的研究工作都得到了苏联专家的帮助。第一机械工业部曾特邀巴顿焊接研究所所长及其助手来我国，希望得到重型产品“以小拼大”的经验。1957 年，第一机械工业部第三局要求，要在苏联专家指导下尽快掌握电渣焊技术，同时也要引进设备，开展产品试制。第一机械工业部焊接研究所和哈尔滨锅炉厂是最早引进电渣焊技术的单位。第一机械工业部焊接研究所不仅在材料和工艺上开展了研究，而且自制了焊接设备，至 1958 年已初步掌握了这项技术。哈尔滨锅炉厂是焊接生产的骨干厂，经中方要求，苏联专家供给该厂 A–372 型电渣焊机，并帮助该厂培训技术人员和操作工人。

第四步，推广与应用。经过了一段时间的摸索和尝试，各种宣传、推广和交流活动迅速开展起来。1958 年召开的全国电渣焊专业会议号召要形成“一个轰轰烈烈的群众运动，让电渣焊遍地开花”。第一机械工业部在这一年还组织召开了哈尔滨电渣焊会议和北京轧钢机电渣焊现场会议等交流会，推动行业内的技术交流。此后，行业内又迅速组建了 5 个推广队，到 11 个城市举办训练班，推广使用电渣焊。很快，各种专业会议、现场交流会、表演会，以及巡回推广组与技术推广队等多种形式的活动令这项新技术声名鹊起，掀起了一阵热潮。

在技术推广的促进下，电渣焊的实际应用也取得了显著的进展，一批国产大型机器的零部件用这种新方法制造出来。例如，20 t 重的 800 轨梁轧机机座，5 t 重的 12 500 kW 水轮发电机座环，毛坯直径为 0.45 m、长度为 5 m 的卷板机滚子；100 mm 厚钢板材料的对接焊等。

通过以上途径，一项先进的技术，从原理到工艺，从材料到设备，从产品到人才，各主要环节都已被我国技术人员掌握。在这样的基础上，江南造船厂选用电渣焊和拼焊工艺来制造万吨水压机，当然不是毫无来由，更不是撞大运，而是顺理成章的事了。

工人付出的努力是完成万吨水压机焊接任务的重要保证。焊接中队在唐应斌和袁斌海的带领下，对每条焊缝都不敢马虎。焊接工作负责人唐应斌有职业病，腰不好，焊下横梁的时候旧疾发作直不起身。他不服输的劲头上来后，硬是和大家一起干了近 20 h，终于把 10 m大焊缝焊好。立柱焊接也是好事多磨。立柱的每条焊缝都是大环形截面，焊接时间一般为 8～10 h，而且中途不能停焊。焊完后，如果检测不合格，就要割开重焊，直至质量完全过关。工作大队在一份阶段性的总结中记录了这一过程：

“主（立）柱的焊接，过去做的试验不算，在闵行工地经过四次焊接都有裂纹。有些同志认为主要原因不是预热，而是电流、电压太大。第五次焊接把电流、电压放小了一些，焊后探伤用一般灵敏度没有缺陷，但用高灵敏度时则有可疑缺陷，经过解剖试验，仍有些微裂纹，第六次焊接时用各种方法加热、保温，结果还是有裂纹。

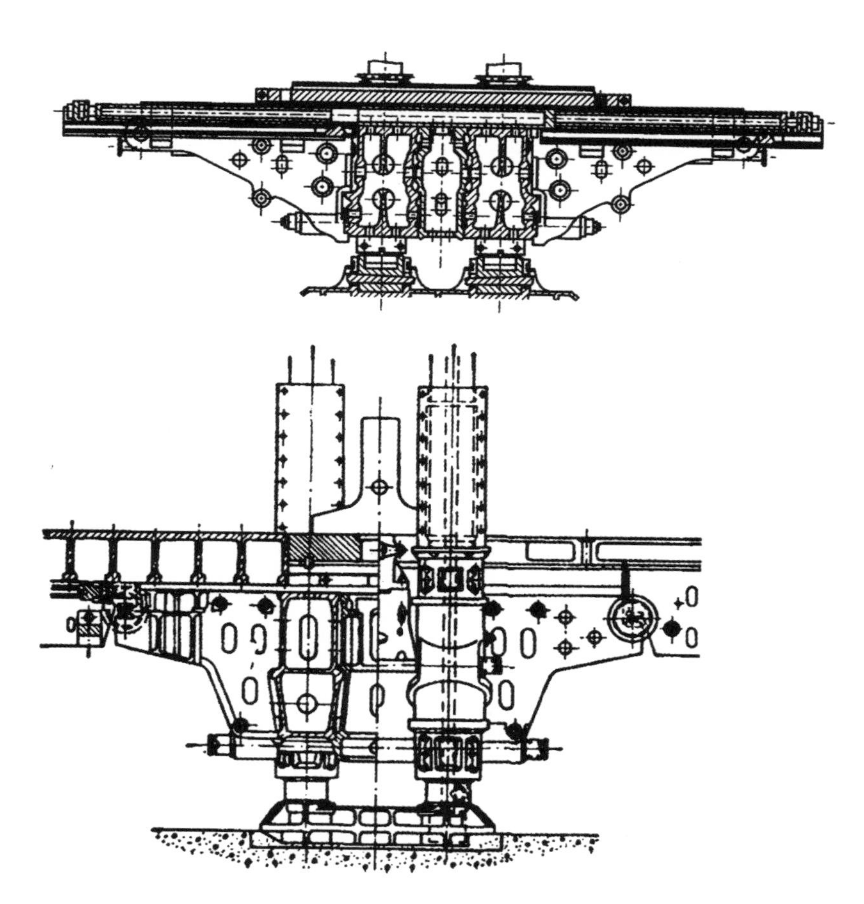

图 2–12　德国克罗伊泽公司制造的 10 000 t 水压机下横梁与捷克斯洛伐克列宁工厂 12 000 t 水压机下横梁，江南造船厂在制造中国第一台万吨水压机时对其进行了参考

图 2–13　组装中的万吨水压机下横梁和基座

图 2–14　唐应斌采用电渣焊接方法攀登焊接技术的新高峰

大家坐下来冷静分析，一致认为裂纹原因还是电流、电压控制不当，当然预热保温是有好处的，第七次焊接大胆地降低了电流、电压，但仍没有焊透，现在仍在继续进行试验研究。”

由于当时上海重型机器厂正在建设中，大行车尚未安装，所以横梁的移动、翻身都成为难题。大件在焊接时需要通过吊耳在支架上翻身。江南造船厂的技术人员与起重工人用简易设备解决了这个难题。他们根据船厂大船下水的经验，用“牛油滑板”的方法，先在木板上抹润滑牛油，用牵引车将大工件拖到工位上，然后再用数十个油压千斤顶配合操作，将大工件顶起，并不断增加枕木的数量，最终将下横梁等抬升至 6 m 的高度，再用卷扬机拉动钢丝绳完成翻身。

“横梁翻身”这个方法听起来很简单，实际操作时则有较强的技术规范和技巧。即便看似毫不起眼的润滑牛油，也不是随意涂抹就行的。技术人员事先对牛油的配料、加热温度、摩擦系数和浇注厚度等使用特性都做了严格的试验，取得了一系列的数据后才用于操作。现场的指挥和工人的操作也同样重要，如果工件抬升不平衡或发生基础沉陷，将会造成重大险情。工厂起重工人的经验发挥了重要作用。

沈鸿回忆道：“过去曾顶过 70 t 的大型主机，40 多位富有经验的老师傅费了九牛二虎之力才顶到一尺半的高度。小队长魏茂利非常着急，‘油泵太大了，升高速度慢，辅助时间多’，后来他想出一个好办法，也就是大摆楞木油泵阵，用几十只 20 t 的小油泵顶。大队长亲自出马向上海重型机器厂借到 40 只 20 t 油泵。采用百余根枕木和数十只油泵（千斤顶），一只油泵一人包干，油泵一次只顶10寸多高，然后填枕木，再用油泵继续顶高，如此循环，夜以继日顶了数十次后，终于将极其笨重、体积庞大之工件顺利地顶到6 m高，平稳地放在翻身架上，都把这个难忘的场面叫作‘蚂蚁顶泰山’。这样只用两根钢丝绳轻轻一拉就可以将一只300 t重的横梁很灵活、很方便、很平稳地翻身。大家把这种翻身的方法叫作‘银丝转昆仑’。”

全焊结构的大工件注定要使用“超常”的热处理手段。热处理是必不可少的一道工序，目的是改善焊接组织，消除焊接应力，提高机械性能。上海万吨水压机有4根立柱、3个横梁、6个工作缸、16个蓄势器和3个工作台，在焊接后若不进行热处理，根本无法使用。这项任务的难点在于必须要有“超常”的热处理炉。炉子首先要大，能容纳10 m长、8 m宽、260 t重的下横梁，也能让18 m长的立柱整根放入。其次，炉子的性能必须满足工艺要求。温度的控制尤其有讲究，升温、均温、保温、冷却等各个步骤必须按设定好的时长，有时需要缓慢升温，然后保温10 h；有时需要快速冷却；而且每个厚大的零件都应均匀受热。一个流程下来的连续作业时间少则20～30 h，多则上百小时。

与焊接过程面临的问题相似，上海万吨水压机拼焊结构的设计也给切削加工带来了极大的困难。首先，焊接后的零件尺寸过大，没有现成的机床设备能够满足加工的需求。焊接后的立柱长近18 m，重80 t，而下横梁的最大长度有10 m，重达260 t。这样的零件均超出既有机床的加工能力，普通的工装夹具、量具和辅助工具也都不再适用。其次，质量要求高，技术难度大。其中，横梁大平面在6 m长度内的最大不平度仅为0.40 mm，机床导轨面的最大水平误差不得超过0.05 mm/m；横梁立柱孔的上下端面的中心距误差不得超过0.10 mm/m，加工设备的直线度不得超过0.05 mm/m；立柱端面与中心线严格垂直，偏心跳动小于0.05 mm；立柱滑动部分的表面接近于镜面加工的要求。

以上两项条件也对技术人员和工人提出了很高的要求。技术人员必须针对设备受限、加工难度大等特殊条件，设计出合理的工艺方案。方案的制订与实施必须极其谨慎，因为加工中一旦出现差错，此前费尽辛苦制造的大型毛坯就很可能要返工，甚至报废。此外，整个过程中的测量、划线、装夹、加工等各道工序的工作量大，非常考验工人的经验、体力和耐心等综合素质。

特大零件的加工方案始终是焦点问题。对于立柱的加工，技术人员和工人的心里还比较有底。上海重型机器厂新进口了一台捷克的 15 m 大车床，虽然不够立柱的长度，但是技术人员对它进行了接长改装，用一个自制的 3.5 m 长的底座安放尾顶针，可以实现车削和滚压加工。可是，这台机床毕竟不是为生产水压机而购买的，它没有加工立柱螺纹所必需的丝杠。工人只能靠齿条走刀来切削螺纹，而精度的控制则依赖于操作工的技能。另外，滚压器缺少压力调节装置，进刀量也只能凭经验近似调节。在这样的条件下，袁章根等人小心翼翼地完成了万吨水压机 4 根立柱的加工，共用时 98 天。

三个横梁的加工问题更突出，根本找不到合适的大型机床。工作大队遂打算采取“蚂蚁啃骨头”的机械加工方法。简单地说，就是用小机床加工大零件。这种做法乍一听起来似乎很自然，其实它并不符合通常加工大零件的思路。一般在考虑到加工质量和加工效率的情况下，加工大零件需要用更大的机床，而小机床要完成同样的加工任务，就会有特殊的难度，甚至可以说，每一步几乎都要翻越一道难关。

特大零件划线便是一关。划线是机械加工的第一步，一般要经过在划线平台上对零件的多次找平与翻身，确定出零件三维方向的加工线与校准线。水压机 3 个横梁都属于外形复杂、尺寸巨大且单件生产的精密零件，必须要经过划线工序。然而，这道工序却无法按常规的方法进行。寻常零件的找平、翻身都不是问题，可是万吨水压机的横梁太大，在缺乏足够大的划线平板和大型起重设施的情况下，零件的找平和立体划线变得非常困难。

经过一番摸索和论证，技术人员采用了“工字平铁与拉线定位相结合”的办法。这种方法用厚钢板、工字平铁、带有长度标记的木条等简易工具，避开了设备方面的不足。虽然最后完成了划线任务，但是步骤烦琐，需要反复校对，效率很低，仅下横梁的划线就用了 10 天。

合适的小机床是“蚂蚁啃骨头”的基础。针对加工中的两大难点——横梁的大平面和高精度立柱孔，袁章根等技术人员专门设计了移动式的牛头铣床与直径为 300 mm 的活动镗杆等简易机床。移动铣床是加工横梁的大平面的主要设备，可以被放置在横梁的表面，而无须考虑工件的装夹等问题。活动镗杆又称“土镗排”，使用时直接插入横梁的立柱孔中，加工 3 个横梁的 12 个高精度立柱孔及柱套的上、下端面。另外，技术人员还制作了一些简易设备和刀具，解决工作缸柱塞和活动横梁柱塞的加工困难。

重型机器零部件多、质量大，这是安装必须面对的问题。上海万吨水压机的主机及主要附属设备共有零件 44 749 个，总质量约为 3 250 t。1 t 以上的零件虽然只有 260 个，却占总质量的 93%。其中，每个横梁、单根立柱的质量均在 70 t 以上，仅下横梁一件就达 260 t，而工作缸、工作台、顶出器、下侧梁及垫板、限程套等装置每套质量也都在 10 t 以上，一副立柱螺帽或一套活动横梁轴承的质量就有 4 ～ 5 t。这些零部件虽然看似笨重，安装的精度要求却不低。例如，主机的水平误差要求每米不超过 0.03 mm，立柱的垂直误差则要控制在 0.10 mm/m 之内，零件之间的配合面、密封处等关键部位也都有严格的要求。吊装工作无疑是水压机全部安装工作的难点和中心环节。

重型机器之“重”不仅远远超出了一般人的日常经验，而且也在一定程度上出乎设计者最初的预计。主要问题出在厂房高度设计不当和行车起重能力不足。

万吨水压机的厂房参照了苏联重型厂房的设计，但是为节约成本，行车轨道高度被降低了 4 m，这就使得吊装的操作空间变得狭小，操作困难。起重能力是另一个突出问题。行车的最大起重能力一般根据生产需求而定，在先前确定的万吨水压机可锻钢锭的指标中，普通钢和低合金钢约 150 t，最大不超过 250 t。按预先的计划，水压机车间应先安装 100 t 和 150 t 行车各一台，二者并用即可满足最大钢锭的锻造需要。这种行车的配置对于组合结构的万吨水压机来说，由于横梁的分块质量在 100 t，所以进行吊装应该没有问题。但是，上海万吨水压机为突破制造环节的瓶颈，改为全焊结构，下横梁的质量已超过了两台行车的起重能力。由于当时国内尚未生产过最大起重量为 250 t 的行车，因此吊装问题成为压在总设计师沈鸿肩头的担子。

从设计之初，沈鸿就开始考虑水压机基础、厂房与安装等相关问题。水压机基础是主机的立足之地，也是安装工作的起点，沈鸿很重视，亲自承担了相关的设计任务。早在1958年率队进行调研时，他就非常留意各个水压机基础的优缺点。在设计阶段，他着力于国内外设计的借鉴和改进，还进行了多次模型试验，其中的一些设计独具匠心，为安装及日后的设备检修与维护提供了便利。例如，基础的内部比较宽敞，零件在安装时有较大的操作空间；基础内设有足够的照明设施，且楼梯设计合理，便于工作人员活动与操作；采用预埋钢板固定管阀支架，克服了传统用水泥墩固定的缺点，具有支架基础牢固、便于调节和安装周期短的特点。

沈鸿是降低厂房的决策者之一，也是万吨水压机与行车主要技术指标的主要制定者。随着万吨水压机研制任务的推进，大家渐渐认识到其中的问题可能对后续环节产生不利的影响。大型零件的制造困难基本解决后，沈鸿逐步将工作重心向安装与试车的环节进行调整。他往返于京沪两地，与林宗棠等一起协调最后阶段的工作安排，安装的筹备工作从准备设施与场地、制订工艺方案、组织人员和质量检测等几个方面展开。

两台行车是吊装的前提，可是水压机车间刚建成时，仅安装了一台100 t行车，150 t行车仍没有眉目。本来，江南造船厂计划按第一机械工业部提供的图纸自制一台，但是因140 mm的镇静钢板迟迟不能到货而无法投料开工。碰巧，太原重型机器厂刚为北京第一机床厂造好了一台150 t行车，正闲置在北京的库房，而北京第一机床厂的项目却已经下马。了解到此情况后，沈鸿便与相关主管部门和太原重型机器厂协调，将这台行车分配给了上海重型机器厂。

150 t行车虽然解决了，但安装的筹备工作并未彻底解决。沈鸿开列出了7项主机安装前必须具备的条件，希望准备工作尽可能做得充分，以确保安装一次成功。

（1）水压机基础及操纵台基础应验收妥善，不漏水，符合设计安装要求。

（2）厂房应竣工并验收，包括屋顶面、雨水管、围墙（包括东面临时墙壁）、门窗、照明等。地坪应预压，并用方石块铺砌，若有困难可用20 mm左右厚钢板铺地。基础周围用300根枕木铺路，以便履带式吊车活动。

（3）由金工车间通往水压机车间的铁路应竣工，并经预压。

（4）100 t 和 150 t 行车经试车并验收（超荷 20%）。

（5）电、水、风源应接妥，风源至少需用 6.3 m/min。

（6）划定主机安装区域（11—29 轴）。安装区域内应具有 1 000 m^2 临时建筑，以供零件库、材料库、油库、氧气乙炔站和办公室等使用。安装区域应与外界隔开，不得任意通行。

（7）开始安装前应将三个横梁和主要部件运输进场。

由此可见，沈鸿对待安装工作非常谨慎，尽可能地事先考虑到每个细节，并强调安全。按照这份清单，水压机基础和厂房竣工验收后，不再做大的调整；充分发挥 100 t 和 150 t 行车的潜力，以超载来弥补最大起重量的不足。

周密的准备工作还突出体现在安装工艺的制定方面。1961 年 12 月，一本由上海万吨水压机设计室编印的《上海 12 000 吨锻造水压机安装手册》被发到工作人员手中。据技术组组长徐希文回忆，《上海 12 000 吨锻造水压机安装手册》主要由沈鸿编写完成。这本 32 开的硬皮手册共 90 页，包含书名页、目次、正文等部分，核心内容是一整套清晰而明确的水压机安装工艺路线、进度安排和责任制度表。书名页有醒目的“安全！整洁！”的警示语，其后的 19 项内容包含水压机主机、厂房、水泵站等关键部分的技术指标、设备清单和安装进度，并配有 14 幅制造过程照片、6 幅土建过程照片、15 套表格和 20 幅安装工艺图，便于工作人员对整套水压机与厂房有全面而细致的了解。《上海 12 000 吨锻造水压机安装手册》中“主机安装工艺”部分最为详细，内容按技术单元逐一列出所需的工艺步骤及技术要求。每一单元和工艺步骤均设有“负责人”栏和“检查结果并签字”栏，以便责任落实到人。

1962 年 6 月 22 日，上海重型机器厂第二水压机车间内矗立着一台浅绿色的露出地面 16.7 m 的大型水压机。车间内人头攒动，沈鸿、林宗棠和水压机设计组的全体成员，工作大队和安装大队的许多工作人员，以及来自上海市工业管理部门的领导，江南造船厂、上海重型机器厂与其他兄弟厂家的代表兴奋地围着机器，等待着激动人心的时刻。

图 2–15　万吨水压机研制成功后全体研制人员合影

试车总指挥由车间主任姜隆初担任，车间副主任邱凤法和工段长王素楼担任副总指挥。14 时 30 分，随着总指挥的一声令下，炽热的钢锭被行车缓缓吊起，送入上、下砧之间，试锻钢锭开始了。锻制的工件为两只 26 t 的钢锭，万吨水压机顺利完成了拔长、镦粗、切断等基本工序的操作。全场掌声雷动，大家亲眼看到了自制的万吨水压机惊人的力量。这次加工成功的锻件是柴油机曲轴的毛坯，不久后被用在江南造船厂制造的东风Ⅱ型万吨远洋轮上。当天试锻成功后，江南造船厂与上海重型机器厂随即办妥了交货手续，上海市领导宣布上海 12 000 t 水压机进入试生产。

三、工艺技术

1. 立柱的工艺技术

水压机的立柱是整个水压机最重要的部件之一。立柱不但要连接三个横梁，构成本体的封闭框架，同时还兼具活动横梁的导向功能。上海万吨水压机立柱的设计在吸收、借鉴其他水压机经验的基础上，形成了自身“短粗”的特点。为解决制造困难，设计时选择了“拼焊”的工艺路线。

立柱设计的难度之一，就是要使其能够承受大而复杂多变的载荷。锻件处于机架的中心线上是一种理想位置，但在实际工作中，工件的形状与位置、横梁的变形、局部受热，以及立柱本身的结构与内部组织的不均匀性等因素，通常都会产生一定的偏心载荷，并导致立柱受力复杂、变形复杂。再者，立柱的结构比较复杂，螺纹与凸肩会增加应力集中造成的危害。因此，在设计立柱时，计算立柱强度、避免应力集中是关键。

关于解决偏心载荷和立柱的导向功能，国外的设计一般有三种方案：方案一，完全用立柱导向，立柱也相应地要承担全部偏心载荷；方案二，在三缸式水压机的设计中，除立柱外，中间工作缸也承担部分偏心载荷和导向作用；方案三，在上横梁增加专用导向器，并承载主要偏心载荷。后两种方案都能够改善立柱的受力状态，但是，方案二对中间缸的密封设计要求较高，方案三的设计更加复杂，整机的体积过于庞大，造价也会有所增加。三者相比，方案一对立柱强度的要求高，但是结构简单，只要设计合理，可靠性就能够得到保证，国外的一些重型水压机经常采用此方案的道理也在于此。以上方案在国外文献中不难找到，其中也都有比较详细的对比分析。上海万吨水压机立柱的设计者孙锦云等人注意到了这些文献，他们的分析及图例也借鉴了这些文献。

重型水压机的立柱结构多为近似中空圆柱体，上海万吨水压机也是如此。大立柱的毛坯中心往往存在锻造或铸造的缺陷，空心结构则可以消除这样的隐患，而且便于仪器进入检查。中心孔通常还被用作低压管道，以节省空间。对于上海万吨水压机来说，空心结构还利于焊接和热处理。该立柱的结构是比较了几种常用立柱类型后确定下来的。

上海万吨水压机的立柱选用了锥套式结构。设计人员认为，该结构最大的优点在于可以消除下部的应力集中。之所以如此看重这一因素，是因为设计组在前期考察时了解到的一则情况。第一重型机器厂水压机车间苏联造 1 250 t 水压机因设计缺陷，应力集中导致立柱特别容易断裂。上海万吨水压机所用材料的性能不高，所以设计人员特别注意减少和消除应力集中因素的影响。这种结构虽然也可以消除应力集中，但是结构复杂，设计和安装都比较麻烦。

经过多轮比较与尝试，设计团队认为方案一的材料性能最好，工艺路线简单，国外大型水压机的设计一般首选此方案。但是，这个方法需用约 200 t 的钢锭在万吨水压机上锻制，上海根本没有选用此方案的可能性。若靠进口，则要特别定制，更不用说在运输上的困难。再说，这也不合设计人员誓言自造万吨水压机的承诺。

方案二只是在理论上可行。虽说浇铸大型铸件是中国传统技术的强项，可是立柱毕竟不同于古代的钟鼎。立柱各部分都有严格的力学要求，而大型铸件固有的铸造缺陷将成为致命伤，后果不堪设想。

因此，对于设计人员来说，实际上只有“化大为小”的方案三可供选择。相较而言，方案三的材料可靠，捷克采用此法制造了第一重型机器厂 6 000 t 水压机的立柱。设计人员受到启发，曾考虑上海万吨水压机也用此方案。用焊接法拼接制造大立柱，主要的难点在于合理划分大立柱，使各部分既利于焊接操作，又能保证整体的机械性能。设计人员最初打算顺着立柱的纵向进行划分和拼接，将锻成扇形断面的长条钢焊接成一个空心圆柱，焊接工艺为常用的电弧焊。据说这种“组筷式”划分方法源于沈鸿受到手中的一把筷子的启发。此法虽是奇思妙想，但在工程上并不取巧，其最大问题在于不利于焊接操作，焊接质量也难以保证。另外，锻造长条钢需要我国东北地区的厂家协作，成本高、周期长。除非还有更好的思路，否则方案三将是一条凶险之路。

一次偶然的机会，使得方案四进入了设计人员的视野。在用锻焊法遇到困难后，设计组并未完全放弃，经多方打听，找到了民主德国冶金专家孔歇尔。1958—1959 年，孔歇尔作为冶金工业部钢铁研究院顾问，在上海锅炉厂指导高压容器使用代用材料生产的问题。1958 年，我国在试制合成氨装置时，曾向孔歇尔请教用铸钢制造高压容器的问题。水压机设计组此时遇到了相似的问题。据沈鸿回忆，孔歇尔的意见是，铸钢和锻钢没有本质上的区别，如果铸钢质量好就不比锻钢差；如果锻钢的质量不好，还不如铸钢。水压机立柱可以分段拼焊起来。

孔歇尔在材料和工艺两方面为万吨水压机设计组指点迷津。基于对氮肥高压反应筒材料的熟悉，孔歇尔建议采用 20MnV 铸钢作为水压机立柱的材料。他还根据德国在第二次世界大战时期用铸钢代替锻钢制造大炮身管的经验，推荐用分段拼焊的方法制造整根立柱。

设计人员初步采纳了孔歇尔的意见后，第一机械工业部副部长刘鼎等人在技术方面又给予了更加具体的帮助。1959 年，在上海召开全国焊接会议期间，刘鼎介绍了哈尔滨军工厂用拼焊工艺制造炮塔的经验，随后还从工厂派人去上海进行指导。

鉴于立柱的设计对万吨水压机的影响重大，设计组决定用 1 200 t 试验机来验证。试验机的每根立柱被划分为四段，逐段焊接成一整根。为了取得对比数据，1 200 t 试验机的四根立柱又被编为两组，分别用不同的工艺制造。一组用锻焊法，另一组用铸焊法，每组各有一根用手工电弧焊接，另一根则用刚掌握的电渣焊接。试验证明，选用 20MnV 铸钢为材料是可行的，并且铸焊法比锻焊法对设备的要求低，成本也低。于是，用铸焊“以小拼大”的方法脱颖而出。沈鸿风趣地称这种逐段拼焊的立柱是“小笼包子”式的。

2. 横梁的工艺技术

三个横梁是指上横梁、活动横梁和下横梁。它们的尺寸和质量很大，这又构成了三道难关。在吸收借鉴的基础上，设计组独具匠心地采用整体焊接式的横梁结构，以意想不到的方式取得了横梁设计的突破。

下横梁是整个水压机本体的底座，也是三个横梁中体积最大的一个，长度可达 10 m。下横梁不仅要承受水压机的全部压力，一般还附设移动式工作台和顶出器等装置，其内部结构多变，应力变化情况复杂，设计难度较大。上海万吨水压机下横梁的设计主要出自副总设计师林宗棠之手。

根据国外经验，横梁多为中空的箱形结构，内部按照一定的规律排布大小不等的筋板，以提高刚度，减少应力集中。上海万吨水压机吸纳了国外资料中的有关设计规范。在选择梁体结构时，设计人员注意到，德国克罗伊泽公司制造的 10 000 t 水压机和捷克斯洛伐克列宁工厂制造的 12 000 t 水压机采用的都是两端悬伸的设计，

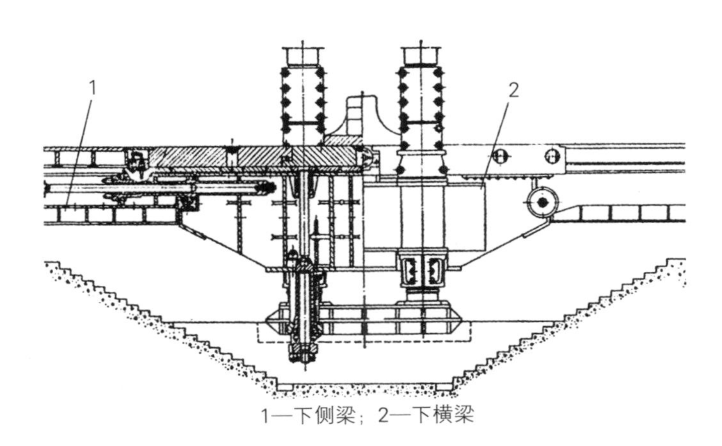

1—下侧梁；2—下横梁

图 2-16　万吨水压机下横梁结构图

而德国施罗曼公司设计的 15 000 t 水压机下横梁则采用了变断面结构。后一种结构不仅要精确计算断面系数的改变，还要考虑中间层上、下应力的变化，对选材的要求也更高，设计难度较大。相比较而言，前者相对简单，且有利于下横梁两侧移动式工作台的设计，参考资料也比较丰富。因此，上海万吨水压机采用了简单的、常见的两端悬伸的箱形结构。

贯穿横梁上下的 4 个直孔分别对应 4 根立柱，这 4 个孔称为柱套。为了确保横梁有足够的强度和刚度，柱套和横梁的高度都不宜太小。因此，高度是下横梁尺寸设计的一处关键。苏联的斯托罗热夫等在资料中建议，下横梁的高度应是机柱（立柱）直径的 2.5 ～ 3.5 倍，重型水压机因受力大，这个值有时达 4 倍。根据这台水压机 930 mm 的立柱直径，下横梁柱套的高度应为 2.3 ～ 3.7 m。但是，由于这台水压机的整体高度受限，所以下横梁柱套的设计高度仅为 2.4 m，远远低于其他万吨级水压机柱套的高度。

为了适当增大下横梁的高度，梁体被设计成“不等高”形，中段高度达到了 3.2 m。即便如此，与其他同吨级水压机相比，下横梁的高度仍不算突出。强度和刚度的计算表明，“不等高”设计虽然改善了横梁整体的力学性能，但是中部比两侧的柱套高出 0.8 m，导致中部到柱套之间的过渡显得过陡，在过渡区会不可避免地存在应力集中区域。此处的隐患只好留至制造环节再想办法解决。

上横梁、活动横梁与下横梁有相似之处，因各自功能不同，设计也不尽一致。徐希文是上横梁与活动横梁的主要设计者。

上横梁连接立柱上端，主要承受锻压时的全部反作用力。此外，上横梁还要安装工作缸，工作缸的大小、数量及受力分布等因素在上横梁设计时也应一并考虑。

上海万吨水压机上横梁的结构参考了德国 10 000 t 水压机和捷克斯洛伐克 12 000 t 水压机的设计，但是它们之间的差别也很大。

上海万吨水压机上横梁柱套的设计高度为 2.5 m，而梁体的高度为 3.9 m，二者的高度差达到 1.4 m。另两台水压机的此高度差分别为 0.95 m 和 0.85 m。由此不难判断，与另两台水压机相比，上海万吨水压机的上横梁从柱套至中段出现了更为显著的应力集中的问题，设计的难度很大。

上横梁的中部过高实属不得已而为之，目的在于满足梁体强度和刚度的要求。这台水压机有 6 个工作缸，每个缸都要在上横梁内部占据一个大孔腔，再加上设计所需的其他较大的孔腔，如此多的孔腔很容易导致横梁的性能下降。其次，受所选材料的限制，横梁的上、下底板过于单薄，厚度仅有 120 mm。在柱套高度、内部结构和材料机械性能都一时难以提高的情况下，增大中部的高度是改善上横梁性能的最有效的手段。

多年后，当年负责此项设计的徐希文回忆起此事，仍心有余悸："柱套的高度应该是 3.2 m，因为水压机和立柱的高度都降低了，就压到 2.5 m。这一搞，过渡的

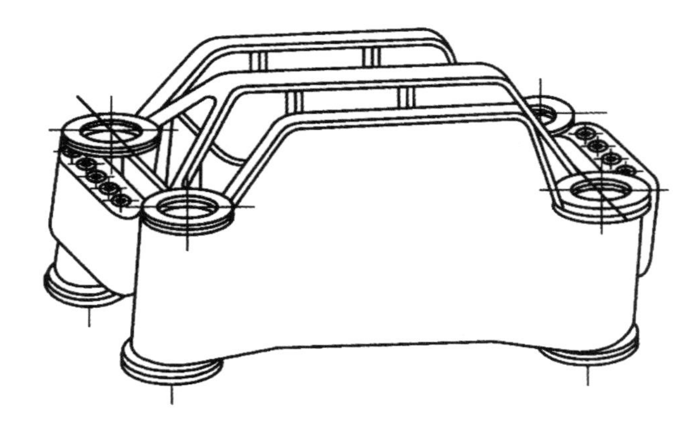

图 2–17　万吨水压机上横梁

角度太陡了，应力太高，带来问题。最后，林宗棠和我在调试的过程中采取了好多措施。”

徐希文所说的措施主要包括在过渡部位加焊三角形加强筋板，堆焊增大过渡圆角，开孔平衡应力分布，对焊缝进行冷作硬化以提高表面硬度等。其中，开孔法还专门在 120 t 试验机上进行了测试和试验。其结果表明，虽然过渡部位的应力集中有所缓解，但是整个横梁的刚度被降低，在新孔周围产生了新的应力集中。最后，设计组放弃了开孔法，其他方法在试验后都得以实施。

尽管徐希文对此处的设计并不十分满意，但是受限于当时的条件，已很难有更好的办法了。为了在将来有条件时能再做一个更好的上横梁，徐希文还特意设计了一个新的结构，上横梁的高度也由 3.9 m 改成了 3.35 m。

设计者除了关注上横梁的整体性能，许多细节的设计也煞费苦心。例如，由于工作缸较多，加强筋板的形状和位置的设计非常不易，既要考虑到工作缸支撑面的刚度均匀分布，又要照顾到焊接操作的简便易行。有些设计问题很难考虑周全，要到制造阶段，甚至到使用阶段其不足才能显现出来。在上横梁的制造过程中，徐希文发现 8 个螺帽的支撑平台的焊缝宽度仅有 40 mm，这个结果在设计阶段没有被考虑到。他立刻做了计算，结果表明在万吨压力下焊缝有可能开裂。他和林宗棠商量后，决定在每个平台上补加 12 个圆销。修改的设计方案经受住了后来的考验，避免了可能发生的事故。

活动横梁是水压机的几个大件中唯一做大行程运动的部件。工作时，活动横梁在主工作缸柱塞的推动下，由下部固定的上砧座对锻件施压。由于上海万吨水压机活动横梁的运动完全靠立柱导向，所以活动横梁的主要受力部位是柱塞支撑面和导套。相应地，活动横梁结构设计的主要对象是柱塞支撑结构和导向结构。

上海万吨水压机活动横梁的筋板布置不尽合理，这与一次设计变更有关。活动横梁最初的设计比照了 12 缸的 1 200 t 试验水压机，筋板也是按 12 个柱塞支撑面区域来设计的。活动横梁的毛坯做好之后，万吨水压机工作缸的数量由 12 个改为 6 个。如果重做一个 100 多吨的毛坯，将会造成很大的经济损失。权衡之后，设计人员打

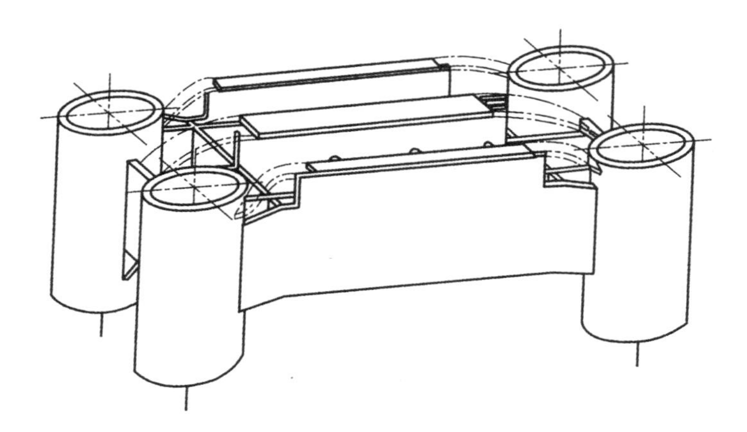

图 2–18　活动横梁

算在原有的毛坯上做些修改，但是筋板的布置已经无法彻底改变，这就导致了部分筋板不在柱塞支撑面受力的中心，横梁的强度和刚度都受到削弱。此外，活动横梁要连接 6 个柱塞，横梁的大开孔较多，这也是降低活动横梁性能的一个因素。

导套轴承的设计也很关键。这部分的设计主要依据相关设计资料和 1 200 t 试验机的试验数据。

工具提升机构是沈鸿在参考了捷克斯洛伐克水压机的相关设计的基础上提出来的。它是活动横梁的附属装置，可用来挂剁刀等生产辅助工具。此装置后来被使用更方便的地面液压剁刀机所取代。不过，它的设计者当初不会想到，水压机侧面的这两个比较显眼的部件，曾经是这台大机器外观的一个显著标志。

在上海万吨水压机的设计中，三个横梁的独特结构与选材颇具新意。重型水压机横梁一般都以铸钢为材料，每个横梁的质量都在 100 ～ 200 t，下横梁有时甚至超过 300 t。这样超大的构件很难使用整体浇铸的方法来制造。国外一般都设计为铸钢组合式结构，先分块铸造，再用大螺栓实现机械组合。例如，德国 10 000 t 水压机的下横梁就分作 5 块组合而成。

上海万吨水压机的三个横梁最初考虑的也是这种方案。参照资料，设计人员将下横梁设计为 7 块铸钢件，用螺栓连接后，总质量将达到惊人的 540 t。当时 100 t 左右铸钢的生产能力在上海还属于“技术瓶颈”，即使外地协作生产，运输、安装

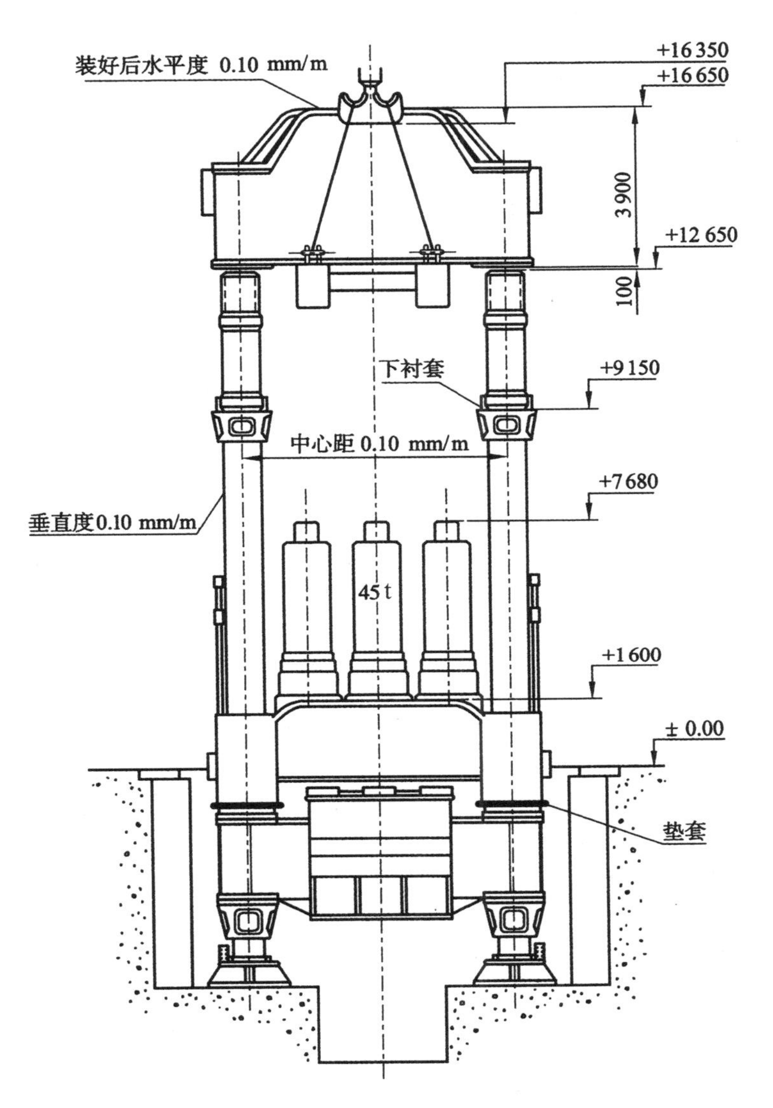

图 2-19　上横梁吊装

和后期加工等也会面临棘手问题，因此这一方案被迫放弃。

由于立柱使用了拼焊结构，所以设计人员打算用板焊组合式结构来设计横梁。即先用厚钢板焊接成若干大块，再用螺栓进行组合连接。为了得到第一手的设计数据，设计人员用此结构设计了 1 200 t 试验机的三个横梁。经过有针对性的试验和 2 年多实际生产的考验，此结构一度被确定为万吨水压机横梁的首选方案。

但是，设计人员最终还是采用了第三个方案——整体焊接式结构。按照这一方法，

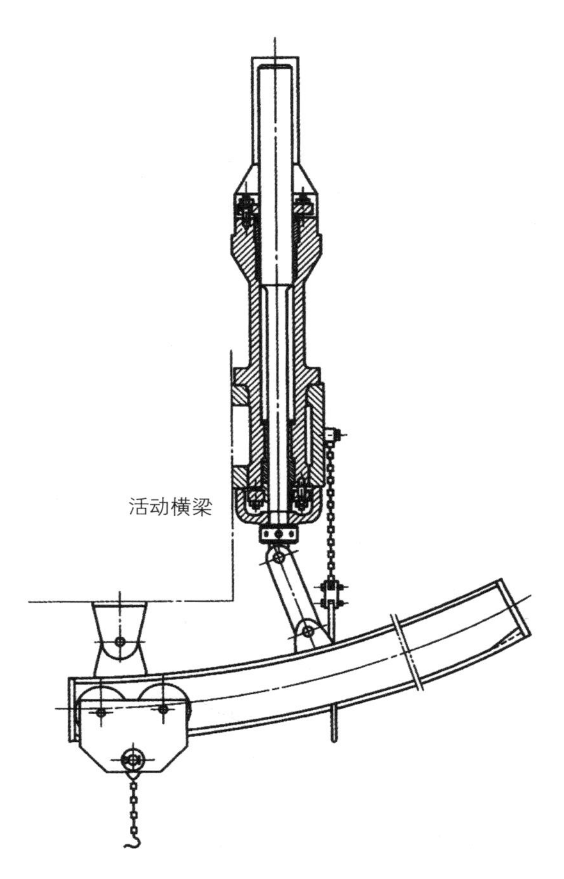

图 2-20 工具提升机构

若干大小不同的钢板将被直接焊接为横梁整体，而不再分块组合。制造工艺大大简化，还能省去紧固螺栓等连接件，节约原材料，减轻横梁的自重。此方案一经提出，就被一致称好。这无疑是一次重大的设计变更，一旦成功实施，三个横梁和水压机本体都将为之改变，其结果甚至影响整个水压机的工程进度、性能和造价。可是，新结构能否用在万吨水压机上，当时谁也没有绝对的把握。

为了验证整体焊接式结构的横梁，设计人员设计了一台用此结构做横梁的 120 t 试验水压机。试验时，压力多次加倍，一度超载至 400 t，而横梁仍安然无恙。试验结果非常理想。同时，设计人员也注意到了新结构带给焊接、热处理和机加工等后序制造环节的压力。综合评价，鉴于新结构的优点，再考虑到江南造船厂焊接技术工人的技术优势，简易热处理炉以及“以小干大”的机械加工方法的可行性，最终，上海万吨水压机采用了整体焊接式结构横梁的设计方案。

整体焊接式结构设计思路的提出与江南造船厂的生产特点也有一定联系。近代以来，焊接成为制造舰船的一种重要手段，而船厂一般都拥有一批技术水平较高的焊接专业人员。1947 年，江南造船厂曾采用全部焊接的方式制造了排水量为 3 255 t 的“伯先”号钢质海轮；1956 年，该厂也曾按苏联标准成功制造了艇身为全焊结构的 03 型潜艇；1958 年，制成全焊结构的 8 930 t“和平廿八”号海轮。受到造船技术的启发，江南造船厂的技术人员在横梁设计时萌生了全焊的想法。

关于整体焊接式结构的横梁，设计者总结了它的特点：（1）重量轻，下横梁加工后净重为 260 t，仅为组合式结构（540 t）的一半左右；（2）机械加工和钳工转配量大大减少，省掉了各组合面和紧固件的加工和装配；（3）安装方便，用两台行车吊下即可；（4）质量容易检查，每块钢板和每条焊缝都可经过超声波检查，这一点在铸钢结构中很难做到；（5）外形整齐美观。

但是整体焊接式结构也带来了不少问题，最主要的是：（1）要有一个特大的热处理炉，把整个横梁放进去进行高温退火，一个简易燃煤热处理炉需 20 万～ 30 万元；（2）铁路短途运输可以设法解决，长途运输有困难；（3）机械加工不能用现成车床，只能采用“蚂蚁啃骨头”的方法。

可见，设计人员对此还是有比较全面的认识的。关于新结构引起的一些极难克服的问题，设计者也并未讳言：“在拥有大型铸造设备和具有一定铸钢技术水平的条件下，采用铸焊或铸造结构就较为有利。”

时过境迁，整体焊接式的方法再也没有用于制造大型水压机。然而，当年的设计者正是靠这把利器，彻底突破了小设备制造大机器的藩篱，闯出了一条新路。

3. 工作缸的工艺技术

工作缸是一种高压容器，分为柱塞式、活塞式和差动柱塞式等形式，其中柱塞式最为常用，上海万吨水压机也选用了这种工作缸。柱塞式工作缸主要包括缸体和柱塞两大部分，柱塞在高压水的作用下推动活动横梁对锻件施压。出于设备与材料等特殊原因，上海万吨水压机的工作缸具有数量多、分段拼焊等特点。

一般的重型锻造水压机采用双缸式和三缸式，即2个或3个工作缸。其益处在于，各工作缸之间容易控制，整机的压力容易实现分级，比如3缸的12 000 t可相应地分作4 000 t、8 000 t和12 000 t三级工作压力。设计人员曾为上海万吨水压机设计了6缸、8缸、9缸、12缸和16缸等数种多缸式的方案。之所以如此青睐多缸结构，主要是为了在保证功能的同时，可将压力分散至多缸，利于选材与加工制造。

通常，缸内液体的工作压力越大，对缸体材料的性能要求越高。如果材料性能偏弱，就需要设计更多的工作缸来分担压力。重型水压机工作缸的液体压强一般为30～40 MPa，缸体多以合金钢的大钢锭直接锻造而成。上海万吨水压机正好处在两难之中，一方面工作缸需用35 MPa，另一方面上海却不能生产出大型锻造钢管来制造缸体。从设计的角度来看，这台万吨水压机的工作缸采用性能略低的材料，并选择多缸的结构，已不可避免。

在相关锻件的材料选择上，民主德国冶金专家孔歇尔建议国内其他厂家用20MnV铸钢代替锻钢成功制造了高压化工容器。一般来说，只有在20 MPa以下的工作缸才会考虑用铸钢制造。设计人员欲打破常规，还是先经过了试验。在1 200 t试验机上，20MnV铸钢制造的立柱和工作缸全都经受了考验，看来这种材料是能够胜任的。

从制造的角度来看，多缸结构对上海万吨水压机也是非常适合的。增加工作缸的数量后，单个缸的尺寸缩小，铸造与焊接的难度降低，这也有利于提高缸体的质量。此外，多缸结构还具有横梁运行平稳、着力点均匀、冗余可靠性较强的特点。但是，工作缸的数量也不可太多。因为，多缸加大了上横梁与活动横梁、液压控制系统等部分的设计难度；而且，在同等压力下，工作缸的数量越多，高压管道的布置、设备的检修越麻烦。反复验算后，设计人员曾认为，设置12个工作缸比较合理。

12缸方案的可行性也得到了1 200 t试验机的初步验证。在这种情况下，12缸一度成为上海万吨水压机的首选。可是，在试验水压机使用一段时间后，工作人员发现12缸导致活动横梁上部空间狭小，设备检修非常不便。于是，在满足功能和性能的前提下，设计人员最终选定了6缸的设计方案。

前已述及，在6缸方案确定后，原来按12缸方案设计的上横梁的梁体未随之改动，结果因部分筋板位置不尽合理而导致受力不均。此处是在设计阶段中出现的纰漏。

工作缸和柱塞采用了与立柱相似的制作工艺——分段铸造和拼焊。工作缸的缸体被分成缸底、中部和凸肩三部分，柱塞则被分成两部分，然后再焊接拼成整体。这样的好处在于降低了铸造、焊接和机械加工对设备的要求，适合上海的生产条件。

至此，上海万吨水压机本体主要部件的基本设计思路和技术方案已基本形成。需要指出的是，本体的设计只是全部设计工作的一部分。万吨水压机是汇集了机、电、液、气多种系统于一体的复杂大型机器设备，除最具代表性的本体的设计之外，设计内容还包括水泵站及高压水泵、高压蓄势器、高压空气压缩机、高压阀与高压管道、液压控制系统、润滑系统、电气设备及控制系统等。这里，限于篇幅，不再逐一列举。

从1959年10月至1960年12月，万吨水压机的设计工作紧锣密鼓地进行了一年多的时间。如果将此前1 200 t试验机的设计和制造中的设计改进也计算在内，那么全部的设计持续了近三年。大量史料反映出，在整个过程中，设计人员一直在努力，一直在改进，力争每个环节都做到最优。在设计中事无巨细，大到功能的选取、材料的选用或结构的设计，小至螺纹的齿形、螺帽的高度或密封圈的形状，几乎所有的设计都建立在严谨的分析、细致的计算和大量的试验基础之上。

综合来看，上海万吨水压机的设计具有如下特点：首先，搜集到的资料及在国内的现场考察都对最终的设计结果产生了积极的影响，设计人员同时也大量地借鉴了国外水压机设计的规范、经验和方法。其次，在面对选材与制造方面的困难时，力求发挥现有材料和设备的潜力，拼焊结构、整体焊接式结构等技术路线莫不如此。再次，模型和试验等手段在辅助设计方面也起到了重要的作用。最后，在设计阶段，技术人员已经比较充分地考虑了加工工艺的可行性，为万吨水压机的顺利制造奠定了基础。

总之，在特殊的技术环境与较为丰富的技术来源的影响下，上海万吨水压机的

设计人员制造的这台大机器，在结构、性能和制造等方面都有独特的技术特色，特别是在三大横梁的设计上采取了具有突破性的技术方案。正是这一创举，加上焊接立柱和焊接工作缸等设计，使得全焊结构成为上海万吨水压机最突出的技术特征。

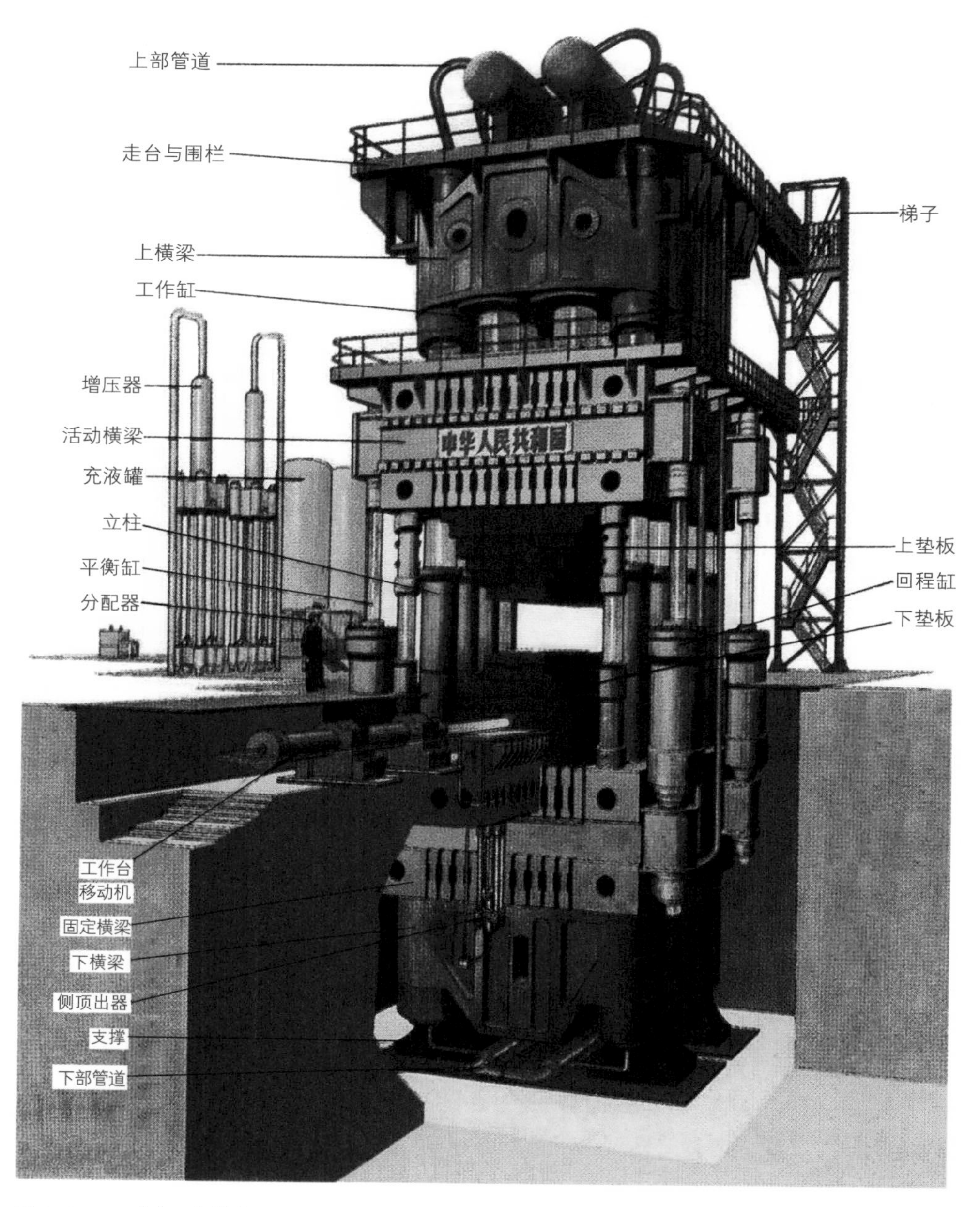

图 2-21　万吨水压机结构示意图

四、产品记忆

在20世纪60至70年代，上海万吨水压机得到了广泛的宣传，“万吨水压机”一词在中国可谓妇孺皆知，其形象也迅速被推向顶峰。

实际上，万吨水压机刚造好的时候，还处于对外界保密的状态，上级部门没有马上公布这一可能引起轰动的事件。不过，这台大机器的成功还是引起了行业内和相关部门的关注和重视。上海市有关部门组织座谈，请参与万吨水压机项目的有关人员介绍经验。第三机械工业部（后改为第六机械工业部）第九局（船舶局）则发文要求业内各厂学习江南造船厂“采用新工艺、新技术，土、洋设备结合”“通过严密的组织工作，消灭了事故”等先进经验。

很快，中央的内部刊物也刊载了上海造出万吨水压机的消息。沈鸿对此有些不安，他不主张在机器的试用阶段宣扬此事。虽然他知道很多人都关注他在上海造大机器的进展，但还是觉得首要的是多做观察和总结。因为没有正式投产，而且此前他也从未造过这等规模的机器，万吨水压机是否实用、好用，过一段时间再下结论更为稳妥。

直到1964年，在上海万吨水压机试运行整整两年之后，党报和机关刊物等重要媒体才拉开了宣传上海万吨水压机的帷幕。

《人民日报》和《解放日报》是最早正式宣传上海万吨水压机的媒体。1964年9月27日，《人民日报》头版刊登了新华社的文章《自力更生发展现代工业的重大成果——我国制成一万二千吨压力巨型水压机》。

当日，《解放日报》刊登了江南造船厂成功制造万吨水压机的报道。

为了让读者对这台大机器有一个简单而生动的了解，《解放日报》还刊登了介绍水压机原理和作用的科普文章《水压机的性能和用途》和《万吨力量从何而来？》。

1964年底，制造万吨水压机的总结报告送到中央后，得到了毛泽东等领导人的赞赏。1965年1月22日的《人民日报》刊登了署名为“中国共产党江南造船厂委员

会”的长文《一万二千吨水压机是怎样制造出来的》。

文章在《人民日报》上发表之后，《新华日报》和《机械工业》等报刊迅速转载了此文。《解放日报》则开辟《大家来参加总结经验问题的讨论》专栏，再次以上海万吨水压机为例说明总结经验的意义。1965年，上海人民出版社出版了名为《万吨水压机的诞生》的宣传小册子，里面主要就是收录了《解放日报》和《人民日报》的这几篇文章。由于这些报道具有权威性，并且相对其他各类宣传还具有导向性，因此上海万吨水压机一跃成为各类媒体的报道对象。

媒体公开报道后，机械行业内部率先将万吨水压机树为学习的榜样。机械行业的专业期刊《机械工业》在1964年第18期上刊登文章《自力更生发展品种的新胜利——我国自己设计、制造的一万二千吨水压机制成》和《设计和制造万吨水压机给我们的启示》来报道并评论此事。《人民日报》的文章刊发之后，《机械工业》在1965年第2、3期合刊上进行了全文转载，并且配发相关文章进行讨论。

不仅在机械行业，当时全国的各工业部门也都开始学习和宣传万吨水压机的制造经验。1965年1月27日，国家经济委员会专门发文要求“工业交通各级管理部门，各个企业、事业单位，应该组织所有干部，特别是各级领导干部和工程技术干部，认真阅读和研究这篇文章”。第一机械工业部按此通知，要求全国直属的各部门、各企业和事业单位都认真学习这篇文章。很快，上海万吨水压机就被宣传到了全国各大工矿、企事业单位。

上海万吨水压机的总设计师沈鸿和副总设计师林宗棠也以写文章或做报告的形式亲身宣讲制造经过和经验。

20世纪60至70年代是宣传万吨水压机的高潮期。一些科普作品、影视作品、文学作品和艺术作品等也纷纷以万吨水压机为对象，进行讴歌式的创作。上海万吨水压机的光辉形象以多种方式传遍了大江南北。

例如，1964年9月《文汇报》刊登多篇文章（附有机器和厂房的照片），《万吨水压机的诞生》（《萌芽》，1964年第10期）、《我国制成12 000吨水压机》（《大众科学》，1964年第11期）、《制造一万两千吨水压机的人们》（《中国青年》，

1965 年第 1 期）、《万吨水压机制造成功说明了什么？》（《时事手册》，1965 年第 3 期）等。

这一时期还创作出几部反映上海万吨水压机的影视作品：上海电视台和中央新闻电影制片厂分别拍摄了纪录片《万吨水压机的问世》（1965 年）和《万吨水压机》（1966 年）；上海美术电影制片厂著名导演胡进庆和邬强还创作了动画片《万吨水压机战歌》（1972 年，剪纸片）。

艺术作品中比较著名的有画家谢之光创作的《巨人站起来了》（又名《万吨巨人》，1964年，中国画）；1965年，著名漫画家张乐平在参观上海万吨水压机之后创作了《压得好（参观一万二千吨水压机有感）》的漫画；邮票设计家刘硕仁创作的1966年发行的《工业新产品》邮票中，第六枚即万吨水压机；牙雕艺人冯立锦的

图 2-22　万吨水压机的试制成功毫无疑问是中华人民共和国的巨大工业成就，它也相应地成了一种象征。图为 1966 年 4 月 18 日智利妇女代表团参观万吨水压机

图 2-23　为了在国内宣传这一成就，万吨水压机也被绘制成了宣传画

牙雕作品《万吨水压机》；相声大师侯宝林创作的相声《万吨水压机》。此外，教具、像章、玩具和一些日用品也都曾借用上海万吨水压机的形象。

当时工业建设产生了一个特定用于代指某种加工方式的词语——“蚂蚁啃骨头”，这种加工方法大致有两种含义：一种是狭义的，仅指用小型机床加工大型零件的方法。在加工中，工件不动而小型机床在其四周工作，故把这类小型机床称作“移动式”或“活动式”机床。在宣传中，这类加工方式最早获得了“蚂蚁啃骨头”的名称。另一种是广义的，指包括“以小攻大、以短攻长、以轻攻重”的一整套冷、热机械加工方法及起重、运输等辅助手段。随着“蚂蚁啃骨头”不断地被肯定和宣传，这种含义常用于代指各种“以小干大”的方法。

“以小干大”的加工方法在中外机械技术史上早已有之。譬如，在传统工艺中，玉工使用小砣机加工大型玉器；明清时期，传教士在中国制造天文仪器时，也曾用“骡马置力转动刮刀之轮”的方法加工直径约为 2 m 的大铜环；民国时期，也不乏用小机床加工大零件的示例。在欧美国家的工厂中，这类加工方式并不鲜见。若要论对中国的影响，恐怕要数苏联在 20 世纪 50 年代加工大型机器零件用过的移动式“塔式机床”。不过，一般来说，在近代机器工业建立起来后，制造大型零部件主要依

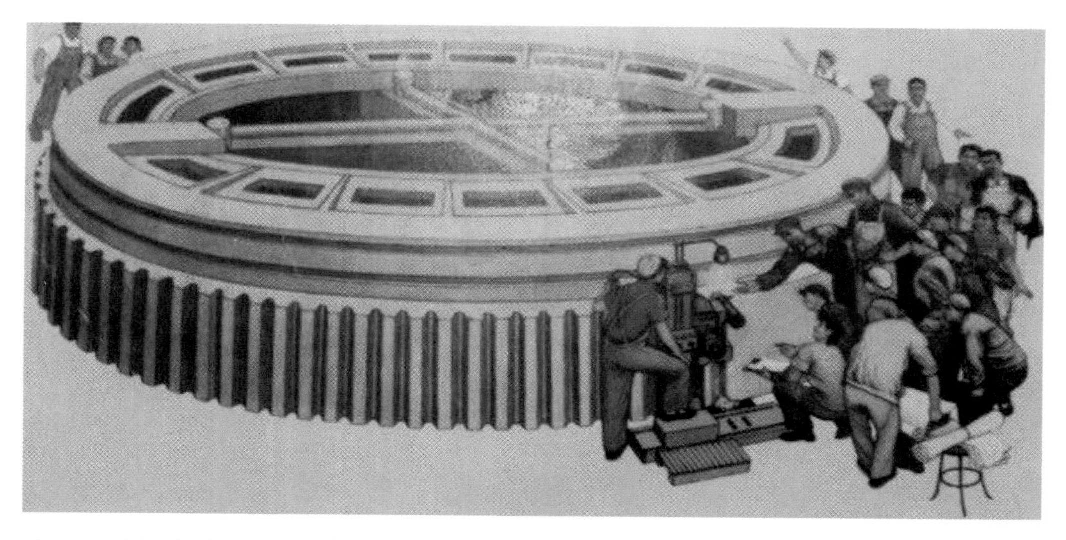

图 2-24　年画《“蚂蚁啃骨头”》

靠重型机床等大型机器设备。

从技术层面看，与苏联的技术交流和重要工业品的进口中断后，从低技术起点发展起来的“蚂蚁啃骨头”的加工方法可以部分地解决大型设备的制造问题，缓解普遍缺乏大型设备的窘境。对一大批技术条件尚处落后的工厂企业而言，用小设备加工大型零部件几乎成为在技术路线上的唯一选择。因此，“蚂蚁啃骨头”在当时被视为突破“技术瓶颈”的重要解决方法而加以推广。

“蚂蚁”指的就是小机床。东北机器制造厂和上海建设机器厂成为活用“蚂蚁”的代表。1958 年，东北机器制造厂和上海建设机器厂分别承担 1 764 kW 双列六级高压氮氢混合气体压缩机与 10 t 转炉风圈等设备的制造任务。东北机器制造厂采取“瓦口铣”和移动式镗杆来加工压缩机缸体的大内孔，又在此基础上用废旧零件拼装了第一批 7 种共 19 台结构简单的土机床，这些就是最早被称为“蚂蚁”的小机床。上海建设机器厂的“蚂蚁”诞生得稍晚，但是在随后的几年中，该厂却搞出了多种“蚂蚁”：“长脚蚂蚁”（用于气缸长镗孔）、“多嘴蚂蚁”（用于炼焦炉门框钻孔）、“组合蚂蚁”（可铣、可刨大平板）、“靠模蚂蚁”（加工水压机柱塞缸封头内外球面）等。

小机床加工大设备的成功引起了相关管理部门和领导的重视。1958 年 6 月 20 日，沈阳市委在东北机器制造厂召开现场会议，推广用小设备加工大部件的经验，全国共有 500 多人参加。接着，第一机械工业部也组织科研单位和工厂开展相关的研究与推广工作。7 月 29 日，东北机器制造厂向中央报捷。几天后，中央领导接见报捷的职工代表，并参观了气体压缩机的模型。在随后视察地方工作时，中央领导对小机床加工出大设备表示赞赏。

起初，这一加工方法除了“蚂蚁啃骨头”的名字，还有“蟹吃牛”“小猴骑大象”和“小鸡生蛋”等五花八门的叫法。第一机械工业部副部长刘鼎觉得“蚂蚁啃骨头”平而不俗，于是在机械行业内这个称谓迅速成为一个正式的术语。

中央领导表态后，国内媒体纷纷对“蚂蚁啃骨头”给予了报道和评论。《人民日报》和《红旗》杂志均发专文或社论，为这一机械加工方法及其宣传定调、定性。

1958 年 8 月 20 日，《人民日报》刊登了专门介绍东北机器制造厂“蚂蚁啃骨头”

事迹的新闻报道——《小蚂蚁能啃大骨头，小机床能造大机器》和《没有跨不过去的火焰山》，并配发题为《谁说蚂蚁不能啃骨头？》的社论，对“蚂蚁啃骨头”给予了充分肯定，要求在全国推广。

第二节　C-620系列机床

一、历史背景

制造业是一个现代国家的立国根本。中华人民共和国成立之前，国家权力已然持续性地在中国的机械工业中扩张，其方式既包括政府直接创建国营企业，又包括国家在战时以订货政策嵌入产业，还包括产业界对国家权力的心理认同。然而，中华人民共和国成立之后，国家权力对机械工业的渗透，无论在广度还是深度上，都是前所未有的。

“一五”期间，苏联援建的“156 项工程”中，民用机械工业项目共 24 项，计划累计投资 2 835 780 000 元，其中既包括老厂改建，如历史可追溯至 1949 年前的沈阳第一机床厂、哈尔滨滚珠轴承厂等，又包括完全新建的工厂，如长春第一汽车制造厂、武汉重型机床厂等。

作为一个发展中的国家，我国的机械工业这一新兴产业的技术主要来源于先进国家。若将市场上的机械进口视为技术引进的一种方式，近代中国机械工业的技术来源主要为英国、美国、德国与日本。自国民政府时期开展重工业建设以后，机械技术的引进更为规模化、系统化，其主要来源为德国、美国与瑞士。然而，中华人民共和国成立之后，由于国际形势的影响，苏联成为我国主要的技术来源。

具体来说，苏联对我国机械工业的技术转移大体上存在着三条路径：（1）援建新厂；（2）改建老厂；（3）技术指导。援建的新厂主要是指苏联援建的“156 项工程”。援建新厂是参照了苏联的工厂，比较完整地移植了苏式技术体系。如第一汽车制造厂，其设计工作系委托苏联汽车拖拉机工业设计院进行，其生产所需的产品图纸、工具图纸、设计及工艺等技术资料全部由苏联供给。再如哈尔滨量具刃具厂质量高、技术复杂的设计图纸，也是在苏联设计的，施工过程中又有苏联专家进行指导。与援建新厂相比，改建老厂规模虽相对有限，但改建过程中的技术转移也颇为全面。沈阳第一机床厂便是典型，该厂的历史可追溯至1935年，是名副其实的老厂。1953年，该厂动工改建，其原则是“尽可能利用原有基础”。在设计方面，该厂委托的是苏联机床与工具工业部工厂设计院，产品图纸、工艺规程、工卡具图纸、标准参考资料等技术资料亦由苏联供应。因此，虽然是改建工程，沈阳第一机床厂也完整地移植了苏联技术，乃至被称为“苏联为我国建立的机床制造业的一个活模型”。

1950年，东北人民政府工业部根据苏联工作母机专家小组的机床操作表演，决定在机械制造业中推广苏式高速切削法。1953年，在苏联专家的具体指导下，东北人民政府工业部机械工业管理局一年举办了两期高速切削训练班，共训练164名有相当技术能力的学员，组成两个队在工厂中推广，短期培训工人500名左右。“一五”期间，苏联专家对东北机械工业的技术指导力度更大，其中以沈阳第一机床厂的技术改造最为典型。

从整体上看，在1949—1957年间，中国机械工业处于接受并学习苏联技术的状态，原创性的研发工作非常有限。因此，对多数中国机械企业来说，其技术研发主要是指参考苏联产品进行设计制造的能力。以沈阳第一机床厂为例，该厂1949年6月曾试制日本式6尺皮带车床，所用图纸靠测绘而成。1950年4月，该厂又依靠日伪时期留下的图纸参考美国哈恩德公司产品制作了5尺车床。这两款产品式样老旧，后者因其性能差、毛病多，还被讥为“林黛玉”车床。1952年，该厂试制成功C630车床，该车床的原型机属于苏联20世纪40年代的产品。自C630车床开始，沈阳第一机床厂进入到参考苏联产品进行生产的时期。1955年8月，该厂根据苏联提供的图纸和技术资料，成功试制苏联红色无产者工厂的1Д63A车床（我国型号为C620-1），后投入成批生产，5个月内即生产2 200台，成为该厂的基本产品。在上述历程中，沈阳第一机床厂的研发机构逐步得到完善。1949年该厂试制日本车床时，研发工作由计划科负责，到1950年借鉴美式车床时才成立技术科，下设设计股。1952年，为试制C630车床，沈阳第一机床厂成立了试制室，下设设计组，在苏联专家的帮助下，对苏联提供的原图纸修改了800多处，补充标件240种。1954年，该厂成立设计科。由此可见，沈阳第一机床厂本来缺乏技术研发部门，后来才创建了研发机构，并逐渐发展成为独立机构。研发机构的独立标志着企业技术研发步入正轨，但就研发内容而言，仍以借鉴国外先进产品为主，在国外原型机的基础上进行小修改。同一时期，大连机床厂试制1730多刀半自动车床的首要经验为组织员工的技术学习，以期“掌握苏联图纸”。1956年以后，虽然中国在学习苏联经验的同时更加强调自主性，但在机械工业的产品设计方面仍依赖苏联技术。

从1956年开始到“二五”期间，沈阳第一机床厂以模仿设计为主，即在苏式1Д63A车床基型上做些变型设计。1949—1957年间中国机械工业的技术研发基本上附属于技术转移，是对引进技术的消化与吸收。但即使是以借鉴为主的研发活动也要付出大量努力。

此后，国家工业建设全面铺开，急需一种制造难度较低，操作相对简单，能对绝大多数民用设备零件进行加工和维护，并可以迅速推广的机械生产工具，已成功量产的1Д63A系列车床（C620系列）毫无疑问成为不二选择。该系列是中国机械工业发展过程中具有里程碑意义的一个系列，它被各个行业广泛使用，生产单位沈阳第一机床厂也是我国最大的车床制造厂，其前身是日本三菱财团于1935年开办的一座矿山机械修配厂。1948年沈阳解放，这座遭受严重创伤的工厂回到人民怀抱。在党的领导下，开始恢复生产，是苏联援建的156个项目中的重大项目之一，于1955年12月改建完成，正式投产。沈阳第一机床厂生产的主要产品有普通车床、数控车床、高精度车床、精密丝杠车床、管子加工车床、立式多轴车床、曲轴车床、凸轮轴车床、活塞与活塞环车床九大类，1980年以来，工厂新开发产品58种，其中有4种产品达到20世纪80年代初期世界水平，33种达到国内先进水平，24种填补了国家空白。其中一种获评国家金牌产品，五种获评国家银牌产品，五种获评部优产品，成为全国同行业创国优产品品种最多、产量最大、产值最高的企业。

图 2-25　C620-1 普通车床（1955—1966 型）

改建后的沈阳第一机床厂是一座多品种的具有大批量生产能力的现代化机床制造厂，是全国最大的车床制造厂。当时的企业管理水平、技术水平和产品水平均居全国领先地位。

1961 年，为了贯彻党中央提出的“调整、巩固、充实、提高”八字方针，工厂进行了以加强技术管理、提高产品质量为重点的企业整顿工作。在总结经验教训

图 2-26　苏联专家同我国工人一起研究生产技术

的基础上，调整并加强了各级管理机构，修订、建立健全了各项规章制度，整顿和补充修改了产品图纸和工艺文件，强化了工艺纪律。针对全厂设备损伤严重的状态，强化了设备维修队伍，到1961年底修好了414台金属切削机床，占应修总数的80%，保证了设备的正常运转和生产需要。

经过1961年至1963年的企业整顿，工厂实行了在党委领导下的厂长负责制，加强了企业管理，从而促进了生产发展，产品质量超过了1957年的水平。

1963年工厂制定了《十年品种发展规划》，加速了新产品研制工作，产品设计工作逐步由借鉴、变型设计走向自行设计。1965年至1966年针对工厂的具体情况，以提高直径为400 mm普通车床的生产能力为主，进行了85项技术改造，使直径为400 mm普通车床的年产量由原设计的2 200台提高到5 000台。1965年到1966年试制成功了CW6163、CW6180、CW61100型普通车床，淘汰了旧产品。在此期间，对曲轴车床、凸轮轴车床、管子加工车床、精密丝杠车床和立式多轴车床也开始自行设计，进行试制。1966年工业总产值完成5 502万元，比1963年增长70%，机床产量为4 105台，比1963年增长一倍，实现利润1 520万元，比1963年增长157%，全员劳动生产率6.576元，比1963年提高40%。

1967年，工业总产值只完成了1 574万元，比1966年下降71%，机床产量2 017台，比1966年下降51%，亏损408万元。后来，机床产量有所增加，但产品质量问题十分严重，仅用户反映有质量问题的就多达1 021台。为第二汽车制造厂生产的26台立式多轴车床，由于质量问题全部报废，给国家造成670万元的损失。1971年工厂对主导产品中直径为400 mm普通车床进行换型，由于没有经过生产考验，盲目投入成批生产，投产后发现了严重的质量问题，不得不予以淘汰。

1972年长春会议后，工厂在总结第一次产品换型的教训后，重新设计了CA61-10车床，经过样机试制、生产考验，于1974年4月投入成批生产，成功地实现了直径为400 mm普通车床的第二次换型。该产品性能可靠，质量稳定，深受用户欢迎。

20世纪70年代，工厂开始研制数控车床，自行设计和试制了曲轴车床、凸轮轴车床、管子加工车床、立式多轴车床和精密丝杠车床等多种新产品，但是产品质量不够稳定，有些产品用户收到后不能正常使用。

1976 年 10 月以后，沈阳第一机床厂的生产建设有了转机。1978 年，工厂开展了以提高产品质量为重点的恢复性整顿，恢复和健全了 10 个基本制度、82 个管理制度、531 个岗位责任制，加强了生产、技术和物资管理。同年 10 月，经第一机械工业部、辽宁省、沈阳市验收合格。同年年底，提前全面完成国家计划，八项主要经济指标中有五项达到或超过了历史最好水平。1979 年 3 月，沈阳第一机床厂被辽宁省命名为“大庆式企业”。

二、经典设计

C620-1 车床是由沈阳第一机床厂于 1955 年参考苏联红色无产者机床厂 1Д63A 车床生产的，经过小批试制即投入成批生产。设计年产 2 200 台，正式投产 5 个月后即达到设计产量。

C620-1 车床由电动机带动，全部采用机械传动，主轴箱润滑油由油泵供给，其余润滑部位每日要进行加油润滑。该型机床能加工 1 ～ 192 mm 43 种螺距的公制螺纹，2 ～ 24 牙 / 英寸的 20 种英制螺纹，模数 0.50 ～ 48 的 38 种模数螺纹，1 ～ 96 的

图 2-27　C620-1 车床（1）

图 2-28　C620-1 车床（2）

37 种径节螺纹。该型车床床面上车削的最大直径为 400 mm，刀架上车削的最大直径为 210 mm，能完成车削圆柱阶梯轴、镗孔、切槽、车端面等工作。

床头箱轴上装有多片式摩擦离合器，操纵方便并能保护传动系统，主轴前轴承为可调整的特殊双列滚珠轴承。加工精密螺纹时可由挂轮箱直连丝杠，并利用精密

图 2-29　C620-1 车床局部特写（1）

图 2-30　C620-1 车床局部特写（2）

的交换齿轮选择螺距。溜板箱内有下蜗杆，可防止送刀系统损坏，并能利用固定在床身上的挡铁自动停止送刀。床头箱及送刀箱各轴轴承（除主轴外）都能在箱外调整而无须拆卸任何零件。

随着中国工业化进程的逐步深入，工业发展对工业母机的功能需求也进一步提高，C620 系列机床已无法满足当时的生产需求，中国急需各种新型的机床来支持工

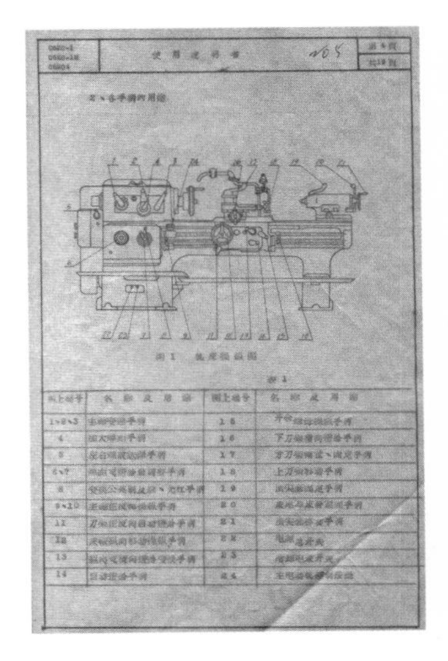

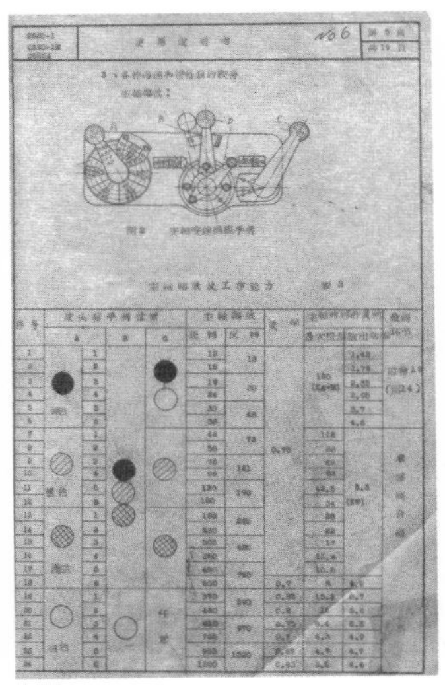

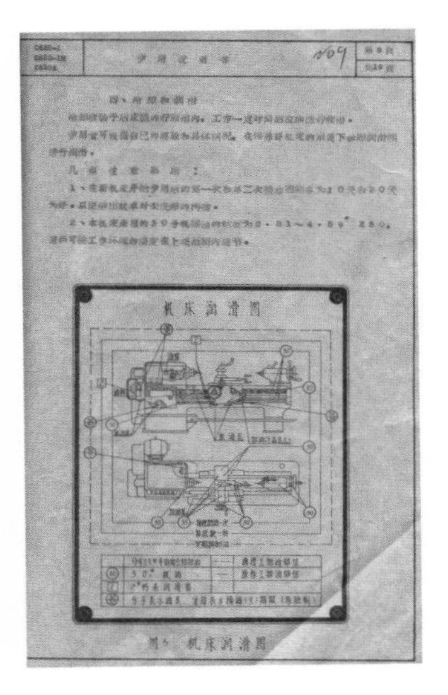

图 2-31　C620-1 车床部分设计与操作图纸（1）

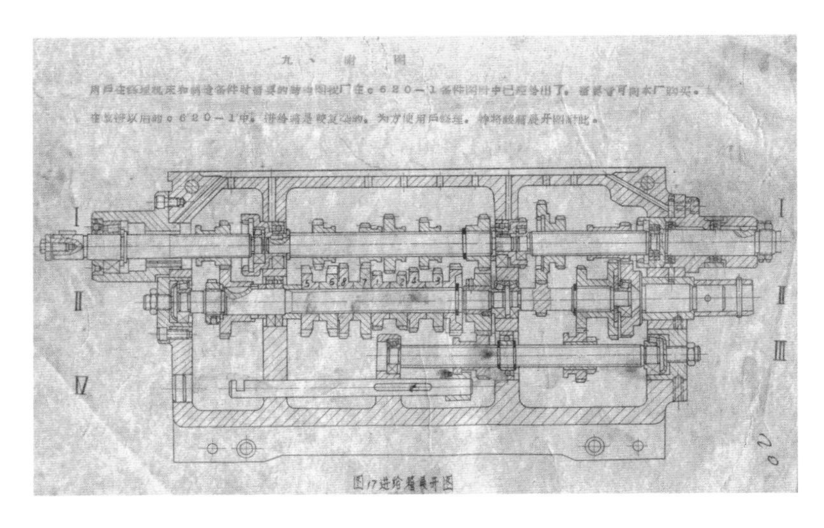

图 2-32　C620-1 车床部分设计与操作图纸（2）

业化发展。1965 年由沈阳第一机床厂、上海重型机床厂、安阳机床厂、西宁上海劳动机床厂联合设计了 CW6163 和 CW6180 车床，主管设计员为关义庆，沈阳第一机床厂参加的设计者有谭振威、唐尚熏、张海、王恒经、张存德、高淑云、贺敬梅、查绍忠等。此机床投产后淘汰了 C630 和 C640 车床。

C620-1 车床产品批量大，换型与改进都需要慎重。1961 年 10 月沈阳第一机床厂设计科做出了进给箱重切试验齿轮打牙的报告，开始采用双轴变位滑移齿轮进给

图 2-33　CA6140 普通机床

箱的设计。1963 年由齐富阳担任主管设计员草拟了 C620–1 改进设计方案的报告，针对 C620–1 存在的床头温升高、热变形后精度超差、进给箱打牙等问题进行改进设计，并试制出两台样机。前后参加的设计者有李庆春、张海、张庆孚、谭振威、贾立春、陈祖钦、陈声棒、李卜震、刘玉侠和刘沐华。以后又换了一次床头箱和三次溜板箱，但没有定下来。在 C620–1 的基础上又进行了局部改进，床头做了润滑油箱外循环，进给箱由原罗通机构改为双轴滑移变位齿轮机构，床身改成镶钢导轨，床尾改为有快慢速进给的床尾芯新机构，于 1966 年制成 C620–1B 车床，投入生产，并对 C620–1 图纸进行了修改。

从 1970 年 2 月开始，沈阳第一机床厂对 C620–1B 车床进行改型换产工作，组成干部、技术员和工人三结合设计班子，设计出新机床，经过短时间试制，定型为 CW6140A 车床，于 1971 年 4 月完成换产工作，投入成批生产。但该机床存在严重质量问题，不能满足用户需要，1971 年又组织第二次改型换产工作，设计出 S1–194 车床，1972 年 6 月试制了第一批样机，又补充设计了 S1–195、S1–196、S1–197 车床。经过多次样机试制和厂内外生产考验，于 1973 年 4 月通过国家鉴定，定型为 CA6140（基型）、CA6240（马鞍）、CA6150（加高）、CA6250（加高马鞍），于 1974 年投入成批生产。

三、工艺技术

1949 年，沈阳第一机床厂技术管理薄弱，厂里虽有工程师但无技术科室，由计划科兼管技术工作。1950 年下半年设技术科，负责全厂技术工作，主要是围绕产品图纸进行生产服务，并根据工人实际操作制定少数零部件操作规程。当时产品图纸由主管部门设计科集中设计，交给生产单位制造，工厂没有设计权。

1952 年，沈阳第一机床厂设总工程师，为搞好 C630 普通车床的试制工作，厂里设立试制室，在总工程师的领导下负责新产品试制工作。在试制过程中，沈阳第一机床厂进行了较充分的生产技术准备和技术人员的培训工作，使全厂的技术工作有了一定的基础。

图 2-34 严格而科学的工艺流程是产品质量的保证，图为青年工人在老工人的指导下完成操作

1953 年，试制室与技术科合并成立施工室，下设产品设计、工具设计、冷加工工艺、热加工工艺、工具制造、描图和资料管理等大组，大组下又有小组。施工室集中了全厂技术力量，在总工程师的领导下负责全厂技术工作，而车间几乎没有技术人员，上下脱节，新工艺未能在车间迅速贯彻。

1954 年，苏联提供的技术资料到厂，为适应工作需要，沈阳第一机床厂撤销施

图 2-35 职工正在进行生产实习

图 2-36　产品零件加工车间

工室，分别成立施工科（1955 年改名为工艺科）、锻冶科、设计科、中央资料室和标准化室等技术科室。1955 年，车间设施工员。全厂技术人员、管理人员和技术工人认真学习和贯彻苏联提供的技术文件和组织设计，在苏联专家的帮助下，逐步建立起正规的工作和生产秩序。C620-1 普通车床于 1955 年试制成功，并于 1956 年投入成批生产，这标志着全厂技术工作有了突破性的进步，当时在全国处于先进水平。1956 年开始，厂设总设计师、总工艺师、总锻冶师，分别主管各系统的技术工作。总工程师负责领导全厂技术业务工作，配备两名工程师协助总工程师工作。

1. C620-1 工艺技术

沈阳第一机床厂于 1955 年根据苏联设计建成直径 400 mm 普通车床生产车间，生产 C620-1 车床。经过 20 世纪 60 年代技术改造和 70 年代产品换型，生产能力由原设计年产 2 200 台增加到年产 5 000 台，工艺技术和产品水平不断提高。后来生产的以 CA6140 车床为基型的直径 400 mm 普通车床是工厂的主导产品。在生产过程中采用流水作业方法，大量使用组合机床、高效专用机床和专用工艺装备，共有 5 个复杂系数以上金属切削机床 332 台，其中专用设备 42 台，占 12.7%；专用工艺装备 2 996 套（种），工装系数为 7.1。

2. C620-1 零件加工工艺特点

零件加工根据工件特点，按专业化分工分成四个生产工段。床身、床头箱体、溜板箱体、进给箱体、床鞍、主轴、床尾主轴、床尾体、丝杠、床腿等主要零件组成流水生产线。铸件毛坯是金属型铸件，尺寸精确，留量均匀，给加工创造有利条件。

3. C620-1 床身加工工艺特点

床身导轨面及其他平面采用 B54、B55 九轴组合铣床铣削，导轨面一次成型，比原来采用刨削加工效率提高 5 倍以上。工件采用夹具直接定位夹紧，省去了划线工序，可以保证各加工表面间相互位置尺寸以及加工表面几何尺寸。

在铣削后，床身导轨采用精刨加工以保证导轨直线性，并为磨削提供最佳留量。为抵消床身淬火下凹变形，在精刨工序采用预压夹紧使床身相应上凸。但这种预变形方法并非最佳方案，需要继续改进。

为提高导轨耐磨性，床身导轨采用中频淬火，淬硬层 3 mm，使用寿命比原来不淬火延长 5 年以上。

床身导轨面采用自行设计制造的 S12-931G 组合磨床进行磨削，由原来端面磨削改进为周边磨削，由原来各导轨表面依次磨削改进为各导轨表面一次磨削，导轨表面粗糙度由 12.5 ～ 25 μm 降低到 6.3 ～ 12.5 μm，提高了床身质量。但尚未实现床身导轨面无波纹磨削。

4. C620-1 床头箱体加工工艺特点

床头箱体的加工平面以铣磨方法加工。铣削采用多工位夹具液压夹紧。箱体基面磨削由原来大平磨加工改为用自行设计制造的 S1-938 圆盘磨加工。为降低其他各外观表面粗糙度，由原来铣削改为刨后用自制的 S1-937 组合磨床磨削，表面粗糙度由 25 ～ 50 μm 降低到 6.3 ～ 12.5 μm。

床头箱体主传动轴孔的粗加工和精加工两道工序均采用联动组合镗床将全部孔同时加工至要求尺寸，保证了精加工后的产品质量。床头箱体操纵用横孔和各端面的法兰螺孔采用专用组合钻孔机床，一次装夹同时完成箱体各面各孔的钻、扩、铰及钻、攻丝加工。

为了保证主轴轴承孔的加工精度，自行设计制造S1Z-701金刚镗床，采用挠性连接刚性镗杆，对主轴轴承孔进行精加工，保证了CA6140主轴三支撑的精度要求。

在整个箱体加工过程中采用一面两孔组合定位，使床头箱体的各道工序加工精度均获得了保证。

5. C620-1溜板箱体、进给箱体加工工艺特点

在溜板箱体、进给箱体各自的加工流水生产线上，各道工序均以加工平面为定位基准，采用夹具定位，省去了划线工序和校正时间。这两种箱体的平面加工均采用通用龙门铣床，配以多工位夹具和部分专用盘铣刀，各加工面依次进行加工，一次铣削完成。

溜板箱体横孔、顺孔分别采用立式、卧式联动组合镗床加工，孔径精度与表面质量由刀具尺寸保证，孔距公差、孔与平面的位置公差由夹具保证。

进给箱体传动轴孔采用联动组合镗床加工，其孔径尺寸由刀具保证，孔距、孔与平面间的位置公差由夹具保证。溜板箱体、进给箱体的螺丝孔、油孔采用双工位回转钻模和专用刃具，在摇臂钻床上加工，孔加工尺寸由专用刃具保证。

6. C620-1床鞍加工工艺特点

针对床鞍零件刚性较差、易产生变形的特点，为保证燕尾上导轨与山形下导轨相互垂直，首先以燕尾上导轨为基准铣削下导轨，再以下导轨为基准铣削上导轨。为减少工件变形，在加工中夹具设可调支撑点多处，以减少变形。

床鞍在流水线上加工。采用自制设备S1-926床鞍组合龙门铣床，配以专用夹具和组合式铣刀，一次行程可完成同一加工方向上所有各面的加工任务。孔加工在摇臂钻床上采用回转钻模，各面的孔可在一次装夹中全部完成。

自制了油沟铣床加工床鞍油沟，可保证平导轨和山形导轨45°斜面上的油沟一次装夹全部完成。在加工山形导轨45°斜面上的油沟时，刀具与工件同时做三个方向的相对移动，使斜面上的油沟达到图纸要求。

7. C620-1主轴、床尾轴加工工艺特点

在主轴加工过程中以中心孔为基准加工外圆和以外圆为基准加工主轴孔，反复

互为基准，并采用了工艺锥堵，作为外圆加工的统一基准。

主轴外圆采用仿形车床和数控车床进行半精加工，不仅效率高，而且保证外圆磨削余量均匀，轴向尺寸全部达到留量要求。直径 52 mm 的主轴通孔采用内排屑深孔一次钻成。

主轴与尾轴锥孔的车削采用 CA6240 普通车床加辅助装置，能自动车出理想的圆锥孔，改变了用手摇小拖板车削锥孔的方法。

主轴轴承配合表面采用组合磨床磨削，一次装夹同时完成三个外锥表面和一个法兰端面的磨削，使主轴定心圆锥轴颈和圆锥工作定心轴颈间同轴度达到图纸要求，工作定心表面对轴颈跳动 0.005 mm 以下，保证了产品质量。主轴与尾轴外圆柱磨削采用上海 MB1332A 高精度外圆磨床磨削，保证各圆柱表面粗糙度和几何尺寸达到图纸要求。

主轴前锥孔的磨削采用 WX-004 内圆磨床磨削，配以专用夹具支撑工件，以外圆为基准磨削内孔，工件与磨床主轴采用挠性连接，保证磨削后内孔表面粗糙度达 3.2 ～ 6.3 μm，内孔对外圆中心跳动根部误差在 0.003 mm 以内。

为确保工件加工精度，修建了恒温室，主轴与尾轴精加工在恒温状态下进行，减少了温差对加工精度的影响。

轴颈表面均采用高频淬火，表面硬度达 HRC52 以上。前锥孔也采用高频淬火，提高了工件耐磨性。

8. C620-1 丝杠加工工艺特点

丝杠采用 Y40Mn 易切削钢，为减少外圆切削加工余量，毛坯采用直径只比成品加大 1 mm 的冷拉钢。为保证钢材本身的直线性，1968 年自制成功热校直机，对丝杠毛坯在 850 ℃高温下校直，以减少应力和弯度。

丝杠外圆加工全部采用磨削，省去了车削工序。粗加工直接用无心磨磨削，精加工用外圆磨床磨削。

1966 年自制成功旋风铣床，配以成形刀具，铣削丝杠螺纹，比原来用丝杠铣床加工螺纹生产效率提高近十倍。

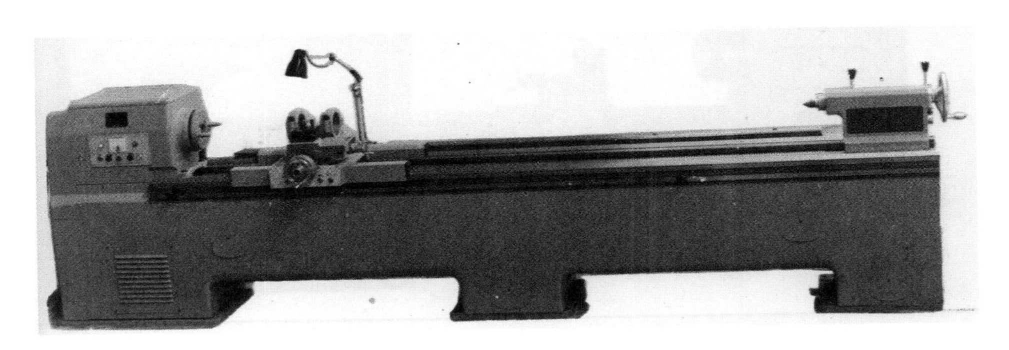

图 2-37　SG8630 精密丝杠车床

丝杠精加工采用 SG8630 精密丝杠车床，在恒温条件下加工，温差控制设施不断改进，使丝杠精度稳定在 7 ～ 8 级，最高可达 6 级。

为提高丝杠使用寿命，部分丝杠采取了气体软氮化处理，提高了丝杠的表面硬度和耐磨性。受氮化设施条件所限，氮化处理还不能适应大批量生产的需要。

9．C620-1 生产工段的划分和工艺概况

（1）大件加工工段负责床身、床头箱体、溜板箱体、进给箱体、床鞍、床尾体、床腿等流水生产线，还承担床头箱盖、台尾底板等大型铸件加工任务。

（2）中小件加工工段，有刀架、牙条流水生产线，还承担杠杆、拨叉类零件加工任务。杠杆、拨叉类零件按成组工艺布置安排加工，机床采用专用圆盘铣床、联动组合钻床，使用同一台专用机床，通过调换夹具可加工不同零件，并可多机看管，生产效率高，质量稳定。

（3）轴类加工工段，承担主轴、床尾主轴、花键轴、光轴、牙条轴、丝杠、光杠等全部轴类加工任务。花键精加工采用了高速花键铣，满足了精度要求。

（4）回转体类中小件加工工段，承担凸轮、手轮、铸铁类法兰盘等回转体类中小件加工任务。六角车床以程控六角为主，加工法兰盘采用了数控车床。

（5）中小件除组成流水生产线外，一般采用万能性机床加工，大量使用专用工夹具和专用量刃具，省掉划线工序，保证质量，提高效率。

10．C620-1 装配工艺技术

装配工艺包括零件组装、部装、整机装配、调整精度、试验与修饰等过程，组

成四个装配工段，有三箱装配流水线三条，总装流水线一条，调整试验台 12 个。

（1）“三箱”装配工艺

床头箱、溜板箱、进给箱在固定工作地完成组件装配，然后在传送带上完成部件装配。轴承装配采用油压机在专用夹具上压入。

床头箱装配后在专用试验台进行试验，测试噪声，合格后进入总装。试验台配备试车油净化装置，能循环净化试车用油。床头箱试车后由专用清洗机进行清洗。

溜板箱增加了机械过载保护装置。

（2）床鞍装配工艺

床鞍与床身及刀架下部各配合导轨面均在装配时采用组合磨床配磨。为提高床鞍燕尾导轨的精度，自行设计制造了床鞍燕尾组合磨床，加工精度达到了国际标准。

床鞍与床身配合之山形导轨面经刮研后达到装配要求。刀架下部与床鞍之配合燕尾导轨配磨后经刮研达到装配要求，采取了一磨一刮的配合方法。

（3）机床总装工艺

机床总装采取流水作业，定点装配。各部件，包括三箱、床鞍、刀架、台尾体等，均先在固定工作地完成部装后进入整机装配。为保证溜板箱、进给箱、床鞍、牙条上各锥孔的质量，设计制造了移动式钻床。床头箱与床身结合面经刮研后达到精度要求。

床身磨削按工艺公差进行加工，各固定结合面、移置导轨面、滑动配合导轨面均采用一磨一刮相结合的方法，以达到结合精度要求，改变了完全配磨的做法。

（4）调整、试验与修饰工艺

机床整机装配后进行调试，按机床 18 项精度要求调整精度，进行试验，床尾部分在调整时配装。机床调试后按外观质量要求修饰外观。整机噪声控制在 83 dB 以下。

四、产品记忆

苏联的工厂管理制度被引入我国后，沈阳第一机床厂根据苏联的管理经验，建立了三级一长制，但是在推行过程中，由于对各级职位的具体职能缺乏认识，只是简单地套用组织架构，管理方式却依然沿用之前的小工厂模式，出现了诸如机构不合理及职责不清等现象。沈阳第一机床厂过去厂长与副厂长的分工一直是不明确的，厂长一时领导基建，一时又转向领导生产，以至于有一段时间全厂上下都无法分清具体是哪位领导在主管生产。改建前该厂是一个中等规模的工厂，产品性质不算复杂，工作简单，冷加工、热加工和工具管制都归并在一个施工科里是可行的。但改建以后的沈阳第一机床厂是一座大规模的母机生产工厂，而且产品性质复杂，仅靠施工科已无法胜任领导工作，旧有的组织形式也就显得不合理了，同时车间组织不健全，施工科、工具科、设备科无法发挥其功能；车间没有技术副主任，施工员忙于临时催找工具的跑腿工作，工具室不知道现有的工具数量及其使用情况，机械员只做些科室与车间之间传达设备文件的工作，车间管理人员也未尽到管理工艺规程、提高劳动生产效率的本职。各职能部门分工也相当紊乱，计划科、生产科在生产计划工作上分工不清，检查科也很少对产品进行全面质检，整个生产过程缺乏监督，且工程师明确要求质检的零件，质检人员经常拒不执行；检查科内部虽然设了统计组来进行废品率的统计，但没有对废品产生的原因进行分析；会计科不完成自己本职的统计工作反而叫生产单位的车间去替自己完成工作等。由于组织机构存在以上各种问题，造成上下脱节，工作互相推诿，生产忙乱无序，以上情况一直持续到了1959年。

针对这些问题，驻厂苏联专家布罗斯古林于1960年提出了具体建议。根据工厂的具体条件和新的管理结构的组织原则，他认为工厂应迅速纠正过去的缺点并建立符合新的组织架构的管理制度，主要内容是：（1）工厂管理制度是三级一长制。（2）厂长领导工厂，直接掌握厂部各监督性的职能单位；有两个副厂长，第一副厂长为工厂总工程师，负责生产技术方面的工作；第二副厂长负责供销和一般问题方面的工作。（3）车间和工段是按照产品对象组织的，车间主任掌握生产计划调度和经济方面的工作，并有助手协助其管理计划调度业务，技术副主任负责车间施工方面的工作。（4）工厂重要职能工作必须集中管理，会计核算、生产技术准备（设计、制定工艺规程、工卡具设计制造等）、规定定额和成本计划、技术检查等都要按照集中方式实行。会计核算集中后，可以简化重复的统计工作，便于会计科正确进行全面监督。生产技术准备的集中制度，使车间施工组织有可能集中力量贯彻工艺规程，改进设备使用，加强工卡具组织供应工作和提高劳动生产率。

苏联专家的建议被全盘采纳后，沈阳第一机床厂的组织机构得以完善，各部门职能得以明确，一改过去官僚主义与自由主义的管理作风，为此后更大规模的生产和设计升级打下了夯实的基础。

五、系列产品

1. 丝杠车床

1957 年 12 月参照苏联 1622Б 型车床试制成 C868 型 ϕ85×2500 Ⅱ级精度丝杠车床，经过改进于 1958 年又试制成功 C868A 型 I 级精度丝杠车床。

1959 年试验成功多段组合精密丝杠加工工艺，对产品进行变型设计，试制成功 S1-039 型 5 m 精密丝杠车床。

1961 年沈阳第一机床厂建成精密丝杠车间，成批生产 C868A 型 I 级精度丝杠车床。1963 年研制成功我国第一根淬火接长丝杠，接长丝杠最大长度为 9 500 mm。同年研制成功 S1-032 型 8 m Ⅱ级精度丝杠车床。

1966 年研制成功 SC-5 型 5 m 丝杠静态测量仪、SDC 型丝杠动态测量仪，加强了丝杠测试手段，为提高精密丝杠质量创造了条件。

1970 年自行设计、试制成功 SG8620 型高精度丝杠车床，以后陆续试制成功 SG8630、SM8650 和 SM8680 等多种规格精密丝杠车床，实现了产品改型。1975 年又研制成功 SC-3 型 3 m 静态丝杠测量仪。SG8630 型车床于 1980 年和 1985 年两次获国家质量银牌奖。

1978 年研制成功 5 m 激光动态测量仪，获辽宁省科研成果三等奖。1980 年研制成功 S1-230 型激光校正丝杠车床，能自动进行补偿校正，在 2 m 以内精度为 5 级，全长 5 m 为 6 级，获 1981 年机械工业部科研成果三等奖。

图 2-38　C868A 型Ⅰ级精度丝杠车床（1958—1970 年间制造）

2. 高精度车床

1978 年设计研制成功 S1-222 型超高精度磁盘车床，用于加工计算机磁盘之基盘平面，达到国际同类产品水平，获 1978 年辽宁省科技成果一等奖。

1979 年设计研制成功 S1-235 型超高精度车床，加工零件圆度在 0.3 μm 以内，表面粗糙度为 0.1 ～ 0.2 μm，能切削七级公制螺纹，基本达到国际同类产品水平。1980 年获辽宁省科技成果一等奖。1984 年获机械工业部优质产品奖。1985 年获国家优质产品金牌奖。

1982 年以后又陆续研制成功 S1-254、S1-255 型高精度车床，逐步形成系列产品。

1983 年研制成功 S1-270 高精度磁鼓车床，获沈阳市科研成果一等奖。

1984 年为解决我国计算机电子元件绝缘薄膜加工设备，研制成功 S1-278 型塑料薄膜车床。

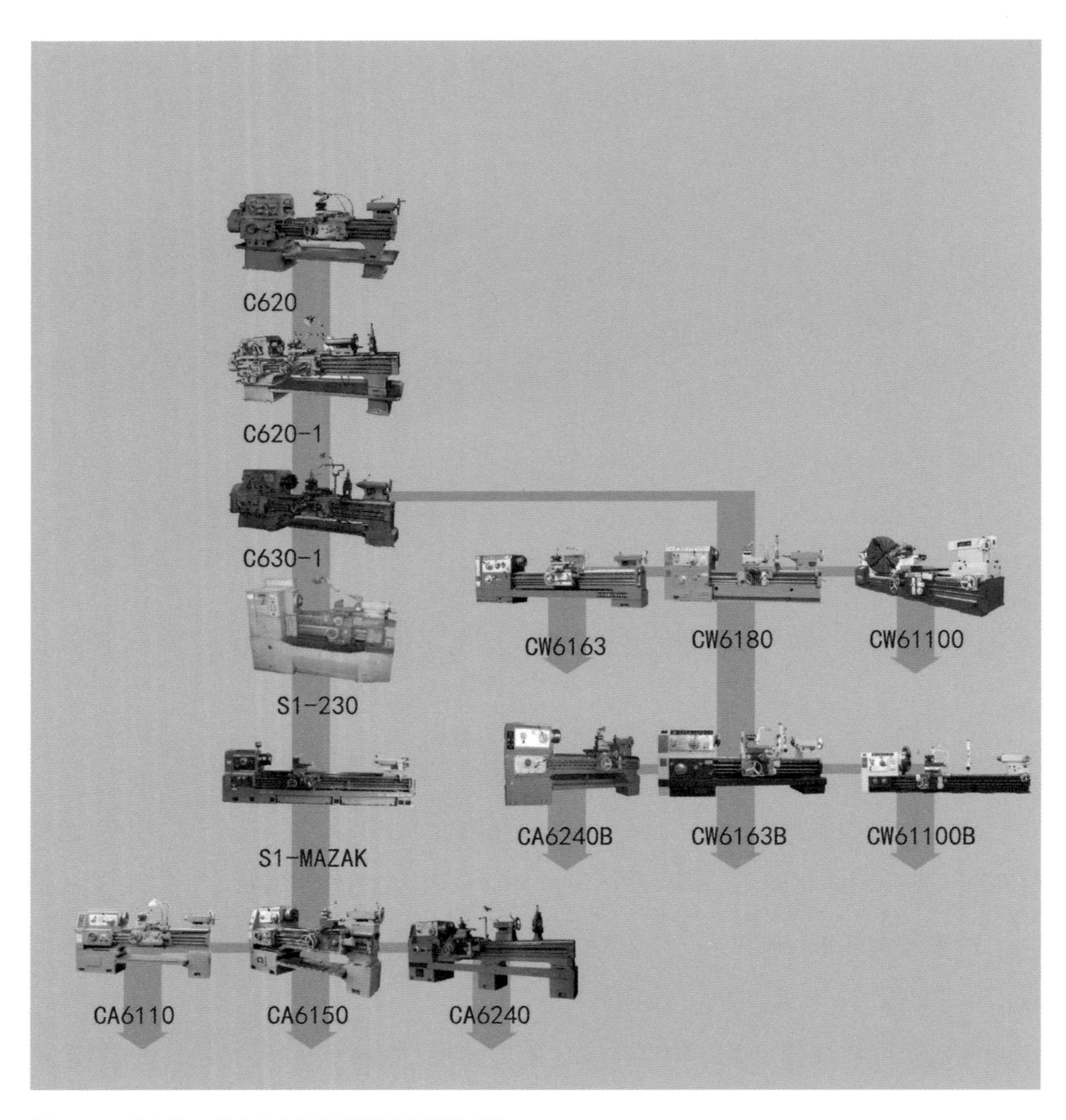

图 2-39　沈阳第一机床厂主要产品设计发展谱系图

第三节　T42200大型双柱坐标镗床

一、历史背景

昆明机床厂是专门生产高精度坐标镗床、卧式镗床、仿形铣床、刻线机、精密测量设备、检测元件以及各种专机的国家骨干企业和出口基地。

工厂的前身是中国第一家国营大型机器制造工厂——中央机器厂。该厂于 1936 年开始筹备，1939 年 9 月 9 日建成。首批招工 350 人，其中大学生 50 名、技工 100 名、学徒 200 名。所有专业工具从美国、瑞士、德国进口，并从英国进口了大批原材料。

中央机器厂建成以后，为求生存与发展，实行了一套明确、严格且科学的治厂方针，主要表现在以下三个方面。

图 2–40　原中央机器厂正门

图 2–41 王守竞在哈佛时的合影，左一为王守竞，左二为物理学家拉尔夫·克罗尼格，右一是核磁共振仪的发明者、著名的物理学家伊西多·艾萨克·拉比

一是在经营策略上，既接受战时军工生产任务，又注意民用产品制造，以制造为主，兼搞机修。总经理王守竞，曾获得美国哈佛大学理科博士学位和哥伦比亚大学哲学博士学位，曾任浙江大学物理系主任、北京大学物理系主任和理科研究院教授。中央机器厂的产品既有迫击炮、机枪零件等军工用品，又有煤气机、柴油机、电动机、纺织机、碾米机和炼油设备等民用产品；既有 2 000 kW 的蒸汽透平发电机和结构较复杂的八尺车床、万能铣床，也有简单的丝纹螺帽。从而，销路广泛，订单应接不暇。

二是坚持对人、财、物的严格管理。提出“人事管理订定规则，用人必求其精，冗员必须淘汰，使成一劲旅，为建设民族国家之先锋”。提倡全体员工要树立“朴实诚笃之风气，一介不取之精神”。强调“工作之迅捷，物用之节省，开支之减低，三者为工厂管理之基本”。具体提出“以成本计算，考核制造费用之是否合理。以审核制度，检讨置办用途之是否适当，以财务管理，综合全厂盈亏。以业务管理求营业之健全与发展，勿使产品囤积，有碍资金之周转。以业务之发达，刺激生产机构之加强”。还特别注意内部的团结和工作上的配合。对此，员工们将之形象地比喻为“钟表齿轮之配合，一轮走动则全盘皆动”。

三是十分重视科学技术和人才。工厂尚在筹备建厂之时就明确提出了引进欧美先进技术装备的方案。在网罗和训练人才方面，更以“不惜巨额支出”为“一贯方针”。

因此，一大批国内机械工程方面有名的学者、工程师，以及海外深造归来的留学生，集中到了中央机器厂。王守竞要求所有技术人才“一要读书，二要钻研技术，三要什么都能做”，并不惜昂贵价格从国外购入科技书刊，开办工厂图书馆。后任我国第一机械工业部总工程师的陶亨咸回忆说：“我在那个图书馆学到了很多东西。比如当时做煤气机，怎么好用，我不懂，就去图书馆查资料。”同时，也很重视技术工人的培养。不仅在建厂开始时从大城市招收熟练工人作为技术骨干，且建厂后不断开设技工训练班，招收高小毕业或初中学生为学徒。仅 1941 年到 1943 年就招收 400 余人，半天上课，半天实习，经过两年技术训练后才分配到各生产组当一级技工。由于中央机器厂坚信“重工业之推动，端在人才培养”，靠“用人之精”，不仅使工厂得到了较快的发展壮大，而且到抗日战争胜利，工厂大批员工离厂分赴内地，许多人都成为科研、教学和生产中的技术骨干，为中国机械工业的发展做出了杰出的贡献。

工厂于 1953 年划归第一机械工业部领导，更厂名为昆明机床厂，成为直属中央的 18 个机床厂之一。

1954 年 5 月，昆明机床厂成功试制 T68 卧式镗床（参照苏制 262Г 型），这标

图 2–42　中央机器厂的车间

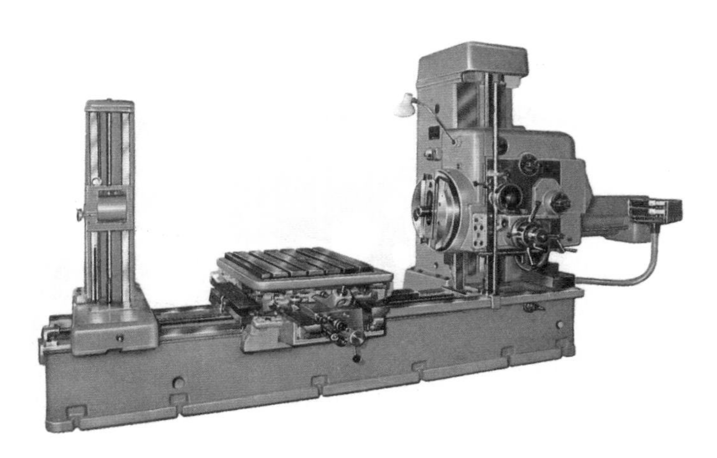

图 2-43　T68 卧式镗床

志着工厂的制造水平达到了历史新高度。这种机床由 1 543 种 4 778 个零件组成，总重 12 t，为当时中国自行生产的最大型和最复杂的机床。通过以 T68 卧式镗床为代

图 2-44　昆明机床厂在中华人民共和国成立初期生产的各类机床

表的一系列产品的试制，有力地推动了昆明机床厂设计和工艺技术水平的全面提高。

坐标镗床是昆明机床厂生产的精密机床的主要产品。从1958年制造坐标镗床开始，随着科研实验室工作的开展和各种关键基础元件的不断研制成功，其产品发展极为迅速，经历了精度从低到高，规格从小到大，品种从手动到数显、数控的发展过程。

1958年，昆明机床厂通过测绘试制成功中国第一台坐标镗床T4128型，初步掌握其制造技术，为我国坐标镗床的发展迈出了第一步。T4128型坐标镗床台面宽280 mm，采用电感应丝杆测量系统，坐标定位精度9 μm。

1959年，昆明机床厂根据苏联图纸制造成功T4163单柱坐标镗床，奠定了批量生产的基础。该机床台面宽630 mm，镜面轴加光学目镜的测量系统，坐标定位精度为8 μm，1961年批量生产后提高到6 μm。同年改进瑞士样机SipMP-3K的测绘图纸，发展了T4240双柱坐标镗床，并投入批量生产。机床台面宽440 mm，精密丝杆定位，

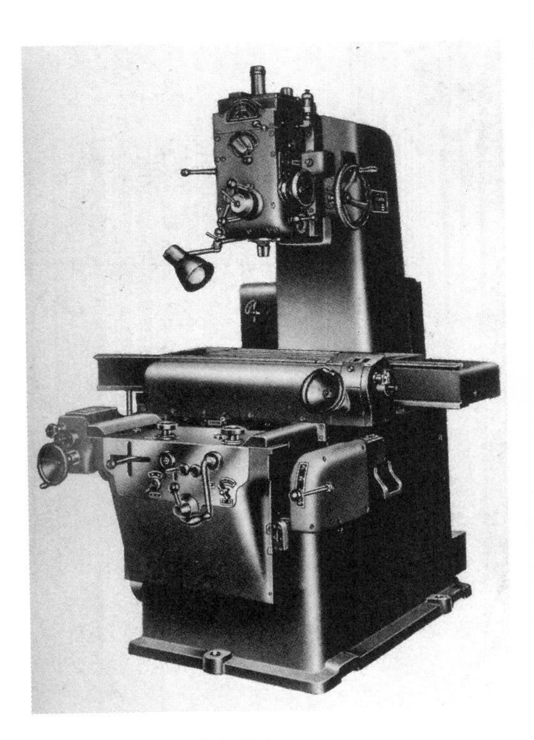

图2-45 T4128坐标镗床

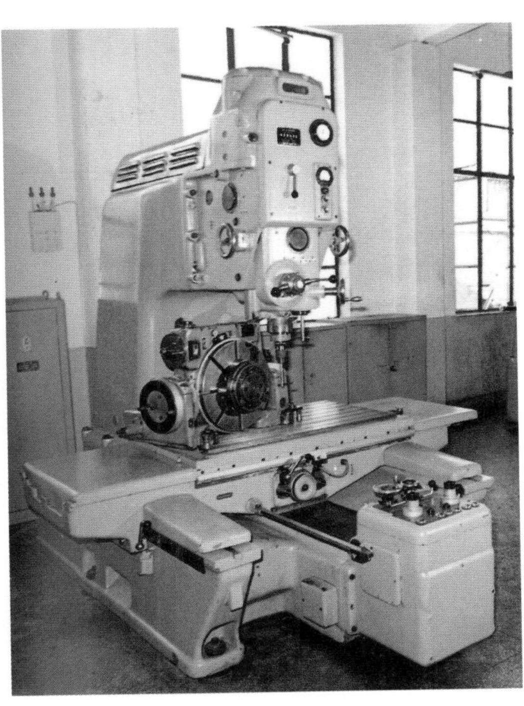

图2-46 T4163单柱坐标镗床

图 2–47　匈牙利国家领导人卡达尔在 1959 年布达佩斯国际博览会上参观昆明机床厂产品

坐标定位精度 6 μm。昆明机床厂在 1959 年布达佩斯国际博览会上展出了其产品。

1962 年，昆明机床厂参考瑞士样机 Sip2P 和苏联 2A430 图纸自行设计研制成功 T4132 光学坐标镗床。T4132 台面宽 320 mm，金属刻线尺定位，光屏读数，坐标定位精度 4 μm。

根据 20 世纪 60 年代初全国精密机床会议分工，昆明机床厂以制造中大型坐标镗床为主，除将 T4240 型与 T4132 型转厂生产外，同时承担了 T42100 和 TA4280 两款大型光学坐标镗床的研制任务。

1965 年，昆明机床厂研制成功 T42100 大型双柱光学坐标镗床。机床结构较为复杂，带有水平主轴箱，可以在垂直和水平两个方向同时进行镗孔；整机零件 4 843 项，共 18 887 件，重达 18 t；台面宽 1 020 mm，大长度金属刻线尺定位，光屏读数，全行程坐标定位精度 5 μm。同年，经国家鉴定，T42100 符合样机技术要求，在精度上达到国际先进水平。

昆明机床厂从 1958 年发展坐标镗床起到 1966 年止，以 9 年的时间共完成 6 个坐标镗床的研制，其台面宽分别为 280 mm、320 mm、440 mm、630 mm、800 mm、1 020 mm，形成规格较为完善的系列。

图 2-48　T42100 大型双柱光学坐标镗床

坐标测量系统从电感应丝杆、精密丝杆、镜面轴发展到精密刻线尺，部分品种的精度亦达到当时国际水平。

1972 年，昆明机床厂迎来中华人民共和国成立后最大挑战，工厂受军队委托需在最短时间内试制一款大型双柱坐标镗床。该项目得到了北京机床研究所和军队的协助，一年即完成全部设计制造任务。产品研制成功后被定名为 T42200 型，机床台面宽 2 000 mm，工作台负载 3 t，整机重 34 t，是当时我国最大的坐标镗床，并首次应用反射光栅数显和可控硅交流变频无级变速技术。

二、经典设计

T42200大型双柱坐标镗床是昆明机床厂于1972年根据用户的要求进行设计的，目的是满足国防工业急需用品的生产。机床工件通过龙门宽度为2 500 mm，重3 000 kg，工作台面积为2 000 mm × 3 000 mm，坐标定位精度在3 000 mm范围内（任意位置）为0.01 mm（±0.005 mm），所加工孔的几何精度为0.005 mm，表面粗糙度为6.3 ～ 12.5 μm。它既能加工孔距要求很高的工件，进行镗孔、钻孔、铰孔以及精铣平面，又能作为精密坐标测量机，是一台大而精的多性能大型双柱坐标镗床。

该机床在满足尺寸要求的基础上，具有加工范围广、结构简单、工作可靠和操作方便的特点。

机床的设计中，良好的结构工艺性是方便制造、降低成本的重要措施，也是关系到能否为用户提供价廉物美的产品的方向性问题。在保证机床的操作性和精度的前提下，尽量简化结构，合理确定零件的公差、配合和表面粗糙度，合理选用安全系数和原料是机床设计的核心要素。

设计中要考虑的最主要问题是保证产品的质量，满足用户要求，切实做到“一切产品，不但求数量多，而且求质量好”。由于该机床尺寸规格大，使用性能广，所以在设计中不但机床参数要选择合理，而且要尽量减轻操作工人的劳动强度。

考虑到相同规格的交流电机比直流电机体积小、质量轻，所以该机床的主传动采用可控硅交流变频无级变速，不但便于操作者选择主轴转速，而且可减少复杂的齿轮传动，减轻主轴箱的质量，从而使双柱坐标镗床的薄弱环节——横梁的负荷大大减少。这对提高大型双柱坐标镗床的精度、延长其使用寿命具有十分重要的意义。尽管可控硅交流变频无级变速机构比直流无级变速的技术要求高，但是，对大型精密机床来说仍能显出其优越性。镗床的主轴进给采用行星摩擦锥无级变速机构，这种机构体积小，结构紧凑，调速范围大，变速方便，在坐标镗床上作为进给变速机构很合适，调速范围为1∶20 ～ 1∶25，能够满足设备加工需要。纵、横坐标方向的移动采用液压无级变速。液压传动机构有结构紧凑、传递力大、噪声小、运动平稳及易于实现无级变速和远距离控制等特点。同时，考虑到横梁升降和工作台夹紧、松开的需要，T42200 在设计过程中均采用液压驱动。

中国国内大型双柱坐标镗床的立柱与床身的结合形式，一般来说有两种：一种是立柱内侧面与床身贴合，作为昆明机床厂的主要产品，T42100 就因为采用这种结合形式而一直存在装配工艺性较差的问题；另一种是立柱安装在床身上，这种结构虽然装配、调整方便，但床身尺寸大，加工、铸造都不方便，并要有较大的加工设备。因此，为解决装配工艺性较差这一问题，作为后继机型的 T42200 机床的立柱与床身结合形式采用了方箱贴合结构，使立柱与床身的尺寸缩小，既便于铸造、加工和装配，又能达到机床的精度要求，且便于机床的运输。

T42200 的方箱贴合在立柱的两侧，并各加一个方箱形的立柱支撑座，再将立柱安装在支撑座上。这种连接方式多了一层活动环节，保证连接刚度是其设计的关键。为保证连接刚度，设计师在床身与方箱连接处采用双斜键连接加锥销定位，侧面用螺钉紧固的结构，经过长时间的试车，这种结合形式是成功的。

T42200 的工作台床身导轨采用滚动导轨，主要是为了避免低速爬行影响精度和提高导轨寿命，同时也改善了结构工艺性，有利于导轨的精加工、测量和装配、调整。

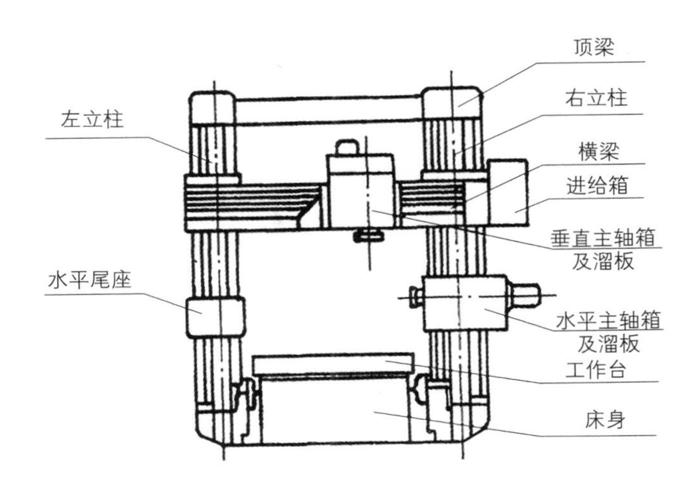

图 2-49　T42100 机床结构简示图

图 2-50　正在进行最后调试的 T42200

由于抓住了以上几个主要环节，进行了一系列卓有成效的设计，因此最终产品投产后受到了军队的好评，并反映其操作方便，精度稳定，外形匀称大方。

机床的坐标定位系统采用反射光栅数字显示。坐标镗床的坐标定位操作频繁，较容易产生差错。为方便操作，本机床坐标定位系统采用反射光栅数字显示装置。

图 2-51　技术人员正在对机床精密部件进行测试

设计时考虑到金属尺与铸铁膨胀系数相接近，可减少温差对坐标精度的影响，以及能使用本厂的设备条件和工艺方法进行加工，采用了金属光栅后，既便于制造，又利于提高精度，较之当时传统的光学定位有如下优点：

（1）操作方便，能消除操作者的主观误差，且便于实现机床自动化。

（2）由于衍射条纹是光栅上某一段千百条刻线的共同反映，因此个别刻线误差（如断线）在构成衍射条纹时不会引起整个条纹的位移，即不会造成定位误差。这种“平均效应”提高了光栅的性能，使高精度定位更易实现。

（3）由于衍射条纹允许光栅个别断线，所以可将几根光栅尺串联起来使用，以实现大量程的坐标定位。

（4）由于光栅的栅距较小，而且衍射条纹本身具有可调整的“放大”能力，因此光栅读数头一般不需要复杂的细分和光学放大装置，从而使结构比较简单，调整比较容易。由于 T42200 采用的光栅栅距为 0.02 mm，每当工作台或溜板移动过一个栅距时，光栅读数头输出一个完整的正弦波信号，通过十倍频电路可连续输出脉冲当量为 0.002 mm 的一系列脉冲信号，经可逆计数器，使坐标移动量以数字方式显示出来。

此外，为方便操作，T42200 的工作台设有远距离操作用的微动电机，主轴有快速升降电机，并把机床的操纵手柄和按钮集中在方便操作的地方。

T42200 大型坐标镗床的主要规格及性能：

工作台面尺寸（宽 × 长）：2 000 mm × 3 000 mm

坐标移动量（横向 × 纵向）：2 000 mm × 3 000 mm

坐标定位系统读数精度：0.002 mm

坐标定位精度：0.01 mm

加工件最大尺寸（宽 × 高）：2 500 mm × 1 200 mm

最大镗孔直径：400 mm

最大钻孔直径：60 mm

最大铣刀直径：150 mm

工作台允许荷重：3 000 kg

立柱间距：2 760 mm

主轴端至工作台面距离：0 ～ 1 300 mm

主轴转速范围（交流变频无级变速）：6 ～ 1 360 r/min

主轴进给范围（机械无级变速）：0.02 ～ 0.44 mm/r

主轴锥孔：3∶20

主轴套筒行程：350 mm

主轴箱溜板移动速度（无级）：0 ～ 1 800 mm/min

工作台移动速度（无级）：0 ～ 2 600 mm/min

横梁升降行程：1 000 mm

主电动机功率：6.15 kW

转速：60 ～ 3 000 r/min

电压：50 ～ 474 V

供电电源频率：50 周

供电电源电压：380 V

功率（最大输入功率）：9.5 kW

机床净重（主机）：32 000 kg

机床外形尺寸（长 × 宽 × 高）：6 525 mm × 3 915 mm × 3 773 mm

三、工艺技术

在设计机床时，设计师尽力做到机床布局形式合理、零部件刚性好、机床振动小、热变形少、传动链短以及装配质量好。

T42200 机床规格大，如何保证精度，成为机床设计成败的关键问题。

在机床总体布局方面，设计师对各部分之间的受力情况做了认真分析，注意零部件相互间的协调和外观匀称大方。

在横梁设计上，双柱坐标镗床的横梁与框架系统对整个机床的几何精度、坐标精度影响极大。T42200 机床的横梁跨距大（两立柱之间距离为 2 760 mm），负荷重（其上有主轴箱、溜板），作用力变化大（由主轴箱在 2 000 mm 内往复移动和切削力改变引起的），而且还要做垂直升降移动。因此，大型双柱坐标镗床的布局形式与结构设计必须慎重考虑。20 世纪 70 年代，在设计大型坐标镗床时，国外有些工厂采用了固定横梁的形式（即横梁不做升降移动）来保证精度。这种布局虽然能提升横梁框架系统的刚性，对保证精度有利，但不能加工厚度较大的工件，且操作不便。昆明机床厂根据产品要能加工大型工件的要求，针对升降式横梁的结构薄弱环节进行了重新设计。

为了提高横梁系统的支撑刚度，设计师将原先位于横梁上的横梁刹紧机构及升降丝杠调整到左、右立柱的内侧。

由于横梁结构的特点，其本身最薄弱的部位是在与立柱结合的导轨面处，若将刹紧点布置在导轨外侧，则这样大跨距的横梁，由于局部刚度不足，在主轴箱载荷作用下，将产生较大的变形。设计师将刹紧点及升降丝杠都布置在立柱导轨的内侧，这就使横梁的支撑点避开了本身的薄弱部位，并使两支点之间的跨距相应缩小，因

图 2–52　设计人员与客户代表正在就产品设计合理性进行讨论

图 2-53　工人正在浇铸产品的关键工件

而显著提高了横梁支撑刚度，减小了横梁弯曲变形。

主轴箱方面，一般双柱坐标镗床的主轴箱是侧贴于横梁上，并沿横梁导轨往复移动。这样沉重的偏心载荷加上主轴切削力等影响，必然使横梁产生弯曲和扭曲变形，影响横向坐标定位精度。设计师围绕“作用力 – 变形 – 精度”问题，对主轴箱结构做出了新的设计安排。

在减轻了主轴箱质量的基础上，将其重心尽量移近横梁中心面，主轴中心亦尽量移近横梁与溜板结合的导轨面。为此，除了采用可控硅交流变频无级变速和行星摩擦锥无级变速使整个主轴箱质量减轻（较之 T42100 主轴箱质量减轻 30%）外，又将主轴箱设计得尽量扁薄，成 T 字形挂在横梁上。

为了平衡主轴套筒质量和主轴箱对横梁的压力，T42200 采用了杠杆式重锤平衡机构。将主轴箱压在横梁前面导轨的大部分质量转移到横梁的后部，从而减少了横梁的扭曲变形。在此基础上，设计师加长了主轴箱溜板的长度，这一措施减少了横梁与溜板相配合导轨的磨损，提高了零件的使用寿命，增强了移动的平稳性。

大型双柱坐标镗床的刚度是影响机床精度的重要因素。框架系统的结构形式、基础件的设计、零件材料与热处理的选择以及作用力的协调等都直接影响机床的刚度及精度。

根据机身各主要大件的受力情况和结合形式，设计师对床身、工作台、立柱、横梁等几个主要大件的筋条布置和结构形式等进行了设计，借此减轻其质量。为了消除铸件内应力，所有大件都进行了人工时效处理。

床身是整个机床的基础，受力情况比较复杂，必须具有足够的刚度。考虑到T42200体积大，要采取多点支承，所以床身高度设计为710 mm，以利于操作；但在筋条布置方面做了合理安排。设计师在导轨附近加了两条纵向长筋，并构成方箱结构。在床身上部为了加强刚度、减轻质量，采用交叉矮筋。

鉴于操作高度，工作台厚度不宜太厚，被设计为200 mm，形成宽而薄的板件。其两导轨跨距为1 400 mm。因此，着重加强其横向刚度。

与此同时，设计师考虑到设备可能出现的超负荷工作环境，增大了立柱与支撑方盒的结合面积，并适当增加紧固螺钉数目，以提高立柱与床身的连接刚度；增大立柱纵长方向尺寸，在立柱内壁布置十字形网状筋，以提高立柱在纵向和横向的抗弯、抗扭刚度；加大立柱导轨的承载面和夹压面尺寸，以提高刚度。大量的技术把关和

图 2–54　正在进行装配的精密机床

图 2-55　工厂的班组会议

改进是通过班组会议和厂内跨部门技术交流活动来进行的，前者是我国制造业企业的一大特色，通过这种会议，可以消除生产隐患并提高生产技艺，后者是提升全厂乃至行业工艺技术水平的有效途径。

T42200 是当时我国最大的坐标镗床，是一台负载 3 t、整机 34 t 的重型设备，床身体积大、纵横坐标移动量大，因此一般中、小型坐标镗床常用的三点支撑办法已不适应这台大型坐标镗床的要求。为此，该床身支撑采用三点为主，四周加 22 个辅助支撑部件的结构，以保持机床有较好的基础水平和稳定精度。在安装调试时，先将三个主要支撑调整好，再将各点辅助支撑调整到受力大小一致的位置。这样调整后，床身的支撑刚度显著提高。较之无辅助支撑，床身系统的变形量约为此前的 1/3。在尽量减轻自重的首要原则下，横梁的断面尺寸被适当增大，并增加与立柱配合的导轨长度，加强了筋条布置。

最后在主轴上，为使机床主轴能承担较大的切削力，主轴结构中的下轴采用双圆锥滚柱轴承，上轴承为圆锥滚柱轴承，以提高主轴刚度、旋转精度和使用寿命。

图 2-56　常态化的厂内跨部门技术交流活动

四、产品记忆

昆明机床厂作为一家历史悠久的西南地区老牌国企，在计划经济年代创造过无数辉煌，先后研制出 140 多个“中国第一台”，为我国机械工业填补了一系列空白，为我国汽车工业、航空航天工业、国防工业的发展做出了卓越贡献。但是，这样一家国内外知名的企业也在改革开放后的市场经济浪潮中被“拍向沙滩”，昆明机床厂作为一家技术力量雄厚的国企，虽然在 1993 年成为同时在 A 股和 H 股上市的公司，一次募集资金 4 亿元，但到 1999 年，直至募集资金用尽，昆明机床厂依然未见起色，亏损高达 4 656.8 万元。面对这样的困境，云南省人民政府决定由昆明机床厂与西安交通大学产业（集团）总公司实施重组，变国家控股为社会法人控股，从体制上实现突破，断了亏损由省政府承担的后路，把企业彻底推向了市场。

重组完成后，即按照上市公司治理规则要求，制定完善了股东大会议事规程、董事会议事规则、监事会议事规则、总经理工作细则和对子公司的管理办法等，严格按照现代企业制度行事。接着，开始公司内部的质量管理制度、经济责任制度、人事制度、分配制度等一系列改革，消除了一些国企的顽疾。

同时，西安交通大学产业（集团）总公司入主昆明机床厂后即注入了科技含量高、市场前景好的四个高科技项目，使公司由单一生产机床向生产数控机床、高效节能压缩机、智能电器、电脑绣花机等多元化方向发展，迈开了用高新技术改造传统产业的步伐。

经过一年半时间的改革，交大 – 昆机的体制更为科学，机制更为灵活，员工思想也发生了改变，生产经营开始快速增长，到 2002 年，当年订货总额达 2.8 亿元，实现销售收入 1.8 亿元，分别是 1999 年的五倍和四倍。

为实现品牌的追赶，交大 – 昆机坚持进行了产业结构、产品结构、组织结构的调整。公司不仅把机床主业做强做大，而且利用西安交通大学产业（集团）总公司注入的四个高科技项目，把单纯的机床产业迅速扩展到既做机床，又做风动机械、电气电力机械、激光快速成型机、彩显电脑绣花机等产业，还开展了资本经营业务，形成了多产业经营格局，扩展了企业的生存发展空间，增强了公司的盈利能力。在产品结构调整上，停止生产立式加工中心，压缩普通卧镗的生产。推进卧式镗床数控化、落地镗床规模化、加工中心高效化、刨台镗床系列化工作，完善了 TX6111T 数控卧式镗床，着力发展 TK6513A 等数控刨台式铣镗床，研发和生产高端机床的战略收到了显著效果，形成了新的企业利润增长点。

此后，交大 – 昆机又对企业组织结构进行了重大调整，推出了“一二三四”架构，即组建了一个昆明机床厂，两个责任制单位，三个事业部，四个子公司，形成了一个成本中心、七个利润中心，理顺了生产关系，提高了生产效率，扩大了生产规模，并且在公司上下形成以成本、利润为目标的管理体系，成为云南省建立效益型企业的榜样。

为了与国际接轨，交大 – 昆机还通过国际化工作、高新技术改造传统产品工作和参与行业整合三个方面来提升企业竞争力，企业通过派遣业务人员寻求合作，参

图 2-57　外商在昆明机床厂参观产品

加多个国际产品展览会，与国外知名的机床企业建立了联系，并通过成立合资企业，进一步实现了产品的更新与技术的提升，实现了机床的数控化、大型化、精密化、成套化和高附加值化的发展目标。昆明机床厂作为我国最重要的重型机床生产企业，以自身的成功转型为其他困境中的国有企业树立了一个样板。

五、系列产品

1. T4163 改进型

昆明机床厂于 1970 年对 T4163 型进行了改进设计，改检测元件为刻线尺，进给也由拖动改为液压，但实际试车后发现产品在低速运行环境下存在问题，这一改型便没有投入生产。

1972 年昆明机床厂成立产品研究所后，总结改型研发过程中的经验教训，同年试制成功 T4163B 型。新设计以精密刻线尺加光屏取代 T4163 的镜面轴加光学目镜，使操作性能大为提升。1973 年为发展数控变型，将主传动设计为无级变速，进给设计改进成可控硅无级变速。同年配上半闭环点位数控，加上反射光栅和十倍频电路作为数控定位，该型还存在一款名为 TK4163B 型的半闭环程序控制坐标镗床。

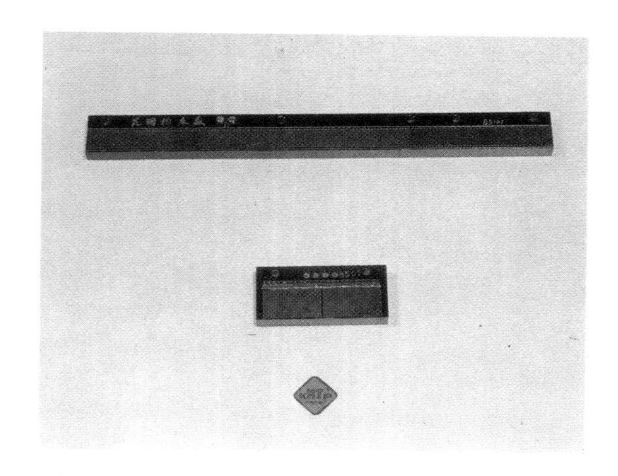

图 2-58　工厂自行研发的长感应同步尺

为提高产品在国际市场的竞争力，机床厂在 1980 年与荷兰飞利浦公司合作，引进该公司的 NC6663 三坐标 CNC 系统配备在 T4163B 上，再次发展 TK4163B 数控型产品。为采用国外数控系统，机床结构做过相应变动，进给拖动改为伺服点击脉宽调制系统，主轴系统改为直流模拟式伺服系统。机床于 1981 年参加联邦德国汉诺

图 2-59　改进后的 T4163C 型单柱坐标镗床

威国际机床展览会。但进给仍为齿条传动，不能充分发挥 CNC 控制的全部功能。

1980 年，在总结分析 T4163 和 T4163B 两代机床的优缺点后，扬长避短，研制成功 T4163C 单柱坐标镗床。T4163C 具有 T4163 的结构刚性，又具有 T4163B 的操作性能，1984 年换代生产后被评为全国优质产品。

T4163C 于 1985 年换装联邦德国海德汉公司的光栅尺和数显表，发展为变型品种 TX4163C 数显单柱坐标镗床。

1985 年，昆明机床厂研制成功 TK4163 数控单柱坐标镗床。改进设计后的机床提高了基础构件刚性，使之既能保证机床的高精度，又能适应重切削；机床立柱导轨采用双 V 形菱形淬硬钢导轨，并以聚四氟乙烯导轨为其对合导轨；主传动系统用直流电机传动，无级变速，恒温油冷却；进给系统以直流电机带动滚珠丝杆拖动；电控系统采用 FAUNC-BESK7CM 系统，具有直线和圆弧插补、道具补偿、固定循

图 2-60　TK4163H 型数控单柱坐标镗床

环等控制功能，三坐标联动；检测系统以自制高精度感应同步尺作为检测元件，横向、纵向坐标定位精度达到 5 μm。

1988 年，昆明机床厂将 TK4163 的数控系统改用联邦德国海德汉公司的 TNC150 系统，变型号为 TK4163H 以示区别。

2. T4280 改进型

昆明机床厂 1980 年研制成功 TA4280 的换代产品 TG4280，该机床坐标定位精度仍保持为 3 μm。1981 年换装了美国 Anilam 公司的光栅尺和数显表的型号被定名为 TG4280A 数显型。由于光栅尺分辨率为 2 μm，致使坐标定位精度仅能达到 5 μm。该型产品由于质量极佳，被评为 1984 年省优质产品。1985 年昆明机床厂深化了与 Anilam 公司的合作，采用该公司的 QunntunmB1 光栅尺和 Wizard310 数显表，升级后的产品被定名为 TGX4280 型，恢复了 3 μm 的坐标定位精度。

图 2-61　TGX4280 型

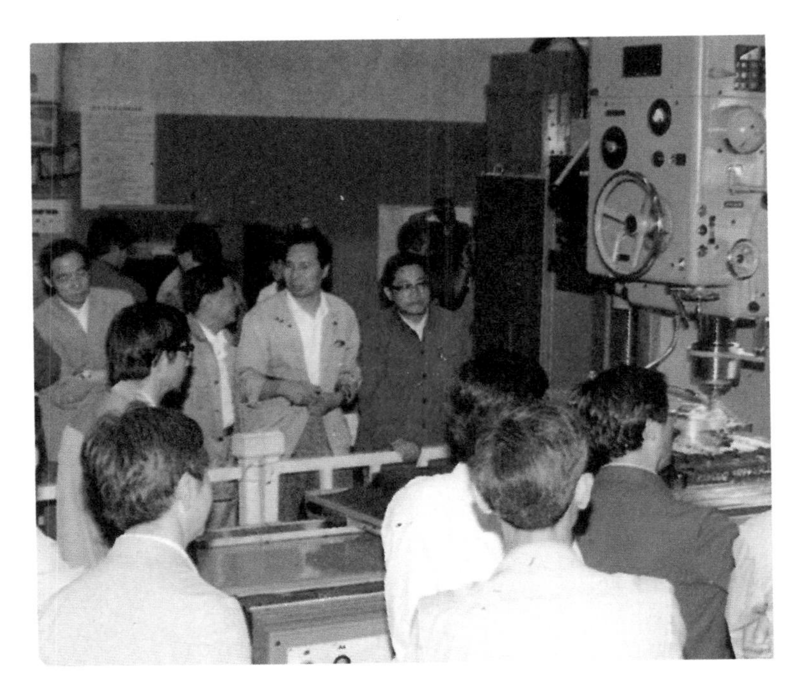

图 2-62　正在接受部级检测的 TGK42100

3. T42100 改进型

T42100 在 1978 年得到改进，机床在机械方面采用了滚珠丝杆拖动、摩擦锥无级变速和液压变速等新技术，检测元件则采用高精度金属刻线尺；进给拖动使用线路简单、工作可靠的可控硅直流无级变速，产品定型后被定名为 T42100A 型。同年，完成改进的产品装配了点位数控装置，采用光栅尺检测系统，以 40 倍频电路处理光栅信号，变型为 TK42100A 程序控制坐标镗床。该型镗床不论数控或手动操作，坐标定位精度均达到 5 μm。

1988 年，昆明机床厂根据机械部要求，在 T42100 机床的基础上，以宽调速电机带动滚珠丝杆取代原来的液压传动。数控系统亦换装此前引进的海德汉公司的 TNC150 系统，具有人机对话式操作和编程功能，坐标定位精度稳定在 ±3.5 μm以内，产品被定名为 TGK42100。

第四节　C52系列立式车床

一、历史背景

武汉重型机床厂是苏联援建的“156 项工程”中的一个，于 1953 年 5 月成立筹备处，至当年 7 月完成选址；1954 年 4 月动工，1958 年 9 月经国家验收并批准全面投产。

投产后的武汉重型机床厂新产品开发及老产品更新的情况大体上可归纳为这样一个进程：20 世纪 50 年代以参照苏联产品为主；60 年代以自行设计产品为主；70 年代以系列更新、发展重大型产品为主；改革开放后突出“三上一提高”（即上品种、上质量、上水平、提高经济效益），积极掌握当代国际重型机床水平，开发出一批高档数控重型机床产品，并与国外企业展开合作生产。

中华人民共和国成立后，工业部门在苏联专家的专业意见下指定、建设了 18 家机床企业为重点单位（当时称“十八罗汉”），作为主要生产重型机床的武汉重型

图 2-63　正在建设中的武汉重型机床厂

图 2-64　自武汉重型机床厂规划起，直到投产运行，苏联派驻的各领域专家始终参与其中，图为武汉重型机床厂落成时厂领导与苏联专家合影

机床厂，立式车床是其主导产品之一。

20 世纪 50 年代，武汉重型机床厂立式车床的设计与制造主要是以参照和改进苏联的设计为主。当时的产品有 C527（苏制 1556）、C534（苏制 1532）、C534J1（C534 改进型）、C551J（C534J1 扩大型）、C512-1A（苏制 1531 改进型）等立式车床。这些产品中，有的在改进后生产到 1970 年，有的则在不久之后就被淘汰。

20 世纪 60 年代前期，武汉重型机床厂的大规格产品仍是参照苏联设计的，主

图 2-65　第一台 C527 立式车床制成，苏联专家组组长巴杜林正在讲话

图 2-66　C534 立式车床

要有参照苏制 1580π 型的 C580Q 和对苏制 1532 进行改进的 C563。到了 20 世纪 60 年代中后期，武汉重型机床厂开始自行设计制造立式车床，其中以 C5250 为代表机型。在此基础上，武汉重型机床厂通过对 C5250 进行修改，生产了专门用于支援巴基斯坦的 C5240　4 m 车床，为适应巴基斯坦生产，该改型采用了静压导轨和交流

图 2-67　1957 年，第一台龙门刨床试制成功

图 2-68　1958 年，第一台龙门铣床试制现场

电轴，可以车螺纹、锥度，x、z 轴有光学测量，主传动采用了可控硅激磁，刀架滑枕有螺母卸荷装置，车床带有侧刀架。

20 世纪 70 年代，武汉重型机床厂更新了该系列产品，设计了 C5235　3.5 m 立式车床，以取代 C534J1。后设计并生产了 CQ52100 轻型车床。该型立式车床最大加工直径 10 m，最大加工高度 4 m，工作台载重 80 ～ 180 t，采用了可控硅供电，主传动和进给传动均为无级直流驱动，可配铣头、磨头和车锥装置，扩大了机床的

图 2-69　1959 年，首次自行设计并生产的 C681 基型普通车床

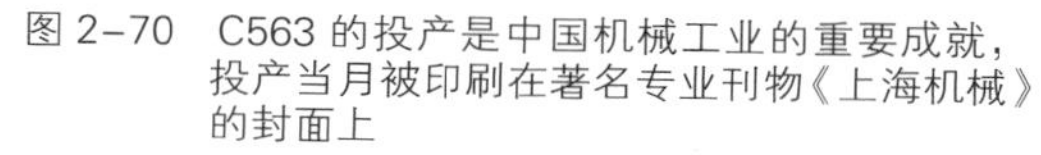
图 2–70　C563 的投产是中国机械工业的重要成就，投产当月被印刷在著名专业刊物《上海机械》的封面上

图 2–71　武汉重型机床厂早期生产的单柱立式车床

工艺性能。

20 世纪 80 年代，武汉重型机床厂推出了新产品 CK54125　12.5 m 立式车床、CK5240A 4 m 数控立式车床和 16DKE、20DKE 单柱立式车床等。CK54125 立式车床的制造精度和工作性能也基本达到了 20 世纪 70 年代国外同类产品的水平，成为国内各大发电厂的关键设备。CK5240A 数控立式车床装备了日本富士通 FANUC7T 系统，几何精度和工作精度也完全达到了当时德国的 DIN 标准，工作台采用恒流静压导轨，进给传动采用了滚动块、滚珠丝杠，刀架重力由卸荷梁承担，还采用了伺服进给系统等各种新技术，使其结构和精度均达到了当时国际水平。此后为实现产品的更新，武汉重型机床厂还完成了 CK5263 6.3 m 数控立式车床的设计。该机床的工作台、回转刀架和滑枕移动均采用静压导轨，并可带简易换刀装置及铣头、

图 2-72　武汉重型机床厂领导前往德国与西斯公司洽谈合作业务

磨头等附件，其有关数控部分与 CK5240A 相似。在此基础上，又发展了加工直径 3.15 ～ 8 m 的 CK52-A 新系列双柱数控立式车床，更新后的立式车床系列亦达到当时国际水平。

与外商合作，是掌握和加速发展当代重型机床技术的有效方法之一。20 世纪 90 年代初，武汉重型机床厂与德国西斯公司合作生产了 16DKE 和 20DKE 单柱立式

图 2-73　与西斯公司合作生产的 FB-260 数控铣镗床

图 2-74　鸟瞰武汉重型机床厂

车床，并成功返销德国。由于出色完成了合作生产，外商决定与武汉重型机床厂扩大合作，双方签订了生产直径 3 m 以上立式车床的合同，并进一步谈判合作生产 DS 系列立式车床。

20 世纪 80 年代末至今，武汉重型机床厂通过多方面的努力，拉近甚至在部分同类产品上超越了国外同行，在为国内生产企业提供大量优质设备的同时，产品远销海外，企业规模也不断扩大。

二、经典设计

C5250 双柱立式车床是武汉重型机床厂研发的普通双柱立式车床，有两个垂直刀架，最大加工直径 5 m，最大加工高度 3.8 m，最大工件重 50 t，适用于高速钢和硬质合金刀具，可以加工各种黑色金属和部分非金属材料。在本车床上可以完成下列加工工序：车削内外圆柱面和平面，车削内外圆锥面，切槽和切断，钻孔、扩孔和铰孔，并备有车锥度、磨头等附件，可满足用户的不同需求。

C5250 双柱立式车床由左右立柱、连接梁、工作台底座、工作台连接体等组成框架，横梁沿左右立柱导轨上下移动，由装在立柱顶面的减速箱和装在连接梁上的电动机实现横梁动作。变速箱是由直流电动机经一个四级变速箱驱动。主电机经调磁调压在 1 ∶ 12.5 范围内进行无级调速，从而获得 0.42 ～ 42 r/min 的转速。工作台有正向转动、反向转动、正向点动、反向点动。工作台主轴采用短主轴结构，主轴上装有 3182100 系列的双列向心短圆柱滚子轴承，可以保证主轴精度。工作台采用静压平导轨以承受垂直方向的载荷。左右进给箱具有二级机械变速，采用可控硅无级调速的直流电机驱动，从而使刀架获得 0.50 ～ 200 mm/min 的进给量。刀架快速移动由一个单独交流电机驱动，刀架垂直进给的末端传动副采用滚珠丝杠螺母副，水平或垂直方向的进刀采用点动按钮的点动来实现。该车床润滑采用自动润滑。机床全部操作都集中在左右悬挂按钮上。

在 C52 系列上升级的 CK52 系列为加入数控系统的数字车床，产品最大加工直径从 3.5 m 到 21.5 m，门类规格十分齐全。至 20 世纪 80 年代末，C52 系列的 C5235A 与 CK52 系列的 CK5240A 两款双柱立式车床已成为武汉重型机床厂的巨擘。

图 2–75　C5250 双柱立式车床

图 2-76　从侧面可以更清晰地观察到 C5250 双柱立式车床的工作台细节

C5235A 双柱立式车床是 C52 系列的，工作台主轴采用高精度双列短滚柱轴承定心，圆形导轨采用具有静压卸荷的动压导轨，并有温度计进行超温保护；刀架和滑枕采用双螺母普通丝杆，可以调整轴向间隙，滑动面均镶有耐磨材料；工作台有四档机械变速，每档机械变速内可以实现平滑无级调速；刀架和滑枕进给采用 KTB

图 2-77　完成铸造正等待进一步加工的 C52 系列的立柱

图 2-78　正在安装中的 C5250 双柱立式车床

直流调速系统；车床的主要操作集中在操纵台上。

CK5240A 为数控双柱立式车床，其刀架和滑枕的移动导轨采用滚动、滑动混合，在导向方向采用滚动导轨，保持移动精度可靠，在承受主切削力方向采用滑动导轨，保持在断续切削时运动平稳。横梁导轨和滑枕均采用合金淬火精磨而成，刀架在横梁上移动时采用辅助梁来承受刀架重力，保持刀架在横梁上移动的精度。x、z 轴进给运动均采用宽调速直流伺服电动机，主传动采用宽调磁卧式直流电动机，由可控硅供电。工作台以高精度滚动轴承定心，并置于摩擦系数小、承载能力大的恒流静压导轨上。C52 和 CK52 系列立式车床均备有铣头、磨头等特殊订货部件，这一拓展窗口极大地拓展了车床使用范围。如攀钢机械制造公司经常为矿场生产圆锥破碎机备件，其圆锥躯体是其中关键设备之一，躯体上有一环形外球面，用常规加工方式对工人的技术水平要求很高，不易保证加工精度，而且生产效率很低。攀钢机械制造公司利用 C52 系列的拓展窗口，设计了一套可以利用在 C5235 车床上的滑杆机构来车削该环形外球面，这种优势在以后的 CK5240A 上得到延续。C52 和 CK52 系列立式车床以质量稳定可靠、价廉物美且极具拓展性等特点，深受国内外用户的好评与青睐。

图 2–79　数控化的 CK5240A 车床在外形上并无太多改变

三、工艺技术

1. 机床设计程序

相较于其他工业产品，机床既是产品也是工具，其产品服务对象的工作内容是永远在变化的，对机床产品功能的拓展性也有着极高的要求。

第一，在了解客户要求的基础上，制订总体设计方案，通过广泛的问询和意见反馈，选出最佳方案，并以技术任务书或技术建议书的形式固定下来。内容包括设

图 2–80　武汉重型机床厂技术人员正在与来自天津发电厂的用户进行产品交流，讨论产品改进方案

图 2-81　为天津发电厂生产的 CJ5212 12.5 m 立式车床

计机床的理由或必要性、可行性；机床用途（或使用范围）；国内外同类机床的比较；本机床的技术性能、轮廓尺寸和估计质量；所采用的工艺方案、总体布局、主要结构、控制方案；机床的优缺点和经济分析。

第二，通过拟订的方案，绘制机床各部件的装配图，同时画出机床传动系统图、液压系统图和电器系统图，并进行必要的计算（运动、动力、液压、各零件的强度和轴承运用等的计算）。

第三，绘制全部专用件的工作图和通用件的补充加工图，并进行必要的计算。

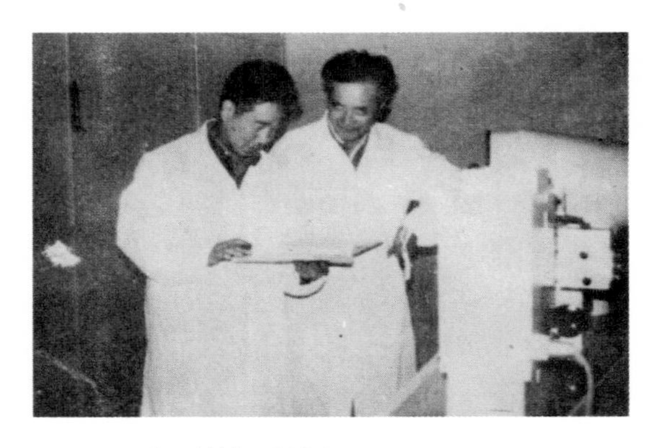

图 2-82　金属材料强度试验

图 2–83　正在进行鉴定的脉宽调速

图 2–84　零件磨损试验

装配图和零件图应经工艺审查和标准化审查，有时还必须再按照已设计完的零件重新绘制部件装配图和机床外观图。

最后，编写技术文件，技术文件的名称和内容有：

（1）专用件、通用件、标准件和外购件明细表。

图 2–85　技术人员正在检查同步感应器

（2）设计说明书或技术设计书。包括机床总体方案及主要结构方案的选择理由、运动计算、动力计算和零件计算的补充与修改。

（3）机床使用说明书。包括机床的技术性能、用途，各部件结构图说明，机床的调整、润滑与维护，常见故障的消除方法，机床的运输、安装与试车，滚动轴承表，电气设备表，附件及备件表，易损零件图，单独的验收标准及精度检验记录表等。

这种从方案设计依次推进到技术设计、工作图设计的设计方式被称为“三段设计法”。

2. 液体静压技术

重型机床的特点：质量和体积大；结构复杂；设计、制造和维修周期长；价格昂贵，且其运动部件和它所加工的工件质量都很大，运动副接触面的摩擦和磨损成为突出的问题。过去进口或国产的大型机床，其轴承是采用液体动压滑动轴承或滚动轴承。液体动压滑动轴承，虽然结构简单，但在不同速度（主轴不同转速）下，轴心位移是变化的，低速时往往不能形成油膜，出现干摩擦或半干摩擦，在重载作用下启动受到一定的限制。对于精度高的机床，液体动压滑动轴承的加工和调整都很困难，而且精度不能长期保持。滚动轴承，对于生产厂来说，虽然可特殊订货，但成本高，而且精度不能长期保持。当轴承精度丧失，使用单位重新更换轴承时，供

图 2–86　重型机床的静压蜗杆副

图 2–87　大小流量多头泵

应困难。此前的国产大型机床，其导轨几乎都是液体动压滑动副，普遍存在驱动功率大、低速爬行、床身和工作台的导轨磨损快的缺点。

改革开放以后，我国通过对外交流得以接触到外国先进的机床技术，国外产品完善的液体静压技术成了武汉重型机床厂的核心关注点，由于该技术不仅可应用在重型机床领域，更可扩散至天文望远镜、雷达天线等重型设备上，故武汉重型机床厂在 1981 年起投入人力与技术开始突破液体静压的相关技术难关。液体静压技术相较过去的液体动压技术优势明显，主要特点是：

（1）纯液体摩擦，摩擦系数小。启动和正常运转时的功率消耗小，机械效率高。

（2）无金属之间的直接接触，能长期保持精度。

（3）速度范围广。在各种相对运动速度（包括速度为零）下，均能保持液体润滑，并具有较大的承载能力。相对速度变化对油膜刚度影响小，在高、低速度下正反运动都有良好的性能。

（4）运动精度高，具有良好的抗震性能，运动平稳。

（5）低速运动无爬行。

（6）设计灵活多样，可根据机床的要求进行设计，以满足不同载荷和速度的需要。

（7）需要有一套可靠的供油装置，润滑油必须保持清洁。

静压轨道有以下三种形式：

（1）开式静压导轨

该静压导轨是在导轨的一个方向开油腔，不能限制工作台从床身上分离。根据工作台的运动方向，有直线往复运动和回转运动（例如立式车床工作台）的开式静压导轨。

开式静压导轨承受正方向载荷能力较好，承受偏载有颠覆力矩的能力差，但结构简单，加工和调整比较方便，一般多采用毛细管节流器和单面薄膜反馈节流器，这一形式的静压导轨适用于载荷比较均匀、偏载和颠覆力较小的机床。

（2）闭式静压导轨

闭式静压导轨是在导轨的上下方向或左右（两侧）方向开油腔，能限制工作台使其不从床身上分离。闭式静压导轨的工作原理和静压轴承的工作原理基本相同。根据工作台的运动方向，有直线往复运动和回转运动的闭式静压导轨。

该型导轨承受正方向载荷和偏载有颠覆力矩的能力好，且运动精度和动态性能好，但结构较为复杂，加工和调整比较麻烦，一般多采用毛细管节流器或双面薄膜反馈节流器，这一形式的静压导轨适用于载荷不均匀、偏载和颠覆力矩较大的机床或者高精度机床。

（3）卸荷静压导轨

该形式导轨的工作原理是从供油系统供给的具有一定压力的润滑油，经过节流器（或溢流阀）流入导轨油腔内，依靠导轨油腔内的压力，将外载荷（包括工件重力和切削力）和工作台重力部分卸荷，从而减少两个导轨面之间的摩擦力。

该形式导轨的床身和工作台的两个导轨面直接接触，导轨的接触刚度很大，结构简单，加工方便，可以采用溢流阀直接控制各油腔压力，或者每个油腔连接一个或两个节流器。油腔连接两个节流器，能保持节流器稳定和可靠地工作。

卸荷静压导轨适用于减少导轨磨损、要求导轨面接触刚度大且工作台在低速（$v < 10$ mm/min）下运动均匀（无爬行）的机床。

以武汉重型机床厂的 C61200 机床和 B2150 龙门刨铣床为例，前者在换装了液体静压轴承后，主轴径向震摆不超过 0.02 mm，加工精度较之同类型液体动压滑动

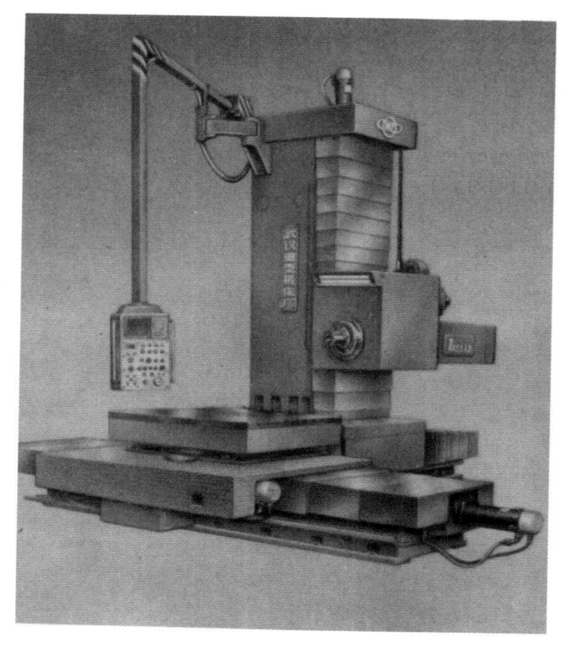

图 2-88　T6216A 落地镗床

图 2-89　T6920 落地铣镗床

轴承亦有所提高，电机的启动功率降低，在重切削条件下仍能正常工作，后者在换装了液体静压导轨后，经重载荷、重切削和精度加工方面的考核验证，较之过去动压设备，精度保持性好，高速运行平稳，反向无冲击，低速移动亦无爬行。

在攻克了液体静压技术后，武汉重型机床厂全系列的产品都得到了升级，

图 2-90　TK6513 数控刨台卧式镗床

图 2-91　XK2120-5 数控龙门铣镗床

T6216A 落地镗床、T6920 落地铣镗床、TK6513 数控刨台卧式镗床和 XK2120–5 数控龙门铣镗床为武汉重型机床厂商品宣传手册上被标注采用液体静压技术的机床。

四、产品记忆

早在 2003 年，武汉重型机床厂便向泰国出口并为其安装了当时泰国国内最大的金属切削机床。2003 年上半年，泰国一家企业在我国机床企业中通过反复比较，选中武汉重型机床厂，并直接向武汉重型机床厂询价。经过几轮电子邮件沟通后，武汉重型机床厂邀请对方厂方人员来武汉交流，双方于当年 11 月敲定合同，合同签订后泰方表示还可能续购一至两台重型机床。

由于武汉重型机床厂的提前布局，和泰国企业之间的大宗交易已不是第一次。1998 年，武汉重型机床厂便曾卖给该国一台辊磨床，买家成了回头客，2000 年又买了一台多功能数控机床。

除了泰国，武汉重型机床厂和印尼、越南等东盟国家业务往来也相当频繁。近几年，东盟市场吸纳了武汉重型机床厂全部出口额的 50% 以上。时任武汉重型机床厂负责进出口业务的总经理栾继清说，东盟国家和中国是邻居，地域、文化上比较接近，交通便利，华人众多， 这十分有利于国际贸易。

2000 年，中国机械设备进出口公司在印尼铁路系统拿下一个大工程，武汉重型机床厂的数控轮毂车床，作为成套设备的一部分于 2003 年出口该国，用于加工火车车轮。之后，又售出一台数控铣镗床。2004 年，武汉重型机床厂售出加工直径为 8 m 的数控机床，是当时国内出口设备中规模最大的机床设备，合同总价值上千万元。

武汉重型机床厂获得东盟市场订单的途径主要有 4 种：一是参加国际性机床展，通过现场宣传交流，获得潜在客户；二是在东盟国家设立了 3 家代理商，在目标国寻找客户，宣传产品；三是通过进出口公司售出产品；四是通过网站进行宣传，捕捉商机。

栾继清说，东盟国家对大型号设备相信欧洲货，而韩、日机床也占领部分东盟

图 2-92　正在为海外用户制造设备的武汉重型机床厂车间

市场，我国企业要在价格、服务和技术含量方面与对手展开比拼。武汉重型机床厂对东盟市场非常重视，近年来已将业务全面覆盖东盟国家。

售后服务是大设备出口的关键环节。过去武汉重型机床厂服务人员出国签证是一个难题，备件、人员往来效率低，客户不敢买我国产品。中国－东盟自由贸易区实现后，贸易环境改善，东盟客户对我国企业的服务更为放心。

随着我国与东盟各国关系的加深，武汉重型机床厂对东南亚各国的市场愈发看好。以马来西亚为例，此前该国关税比较高，产品一直未能打入。但随着各项协议的签署，我国与该国的关税降低，且削减非关税壁垒，武汉重型机床厂的产品也得以顺畅地进入马来西亚市场。

五、系列产品

C61315 重型普通卧式车床是武汉重型机床厂研制的中国第一台卧式万能车床。该型号适用于高速钢及硬质合金刀具，可以对铸铁、钢、有色金属的轴类、圆筒形、盘形零件进行粗车、半精车和精车加工；可以车外圆、端面，切槽，切断，车螺纹，镗孔和车内外圆锥面等，最大加工工件长度为 16 m。

机床主动传动系统由直流电机拖动，采用大功率可控硅直接供电，实现主轴转速 0.4 ～ 80 r/min 的无级调速，加工不同工件时可获得合理的切削速度。机床进给系统为分离传动，由 7.5 kW 的直流电机单独驱动。用可控硅无级调速，调速范围宽。机床带有单独的小惯量直流电机驱动装置，实现电轴系统的车削螺纹，最大车削长度为 900 mm。

C61315 重型普通卧式车床的主轴系统装有油膜测厚仪。用 HNT 耐磨涂料制成

图 2-93　C61315 重型普通卧式车床

的静压轴承，主轴精度及使用寿命都大为提高。机床设有两个前刀架和一个后刀架，刀架上装有双坐标数码显示装置，可显示出行程量，便于操作。

C61315 重型普通卧式车床的主要规格及性能：

机床最大工件回转直径：3.15 m

过刀架最大工作回转直径：2.5 m

中心高：1 600 mm

最大加工长度：16 000 mm

主轴转速范围（无级）：0.4 ～ 80 r/min

刀架纵向进给范围（无级）：0.2 ～ 1 500 mm/min

刀架纵向快速移动速度：3 000 mm/min

刀架横向进给范围（无级）：0.1 ～ 750 mm/min

刀架横向快速移动速度：1 500 mm/min

刀架横向最大行程：950 mm

上刀架纵向进给范围：0.05 ～ 375 mm/min

上刀架纵向最大行程：900 mm

刀台最大行程：135 mm

切削公制螺纹、螺距：1 ～ 48 mm

电动机总容量：301.5 kW

主传动电机功率（1 400 ～ 1 200 r/min）：160 kW

机床总质量：290 t

机床外形尺寸（长 × 宽 × 高）：24 900 mm × 5 950 mm × 3 975 mm

第五节 其他产品

1. Y7125 高精度齿轮磨床

Y7125 高精度齿轮磨床是一款应用于汽车、拖拉机、航空和机床制造产业的专业工具机。该磨机最适于用来磨削直齿和螺旋齿的剃齿刀及插齿刀的渐开线表面，是制造和修磨插齿刀及剃齿刀时不可缺少的一种设备，同时也能用来磨削标准齿轮的渐开线表面。

Y7125 采用滚切原理用砂轮的端面磨削工件的渐开线齿面，并采用特殊设计的砂轮修正器，可以磨制修正的渐开线齿形。由于该磨床适用范围广，产品可拓展性高，当前在我国齿轮刀具行业中仍然大量使用。但该磨床自动化程度低，工人劳动强度大，

图 2-94 Y7125 高精度齿轮磨床

生产效率低，加工精度随工人的操作水平变动较大，难以保证对高精度齿轮刀具加工的需要。为延长该型号的使用寿命，Y7125 在实施了机械部分和电气部分改造的基础上，还实现了自动化，改造后的机床被命名为 GD7125 数控磨齿机。

GD7125 数控磨齿机提高了生产效率（速度提高了两倍）和磨齿精度（齿轮达到三级，插齿刀和剃齿刀达到了 AA 级），缩短了机床调整周期和砂轮修形操作的烦琐过程，提高了经济性和实用性。

2. M5M 万能磨床

M5M 万能磨床是由上海机床厂生产的适用于圆柱形及锥形、工作物内外圆之用的万能磨床。作为一款我国早期设计生产的万能磨床，其原始设计中机床工作台及轮架可转动一个角度，砂轮轴两端可装两个不同形状的砂轮。砂轮轴的轴承系采用多楔式油膜轴承。

换装特殊附件后，M5M 万能磨床可磨各种铣刀、铰刀、滚刀、量规等，能作为工具磨床使用。由于其规格小，砂轮窄，操作方便，故利用率很高，在机械工业的各领域都多有装备。然而，M5M 万能磨床由于在设计时要求兼顾多用途，故在各用途方面实际上都存在一定的缺陷，单就外圆磨来说，在设计上就存在很多问题：机床砂轮座由两个压板支撑在滑板上，刚性很差；换皮带时必须拆主轴，砂子等污物

图 2–95　M5M 万能磨床

易带进轴承，加速轴承磨损；砂轮本身刚性差，靠四个螺丝紧固在砂轮座上，易变形，主轴系统刚性差；工件头架轴承内易进入冷却液及其他污物，影响机床的精度及使用寿命。

为延长M5M万能磨床的服役时限，中航工业西安飞机工业（集团）有限公司对机床进行了改造升级，更换了砂轮底座及砂轮架，将电动机移到砂轮架上，解决皮带拆换不便的问题，增强砂轮的刚性；将砂轮轴的轴承改为三油楔轴承，增加了轴承刚度及精度；将原始设计中的砂轮替换为高速砂轮，使线速提高到50 m/s，提高了工效及光度；砂轮滚刀改用滚针导轨，提高尺寸精度的同时减轻了劳动强度。

整机最显著的改进则是更换新的工件头架和增加工件头架的传动系统，设计师首先将顶磨和夹磨分开成为两个组合件，可方便地更换，提高了夹磨精度，减少了对轴承的污染；其次用装在床身底座上的直流电动机，可控硅无级变速，经皮带轮减速，通过弹性吊挂上的皮带轮传给工件主轴，减小了工作台振动，操作方便。

3. M7132A卧轴平面磨床

M7132A卧轴平面磨床是由大连第四机床厂生产的用于磨削钢材、铸铁和有色金属工件的专业磨床。该机型第一代型号M7130是参照国外20世纪30年代产品生产的，受工业能力影响，机床普遍存在掉刀、漏油、噪声大、振纹多等问题。为解决这些问题并提高工艺性，设计人员在原有设计的基础上将砂轮垂直升降改为滚动螺母结构。但由于专业水平不高，改进后的产品依然存在关键设备硬度低、容易磨损的硬伤，导致机床传动间隙增大、进给不准及容易掉刀等问题，这一改进型号被命名为M7130A。

改革开放后，为实现企业创收的目标，设计师在M7130A的基础上研发了M7132A，新机型将砂轮座垂直升降改为丝杆螺母副，附加配重，使加工和装配简单，这一改进最终消除了掉刀的问题。而原先的产品由于采用齿轮泵，噪声大，这一结构被机床厂自研的螺杆泵替代后噪声问题也有所改善，并通过提高加工工艺消除了液压系统漏油的问题。考虑到方便售后维修，机床磨头采用了外移式成套电动机。

值得一提的是，M7132A省去了M7130中的滚动螺母和八头蜗杆，并简化了磨

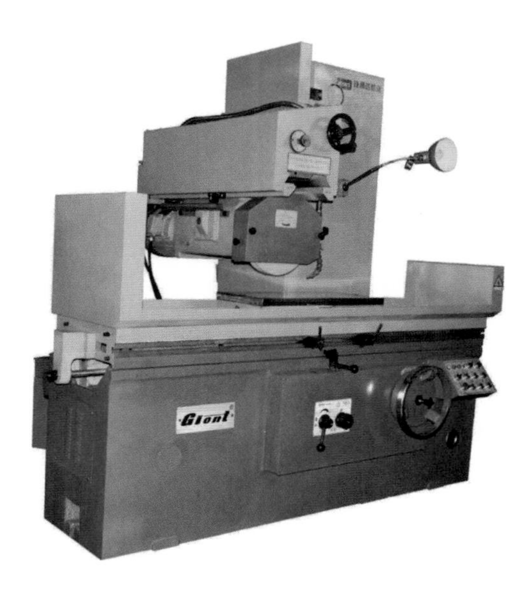

图 2-96　M7132A 卧轴平面磨床

头结构。液压系统大部分也由紫铜管改为尼龙管。结构简化后，改进了制造工艺性，产品成本大大下降，提高了机床在国内外市场的竞争力。

4. H194 系列数控端面外圆磨床

H194 系列数控端面外圆磨床是由上海机床厂和上海磨床研究所联合研发的，是一种砂轮架斜置 30° 的斜切入式磨削的机床，具有 x、z 轴坐标数控联动性能，能进行锥面、圆弧面以及圆柱面的纵磨和砂轮成型修整，因此适用于磨削多阶梯带肩轴类零件的成型磨削加工，适用于多品种、大批或中小批量的生产需要，因此特别适用于汽车、拖拉机、航空和机电制造工业的需要。其在研发过程中采用了日本大隈株式会社生产的系统，是我国改革开放后机械工业领域接轨国际的产品研发加采购的典型研发模式。

第二汽车制造厂是 H194 最大的需求单位，该型机床为第二汽车制造厂的加速发展和转型升级提供了动力，替代了原先依赖进口的同类数控机床，为国家节约了大量外汇。

然而，该机床作为 1989 年开始推出的机械设备，随着产品要求的提升，设备本身工艺性不足的问题也逐步显现。至 1998 年，机床原先使用的大隈 OSP-500R-GG

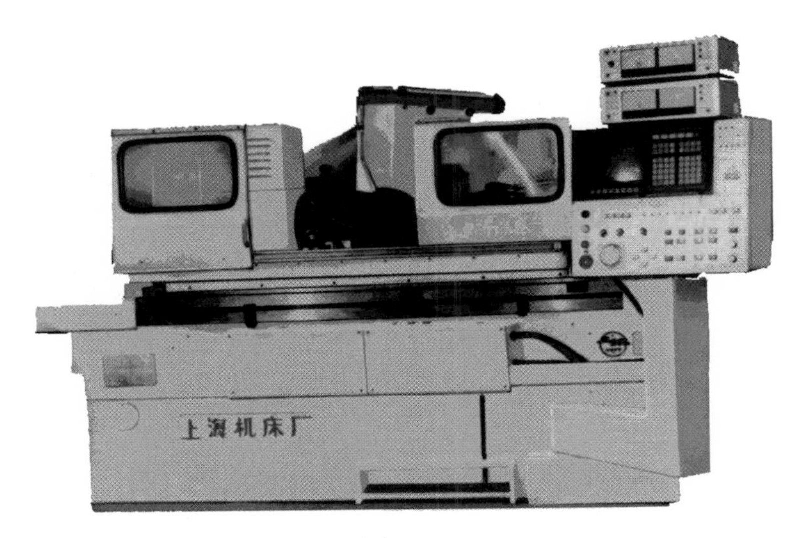

图 2-97　H194 系列数控端面外圆磨床

系统已颇为落后，且由于该系统为我国机械工业较为少见的 AB 系统，其与其他设备在系统融合与原件更新上都已产生困难。而磨床主轴抱死也拖累了日益蓬勃发展的汽车工业的生产进度。

为此，第二汽车制造厂自行对 H194 进行了改造升级，用先进的法那克 Oi 系统替换了陈旧的大隈 OSP-500R-GG 系统，并对机械部分进行结构优化，提高了精度，并通过对电气系统的重新设计，解决了过去由于没有断电蓄能装置，机床在突然停电的情况下静压轴失去支撑压力而造成主轴抱死、机械研磨而产生的烧毁故障。磨床的头架也在改进中重新设计为变频调速，保证了磨削的粗糙度。最后，改原来的油缸驱动轴向对刀为伺服电动运动轴向对刀，增强了机床轴向对刀的柔韧性与准确性，这一改动简化了机床结构，减少了产品的故障点。

5. WZ029 强力旋压机床

WZ029 强力旋压机床是由武汉重型机床厂于 20 世纪 80 年代初研制的一款大型旋压机床。旋压机床是一种不做金属切削，而靠挤压金属产生变形的加工机床。根据模具的不同形状，它可以将金属环形毛坯或板材加工成不同形状的零件，如圆筒体、圆锥体、半椭球体等。为适应不同大小和壁厚的零件，旋压机床的额定挤压力从数

图 2-98 WZ029 强力旋压机床

吨级到百吨级皆有。

该型机床主要由床头、床身、尾座、左右旋轮座、泵站及电控台等大件组成。其中的左右旋轮座内设置了静压导轨的油垫。旋轮座又由两个滑枕和底座组成。滑枕由横向液压油缸推拉，可在滑台内左右移动；滑台由纵向油缸推拉，可在底座上做前后移动。滑枕、滑台及底座间的相对滑动部分均为液体静压导轨的油垫结构。

随着我国航天、航空、化工工业的迅速发展，大型挤压成型的加工越来越多，对挤压力 50 t 以上的大型强力旋压机床不仅有一定的数量需求，而且对加工精度、使用寿命的要求也越来越高。WZ029 投产前，中国的强力旋压机床大多采用滑动导轨，也有采用滚动导轨的。WZ029 则率先采用了自行研发的先进的液体静压技术，这在国内是首次。由于采用了液体静压技术，WZ029 在运行过程中完全消除了一般强力旋压机床旋压工件过程中的“爬行”现象，同时也保证了旋压机左、右纵向进给油缸的压力具有较高的同步精度，从而使被加工件精度高，表面光洁度好。

WZ029 投产后，国内也有其他企业在新产品中采用了液体静压技术，但由于缺乏自主核心技术，其产品油垫压力很少有超过 1 MPa 的，而 WZ029 的油垫压力高达 8.51 MPa，并且结构复杂，受力大，是国内同行无法企及的。

6. YK7232 数控蜗杆砂轮磨齿机床

YK7232 数控蜗杆砂轮磨齿机床是由位于宝鸡市的秦川机床厂生产的我国首台数控蜗杆砂轮磨齿机床，该机床是在秦川机床厂生产的 YE7232 蜗杆砂轮磨齿机床的基础上提高了工艺性及加工精度，并采用数控技术后的升级产品，是国家“八五”计划中规定的科技攻关项目。

该数控磨齿机床磨削精度高，操作调整方便，生产效率高，适用于航空、机床、汽车、变速箱和各类传动装置等中等模数淬硬圆柱齿轮的精密磨削。YK7232 磨齿机床与原型机在机构布局上相同，但机床的分齿传动链和差动链采用动态灵敏度极高的电子锁相伺服传动系统，替代了传统的机械传动和交换齿轮，提高了机床加工精度，减少了齿面波纹度；砂轮径向进给采用数控实现变量进给，提高了机床加工效率；工件滑板运动由比例控制，光栅反馈，每个行程可设置为不同的运动速度；可显示两侧齿面磨削余量的均匀度，并可通过校正按钮使两侧余量均匀；砂轮修整采用金刚石成形滚轮，具有齿向修形机构，可磨削鼓形齿轮，金刚石滚轮加以修整可磨削

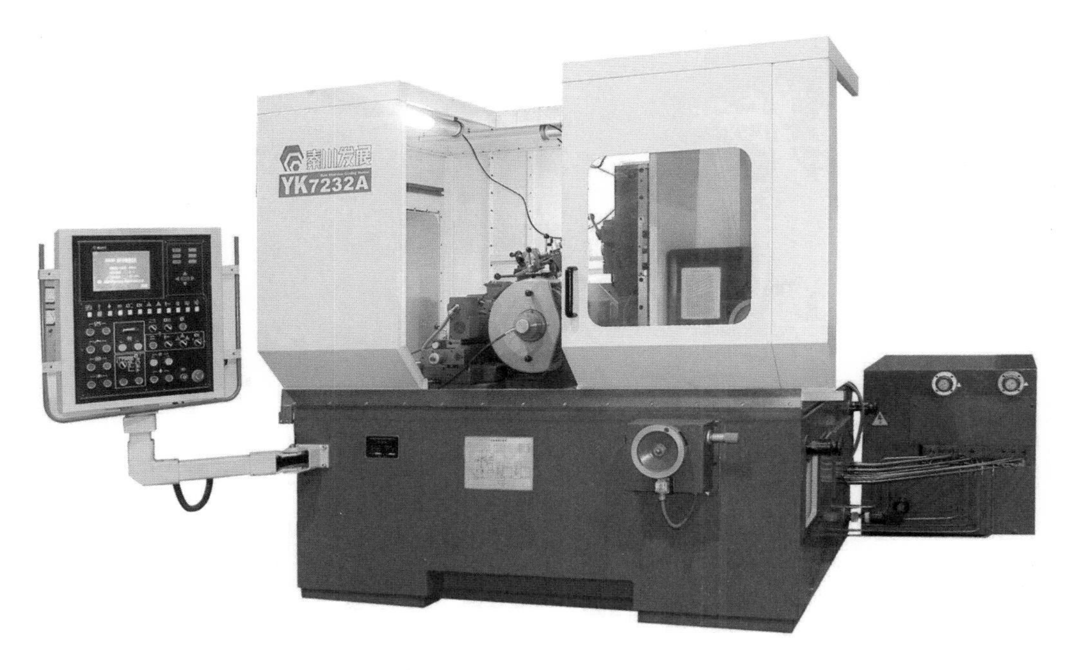

图 2-99 YK7232 数控蜗杆砂轮磨齿机床

齿形修形齿轮。机床具有手动和自动磨削循环选择，在自动磨削循环过程中，可实现工件多次夹紧与放松，以及工件沿砂轮轴向的多次切向位移，保证了同一批工件磨削的精度和一致性。这种方法与常规的蜗杆砂轮连续磨削方法相比，不但大大提高了砂轮的利用率，延长了砂轮的使用寿命，而且由于不断有新的砂轮齿廓表面参与磨削，为加大磨削深度提供了可能性，其效率比之常规的蜗杆砂轮磨削法提高了两到三倍。

机床的关键元器件如编码器、主轴轴承、工件架伺服电机、可编程序控制器都采购自具有先进水平的国际品牌。此外，在机床操作调整方面，操作者只要根据显示屏幕的提示，通过键盘输入齿轮参数、修整参数和磨削参数，机床即可完成全自动磨削和修整，减轻了劳动强度，减少了加工辅助时间。在产品面世后，与欧美同类产品相比，YK7232 具有绝对的价格优势，一度成为秦川机床厂远销海外的拳头产品。

第三章　通用装备

第一节　运-7系列运输机

一、历史背景

20世纪60年代中期，我国完成了国民经济调整任务后，开始了第三个五年计划（1966—1970年），国内民航运输事业的快速发展，使得过去以购买为主的支线客机发展理念开始受到挑战，自研国产支线客机的呼声日益高涨。

1966年1月，第三机械工业部根据徐舜寿的建议，决定引进苏联安-24Б飞机。安-24Б飞机是苏联安东诺夫设计局在1958年开始设计的中短程双发涡轮螺旋桨运输机，1960年首飞，共生产了1 100余架，出口到世界许多国家。

同年3月14日，西安飞机制造厂（简称“西飞”）、大型飞机研究所（简称“603所”）联合上报了《关于参照设计安-24Б的联合报告》。

1966年4月中旬，一架编号为014的苏制安-24Б飞机飞抵阎良，做参考样机。同年8月，西安飞机设计研究所和西安飞机制造厂成立了测绘设计领导小组，西安飞机设计研究所党委书记李纯彦任组长，西飞副总经理李溪溥、西安飞机设计研究所副所长兼总设计师徐舜寿任副组长，并成立现场办公室，具体组织编制测绘总方案并组织测绘现场。测绘设计以西安飞机设计研究所为主，西安、南昌、成都三个飞机厂派人参加，组成一支300余人的设计队伍。

由于运-7飞机是按照支线客机的标准进行设计的，所以设计人员首先进行水平尾翼和起落架的测绘设计，之后测绘工作全面铺开。

1968年3月，工作小组按科技标准完成了运-7飞机原型机的全部设计图纸、技术文件及工艺装备设计图纸和工艺规程。全套图纸共有 51 900 标准页、473 份技术条件和计算报告。运 -7 飞机全机零件 22 700 项、55 万件，其中非标准零件 20 000 项、20 万件，其余为标准件。全机金属材料 2 135 项，非金属材料 769 项，锻件 1 064 项，铸件 407 项，机载成品设备 520 项，其中新研制成品 246 项。运 -7 原型机研制用材料、机载设备全部立足国内。全国有 16 个省市的 380 个厂所参加了运 -7 飞机的研制。

1968 年 10 月 25 日，第三机械工业部发文，进一步明确了运 -7 飞机试制生产工作以西飞为主，西安飞机设计研究所参加，共同组成运 -7 飞机试制领导小组。1969 年西飞试制工作逐步恢复。9 月 1 日正式成立了试制“三结合”领导小组，西安飞机设计研究所派员跟产。1970 年 2 月 13 日，西安飞机设计研究所从各专业研究室抽调近 300 名技术人员组成运 -7 飞机设计研究中队，指派任长松为技术总负责人，到西飞部装厂房现场办公。为保证运 -7 飞机的质量，设计组对整个测绘设计全过程进行复查。

（1）性能指标复查：在复查中发现运 -7 飞机的性能指标与样机资料上给的指标有差别，重新安排对样机和新进口的安 -24 飞机进行性能试飞，结果证明资料有误，从而确定了运 -7 飞机的性能指标。

（2）技术资料管理文件的复查：由于参加运 -7 飞机测绘设计的单位多，各家的管理制度、文件、标准和习惯各不相同，使得图纸的标注、标准件的选用、文件图纸编号等五花八门。复查中他们与西飞协调，重新制定既满足运 -7 飞机设计要求又尽可能符合西飞现行文件的技术文件管理制度，标准件选用目录，材料选用范围，锻、铸件选用规定等，并按这些文件更改图纸。

（3）图纸的复查：按样机重新测绘尺寸，对各部件对接交点进行协调，部件、组件和零件一律按样机重新测绘，对材料重新化验等，共进行 4 次，共查出 13 000 多个问题，均经分析论证、计算和试验予以解决，保证了图纸的质量。

（4）技术条件的复查：根据运 -7 飞机设计要求和西飞当时的工艺和生产说明书进行了全机 173 份技术文件的复查。既要满足设计要求，又要尽可能利用当时的工艺技术和设施，以加快试制进度。复查后 603 所和西飞共同确定 19 项新工艺。厂所组织了攻关组共同攻关，全部得以解决。

（5）材料复查：运 –7 全机选用金属和非金属材料共 2 904 项，复查中厂所成立联合攻关组将 9 项新材料和承制厂一起进行攻关，保证了试制进度要求。

1969 年 2 月 26 日，运 –7 的民用方案被推翻，改为军用运输机。由于机型的变更，至 1969 年 5 月才完成全机测绘设计任务。

1970 年初，开始零件试制，12 月中旬，第一架运 –7 飞机完成总装。经过厂所全体职工的努力和全国协作配合，终于在 1970 年 12 月 25 日首飞成功，填补了我国涡轮螺旋桨中短程运输机的空白。12 月 27 日，在机场召开了运 –7 飞机试制成功庆祝大会。

运 –7 飞机首飞后，机型设计又做了数次变更。1971 年，改为按货机设计，将客舱地板和内部装饰按货运要求进行加强和更改，取消了改型设计中无法实现的伞兵用大型舱门和跳伞设备。之后，又根据使用要求将货机改为货伞兼顾型，在货机内安装伞兵座椅。直至 1972 年 6 月 26 日，运 –7 飞机设计定型技术鉴定小组到西安飞机设计研究所和西飞检查，才明确运 –7 飞机按客机设计定型。西安飞机设计研究所又设计出全套客机图纸。

1974 年，西飞和西安飞机设计研究所按客机机型要求继续组织试制，共试制

图 3–1　总工程师正在检查运 –7 飞机的研发工作

5 架。1974 年 12 月 21 日完成一批 01 架飞机总装，1976 年 9 月 29 日完成一批 02 架飞机总装，交试飞院进行性能试飞。在设计定型试飞期间，运 –7 飞机有两架于 1976 年 6 月开始先后交中国民用航空总局和海军航空兵试用。一架交试飞院进行成品试飞。

1977 年 1 月 6 日，航空军工产品定型委员会派出技术鉴定小组对运 –7 飞机设计定型进行了审查鉴定。1 月 10 日，603 所和西飞向航空军工产品定型委员会申请运 –7 飞机设计定型。3 月 22 日，航空军工产品定型委员会主任委员曹里怀在阎良主持召开现场会议，审议运 –7 飞机设计定型，通过了关于运 –7 飞机设计定型的报告。4 月 7 日，航空军工产品定型委员会上报国务院、中央军委常规装备发展领导小组审批。此后由两架原型机分别进行机载成品鉴定试飞和飞机设计定型鉴定试飞。

航空军工产品定型委员会于 1977 年和 1979 年两次组织了飞机设计定型的技术鉴定。由于 1977 年尚有部分机载成品没有定型，几个试飞科目尚未试飞完成等问题，国家没有批准设计定型。主要有三大问题：一是发动机高温、高原动力不足；二是 12 项强度问题未验证；三是决策速度率先中断，即一台发动机停车以后，飞机速度控制问题没有得到彻底解决。

1979 年 2 月，因 603 所承担了另一项国家重点型号设计任务，第三机械工业部决定将运 –7 飞机全套设计图纸和技术资料移交给西飞，处理定型遗留问题，完成补充设计定型，投入批量生产。经过一年多的努力，1979 年 7 月 13 日，西飞上报了关于运 –7 飞机补充设计定型的报告。8 月 17 日，航空军工产品定型委员会派出技术鉴定小组对存在问题的解决情况做了复查后认为，除单发起飞科目的试飞尚不具备条件和 5 项配套成品需要办理定型手续以及 HAL–1 航行雷达、JDT–1 短波单边带电台、KJ–6A 自动驾驶仪等设备有质量问题外，其他试飞项目和第一次技术鉴定中提出的主要问题已基本解决。为促进遗留问题尽快得到解决，建议设计定型，技术鉴定小组还提出要解决增大发动机的动力问题。

1980 年 1 月 24 日，航空军工产品定型委员会向国务院、中央军委常规军工产品定型委员会上报了关于申请运 –7 飞机设计定型的补充报告，建议批准设计定型。

图 3-2 运 -7 飞机设计人员正在就改进设计进行讨论

影响运 -7 飞机设计定型的最后一个问题就是单发起降试飞。1980 年 10 月，设计人员组织研究了运 -7 飞机单发起降试飞问题，提出用模拟方法进行试飞，并于 1980 年 11 月 4 日在哈尔滨机场，由兰州民航局进行了运 -7 飞机在高度 130 m 的单发起飞模拟试飞，结论是，接近地面真实值。

1982 年 7 月，完成单发起降试飞任务的运 -7 飞机从天津飞抵北京，于 17 日至 19 日向国务院和中央有关部委领导汇报。国家计划委员会、财政部、第三机械工业

图 3-3 技术人员正在检测运 -7 飞机的发动机

图 3-4 用于粘接运 -7 飞机的热压罐

图 3–5　正在进行静力试验的运 –7 飞机

部等 23 个上级机关 400 多名代表参观并乘坐了运 –7 飞机。

试飞中暴露的问题：驾驶舱供气量偏少，温度偏高，换气次数偏少；由于没有调温装置，在高度 3 000 m 以下飞行时，舱顶格栅有积水、积冰现象，舱内有喷雾现象；

图 3–6　运 –7 飞机总装车间

座舱压力调节器动态指标有超差；机上成品质量差，航行雷达、电台和个别仪表工作不稳定。设计人员在后续的试验中陆续予以攻克。设计定型前完成了天窗骨架等12 项补充静力试验，试验结果证明达到设计要求。

1982 年 7 月 24 日，中央军委常规军工产品定型委员会批准运 –7 飞机设计定型，投入小批量生产，并正式命名为“运输 7 型飞机”。

运 –7 飞机在试制过程中两批共试制八架飞机。其中两架用于全机静力试验，一架用于疲劳试验，五架用于飞行试验。

运 –7 飞机设计定型前累计飞行 1 600 h、3 600 个起落。飞机性能、适航性、系统可靠性及性能的改进得到了充分的飞行验证。同时，也暴露出部分机载设备故障多、可靠性差和设计、工艺上需要改进的问题。这为在转入批量生产时提高飞机质量，以及使支线客机事业进一步发展和改进积累了宝贵的经验和教训。

1984 年 1 月 24 日，首架运 –7 飞机正式交付上海民航局，交接签字仪式在陕西阎良机场举行。到 1985 年共交付 14 架飞机，分别在民航上海、合肥、武汉管理局承担货运和试载客运。1986 年 4 月 29 日，在安徽合肥机场和湖北武汉机场，我国第一代支线客机——运 –7 飞机，首次正式编入民航航班，两地同时举行了仪式，从而结束了外国飞机独占中国民航客运市场的历史。

图 3–7　交付民航的第一架运 –7 飞机

二、经典设计

1. 运 -7 基本型飞机

运 -7 基本型飞机是一种双发涡轮螺旋桨中短程支线运输机，按苏制安 -24Б 飞机测绘设计，主要机型为客机，用于运载旅客、行李和零散货物。拆除旅客座椅后，客舱可装载货物，也可改装成救护、领航教练、侦察等专用飞机。它能在较小的机场上使用，具有土跑道起降能力。运 -7 基本型飞机由西安飞机设计研究所参照设计，西飞试制和生产。

运 -7 基本型飞机的外形、总体布局为当代双发涡轮螺旋桨飞机，常规上单翼型式。机体结构设计中采用整体翼梁、整体翼肋、整体壁板、机翼整体结构油箱、化学铣切蒙皮、胶接点焊、定向拉伸玻璃等较先进的制造技术。两台大功率、温度特性好的发动机使飞机具有较好的高温、高原及短跑道起飞使用性能、爬升性能及快速巡航性能。

运 -7 基本型飞机采用了张臂式上单翼、大展弦比梯形平面形状、双梁式结构，分为中央翼、中外翼和外翼。中央翼为整体大梁，壁板是由 LC4-C2 材料制成的整体壁板。外翼为一般铆接结构，机翼前缘有空气加温装置。滑轨式双缝襟翼装在中央翼和中外翼上。外翼各装两段副翼，左内副翼装有调整片和随动阻力补偿片，而右内副翼只装有随动阻力补偿片。机翼为双梁箱式结构。中央翼大梁及与发动机架、主起落架连接的翼肋都是铝合金挤压的整体结构件。中央翼翼箱内安装软油箱。中外翼翼箱部分为整体结构油箱，大部分面积的密封靠自封铆接实现。非自封铆接处采用密封胶及胶膜密封。内部表面有防腐蚀涂料。

机身为全金属半硬壳结构，分前、中、后三段，由 49 个隔框、74 根长桁、蒙皮和地板组成。前、中段 1 至 40 框为气密舱，包括驾驶舱、前行李舱、客舱、后行李舱、服务间和卫生间。其他部分为非密封舱，机头至第 1 框是非密封结构，用非金属蜂窝结构的整流罩盖住，内部装雷达天线。气密机身中段的蒙皮为经过化学铣切变厚

图 3–8　作为双发涡轮螺旋桨中短程支线运输机的运 –7 基本型飞机

度铝合金板料。机身大部分的壁板为长桁和蒙皮胶接点焊的工艺板件，胶焊结构与铆接相比减轻了质量，有利于密封，提高结构的抗疲劳性。机头罩为玻璃钢蜂窝结构，满足气象雷达工作的要求。驾驶舱有较好的视野，正、副驾驶员前面各装一块加温玻璃，座舱盖镶装有机玻璃，客舱上有旅客窗户和应急舱口。

尾翼采用了悬臂式单垂尾全金属结构。由水平安定面、升降舵、垂直安定面、方向舵、垂直尾翼前部整流罩、背鳍和双腹鳍组成。水平安定面和垂直安定面是双梁式结构。升降舵上有调整片，方向舵上有补偿调整片。升降舵和方向舵上都有轴式补偿。

起落架采用前三点双轮并列液压可收放式起落架。前、主起落架均向前收入舱内并关闭舱门。应急情况下利用操纵系统保证在自重和迎面气流作用下放下起落架。主起落架机轮有盘式刹车和自动刹车惯性传感器。采用低压轮胎，起落架能满足在水泥、土地、草地跑道上起降的要求。

2. 运 -7 军用型飞机

运 -7 军用型飞机，由西飞研制和生产。运 -7 军用型飞机是在运 -7 基本型飞机的基础上，参照苏联安 -26 飞机进行改型设计的一种双发涡轮螺旋桨中短程军用运输机。

运 -7 军用型飞机主要用于空运武装部队、武器装备和货物，空投、空降伞兵和装备，救护伤员，以及空投外挂炸弹等。

运 -7 军用型飞机可在土、草野战机场和干、湿、积雪的混凝土跑道上起降，装有通信、导航和雷达告警设备、消极干扰装置等电子设备，能满足夜间和昼间复杂气象条件下的飞行要求，并具有一定的自卫能力。

1980 年，根据空军提出的要求，西飞组织进行了方案论证，对国内外同类飞机进行了分析对比，对动力装置、机载设备的选用进行了摸底，按战术技术指标进行了飞机性能估算，并提出了四个不同的总体研制方案供对比选择。1983 年 8 月，空军司令部、航空工业部在北京主持召开了运 -7 军用型飞机的方案论证会。9 月，空军司令部、航空工业部转发了方案论证会纪要，要求按会议纪要中有关总方案的意见，抓紧修订并正式上报研制总方案。10 月，西飞上报了经修订的研制总方案。12 月，空军将一架安 -26 飞机（10402 号）交西飞作为运 -7 军用型飞机的样机参照设计。

图 3-9 运 -7 军用型飞机，其最直观的标志就是机身上的“八一”军徽

图 3-10　运 -7 军用型飞机陆军航空兵用涂装版

1984 年 4 月，总参谋部、国防科学技术工业委员会同意运 -7 军用型飞机在运 -7 基本型飞机的基础上参照苏制安 -26 样机进行改型设计的总体方案，并对生产数量、研制经费做了安排。5 月，航空工业部正式明确西飞为运 -7 军用型飞机的总承包单位，并要求立即组织实施，坚持高标准、严要求，抓紧完成研制任务。6 月，开始进行总体设计和各专业的详细设计，并进行了配套成品协调工作。

1985 年 7 月完成了全机理论图、布置图等和各专业的生产图样的发图工作。8 月，开始进行小三发性能测试和气动、外载荷、强度计算以及各项试验。

1987 年全面展开试制。1988 年 7 月，完成 01 架静力试验机试制，并送西安飞机强度研究所进行静力试验。9 月底，完成 02 架样机总装。10 月下旬，航空航天工业部组织专家对设计、工艺、制造质量和首飞准备工作进行了评审。

1988 年 11 月 02 架样机首飞后，即进入了调整试飞和设计定型试飞阶段，1990 年 11 月完成了所有试飞工作。

1991 年设计定型后，首批两架运 -7 军用型飞机交付部队装备使用。

运 -7 军用型飞机机身为全金属半硬壳式结构，机身长度比运 -7 基本型飞机增加 180 mm。机舱分为驾驶舱和货舱。1 至 40 框为全气密舱，其他部分为非密封舱。18 至 19 框下设雷达舱及罩。机身尾部设有一个货舱门，可放下或收入腹下。在地面

图 3-11　正在试飞的运 -7 军用型飞机

上，货舱门放下时可做货桥供装卸货物用，收到腹下时，汽车可驶到门槛处装卸货物；在空中收到腹下时，人员和货物可经此实施空降和空投。

驾驶舱中设 5 座（正、副驾驶员，领航员，通信员，空中机械师）。货舱内装有 39 个伞兵座椅，可收放或拆除。救护伤病员时，可安装 24 副担架及一名医务人员座椅。左发房后段下部增设消极干扰舱；右发房后段为小三发舱。机身外侧设计有外挂武器悬挂装置，可外挂 2000 kg 炸弹。

运 -7 军用型飞机采用张臂式梯形上单翼，双梁式结构，分为中央翼、中外翼和外翼。中央翼后部装有单开缝襟翼，中外翼后部装有双开缝后退襟翼，外翼各装两段副翼。左内侧副翼装有调整片和随动助力补偿片，而右内侧副翼只装有随动助力补偿片。

3．运 -7 公务型飞机

运 -7 公务型飞机是在运 -7-100 飞机基础上改装而成的一种中短程涡轮螺旋桨客机，适合在较小的机场上起降，也可满足在夜间和昼间复杂气象条件下飞行的要求，具有较好的稳定性，驾驶简单，操纵轻便。空勤组为 5 人体制。西飞于 1990 年开始在运 -7-100 飞机的基础上改进设计，1997 年 5 月完成改型图纸设计，同年 12 月改制成样机并进行了首飞。该机动力装置和机载设备与运 –7–100 飞机基本相同。1998 年 3 月完成了运 –7 公务型飞机的鉴定试飞。1998 年 5 月完成设计定型。机上装有较先进的机载设备，配有灭火系统、氧气系统和食品柜、电热水器、卫生间等生活设施。座舱分前后舱，前部为随员舱，设 6 排 24 个座椅；后舱为首长舱，设 4 个沙发、两个小桌和一个衣帽间。

客舱的改装由美国 NORDAM 公司承担。按照安全、舒适、美观的要求全面进行更新改进。座椅、地毯、内部装饰的门帘、窗帘、装饰面板、顶棚等使用阻燃材料，其阻燃性能符合美国联邦航空条例 25 部的要求。行李架为封闭式。客舱内部灯光照明光线柔和。旅客有单独使用的空调旋钮、阅读灯、呼叫按钮。安装有两台美国汉密尔顿公司的 R80–3WR 环境控制系统和 IDC 公司座舱压力调节系统。客舱能自动调温。舱压调节灵敏，旅客有舒适的乘坐环境。厨房设备有电热水器、冰箱及食品柜等。

该机的燃油系统由左、右两个独立的燃油系统组成，分别向左、右发动机供油。两个系统之间装有连通开关，当某一系统发生故障时，可由另一系统同时向左、右发动机供油。全机油箱共分四组，每侧机翼内装有两组。第一组由中外翼翼匣整体结构油箱组成，第二组由装在中翼内的两个软油箱组成。

图 3–12　运 –7 公务型飞机客舱

图 3-13　运 -7 公务型飞机仪表盘

图 3-14　运 -7 公务型飞机客舱

机载防冰系统由BXH-E结冰信号器、QPP-27机尾翼加温开关、QDF-23电动加温开关和CWQ-14绝对压力调节器等附件组成，采用气热和电加温两种方式，以防止不允许结冰的部位结冰。机翼、尾翼和发动机进气道前缘、导向器叶片用发动机压缩器引来的热空气加温；螺旋桨、驾驶舱风挡玻璃和空速管等采用电加温。

驾驶舱和客舱各装有一个带 YTQ-18 氧气调节器及面罩的 2 L 氧气瓶，供座舱失去密封、飞行员应急用氧和正常飞行条件下个别旅客身体不适时使用。每套设备可在高度 4 000 m 时对 3 人连续供氧 22 min，在高度 6 000 m 时连续供氧 12 min，在高度 8 700 m 时连续供氧 9 min。

电源分为直流电源和交流电源两个系统。直流电源系统装有 QF-18 直流启动发电机两台、QF-24 直流启动发电机一台、12HK-28 蓄电池两组。交流电源系统装有 JF-30A 交流发电机两台、DBL-1500A 变流机一台、SBL-1000 变流机两台、SBL-125 变流机一台。

三、工艺技术

运 -7 飞机安装了两台东安发动机公司研制生产的涡轮螺旋桨式涡桨 5 甲 -1 型（WJ5A-1）发动机。起飞状态当量功率为 2 133 kW。发动机有两级转速，在高温和低气压条件下为恢复或增加发动机的功率可用Ⅱ级转速。发动机的结构设计上采用空心气冷式涡轮及高温合金材料等新技术，保证在大气温度为 38 ℃时起飞功率不降低。螺旋桨 J16–G10A 为金属结构四叶硬铝桨，右旋式自动变距、自动顺桨。

全套螺旋桨由桨毂、油缸、活塞组件、桨叶组成。桨叶和桨帽上有电热式防冰装置。系统中有发动机润滑油、灭火、排气、散热及启动系统，运 –7 基本型飞机上安装有 WD1–1 涡轮发电装置，该装置能保证涡桨 5 甲 –1 型发动机的地面启动，可以在飞行前向机上网路供电，在紧急情况下作为机上电源。

运 –7 基本型飞机的空勤组由 5 人组成：左驾驶员、右驾驶员、通信员、领航员和空中机械师。驾驶舱后为行李舱和客舱，客舱一般设 12 排 48 个旅客座椅，座距为 78 cm。经济客舱设 13 排 52 座，座距为 72 cm。为修形协调，机身 20 至 21 框间距比原型机加长 195 mm，并增加 21A 框，客舱两侧上方设置敞开式行李架。此外，有前后行李货物舱、服务间和卫生间。座舱空气调节系统和座舱压力调节系统可以保证座舱温度和压力适宜，空气新鲜。

运 –7 基本型飞机上安装有完整的通信、导航、航行仪表设备，包括 HAL–1 航行雷达，CT–3 超短波电台，DF–2 短波发射机，DS–3 短波接收机，JDT–1 短波单边带电台，JT–6A 机内通话器，WL–7 无线电罗盘，陀螺感应磁罗盘，陀螺半罗盘，磁罗盘，WG–3 无线电高度表，XS–5A 信标接收机，KJ–6A 自动驾驶仪，航空地平仪，转弯表，事故记录仪，交流、直流发电设备，广播机，蓄电池等。

图 3–15　运 –7 飞机的螺旋桨

运 –7 改型机采用了 20 世纪 80 年代西方先进飞机装用的设备并按照美国联邦航空条例和英国民航适航要求等适航条例设计。其中包括 SPERRY 公司彩色显示的 PRIMUS–90 气象雷达、62IA–6A 空中交通管制系统、628T–3 高频电台、两部 618M–3 甚高频电台、机内通话 / 旅客广播、座舱音频记录器、DF–206 无线电罗盘、两部 5IRV–4B 全向信标 / 仪表着陆系统、LTN–211 欧米加导航系统、两套 DME–42 测距器、AL101 无线电高度表、两套 MHRS 磁航向基准系统、两套姿态系统、两套 EHSI–74 电子式水平状态指示器、FGS–65 飞行指引系统、CWC–80 仪表比较警告系统、MKHGPWS 近地警告系统、大气数据仪表系统、H32IAKM 备用地平仪、自动驾驶仪。

运 –7 军用型飞机的主动力装置为两台涡桨 5 甲 –1 型（军）发动机，起飞功率约为 2 133 kW。辅助动力装置为一台 PY19A–300 涡轮喷气发动机，推力为不小于 7.85 kN。螺旋桨型号为 J16–G10。

操纵系统采用硬式、软式、电动机构和液压传动四种形式。所有舵面和副翼用硬式操纵，升降舵调整片用软式操纵，方向舵和副翼调整片用电动机构操纵，襟翼用液压传动操纵。所有舵面、副翼、升降舵调整片都与 KJ–6B 自动驾驶仪操纵舵机交联。

液压系统由主系统、应急系统和手摇泵系统组成。主系统用于收放起落架，操纵前起落架机轮转弯，主轮刹车，收放襟翼，螺旋桨应急顺桨，发动机应急停车，打开或关闭前下应急舱门，驱动空投传输装置、风挡刮水器，货舱门打开、关闭和收入腹下及回位，可保证由液压系统供压的所有机构和装置正常工作。应急供压系统用于应急放下襟翼、主轮应急刹车、打开应急舱门、应急操纵货舱门收入腹下及回位，并向主系统供压。手摇泵系统用于操纵货舱门收放、收入腹下和回位，并给主系统供压及液压油箱加油。

燃油系统由左、右两个独立的燃油系统组成。燃油系统包括供油系统、通气系统和压力加油系统。左系统向左发动机供油，右系统向右发动机及辅助动力发动机供油。此外，还装有连通开关及转输开关，可将左、右燃油系统连通，并且在燃油

图 3-16　运 -7 军用型飞机的仪表盘

系统故障时实现所有油箱向发动机自流供油。左、右燃油系统设值班油箱，各油箱燃油由输油泵送到值班油箱，再经过燃油增压泵向每台发动机供油，以提高向发动机供油的可靠性。

中性气体用来给飞机油箱充填二氧化碳气体，形成防爆介质，以防油箱中弹起火，还可在机翼和发动机短舱内用于灭火。空调由空气温度自动调节和座舱供气量自动调节以及压力调节系统组成，用于飞机在升限范围内飞行时使气密舱具有适度的气温、正常的压力和新鲜的空气。气密舱的增压空气由发动机第十级压气机供给。

防冰系统采用热空气、电加温和酒精液三种形式。机尾翼前缘、发动机进气道前缘和小三发润滑油组合件采用发动机供给的热空气加温。螺旋桨、驾驶舱风挡玻璃和空气压力受感器采用电加温。领航员观察窗则采用酒精液防冰。

氧气系统在 4 000 m 以上使用。机组人员的氧气由两个固定式氧气瓶提供，货舱人员的氧气由两个便携式氧气瓶提供。

该机空投空降系统的主要部件为 KS-1 空投传输装置，这是一个由液压传动装置传动的链式传送带，安装在货舱地板结构中的特制导轨内。该系统的电气操纵机构连接有正常和应急操纵电路。正常操纵系统只能在货舱门收入腹下的情况下使传输装置工作。而应急操纵系统既可以保证货舱门自动收入腹下，又可以自动接通传输装置。

该机的货物装卸系统安装在28至40框之间，该设备由单独的CZT–2操纵台实施电动操作，其最大起重量为2 000 kg。装卸货物时，可以将货物吊起并移动至货舱口，放到地面或运输设备上；也可以将货物吊起并移动到货舱内，放在传送带上，再由传输装置调整货物到预定位置。电动绞车的电气操纵机构通过KZH–2控制盒与机上或地面电源接通。在电源系统发生故障或无电源的情况下，为保证货物装卸设备的正常工作，该设备设有人工传动机构。

四、产品记忆

早在1962年，作为新中国飞机设计泰斗的徐舜寿就提出，中国这样的国家，民航事业发展起来以后必须有自己的飞机，特别是大飞机。从技术角度讲，徐舜寿比较推崇苏联伊留申飞机设计局的设计风格。他曾说过要建立一所伊留申式的设计局。他希望能设计一架像伊尔–18一样的飞机，这是有四台发动机的大飞机。

1965年春天，第三机械工业部部长孙志远在一次会议期间提到，徐舜寿设计团队的下一个任务可能是测绘伊尔–18。为了尽快开展测绘的前期准备，徐舜寿回到所里后立即安排设计师进京，广泛收集运输机的情报资料，特别是民用客机方面，包括民用飞机的设计规范。当时参与工作的赵学训回忆：

"1965年初夏，我正在北京大学参加风洞试验，突然接到长途电话，叫我连夜赶回沈阳见徐总。徐总指示我们，为了给上级当参谋，并为我所下一阶段的任务做准备，必须立即广泛收集运输机的情报资料，特别是民用客机方面，尤其要注意收集苏联民用飞机安–24、伊尔–18的设计资料。于是，我和其他同志又赶回北京，奔走在几个情报单位之间收集资料，进行调拨。"

5月下旬，徐舜寿在京西宾馆开会，讨论"三五"期间我国航空工业发展规划。一个闷热的傍晚，在与青年设计师的交流中，徐舜寿说："我们这个所队伍太年轻，需要一个全过程的锻炼，当前首先要买一架运输机来测绘。"他用设计歼教1到搞

“东风 107”、又回头摸透米格 –21 的曲折道路来说明他的观点。在谈到飞机设计的战略决策、总体和局部的关系时，诵了一首苏东坡的七言绝句：“横看成岭侧成峰，远近高低各不同。不识庐山真面目，只缘身在此山中。”

他那深思熟虑的谈吐、富有哲理的旁征博引深深地吸引着在场的年轻人，就像是把一幅幅飞机设计的宏伟蓝图展现在众人的面前。在徐舜寿的带领下，一支年轻的设计队伍投入了紧张的运 –7 飞机的测绘设计工作。此时，国家已经批准第三机械工业部引进苏制图 –124 和安 –24Б 客机各两架，在空军 34 师试飞。徐舜寿等专家经过分析论证，认为根据当前的技术水平和人员状况，运输机必须遵循从参照设计到自行设计的道路，循序渐进。参照机种以安 –24Б 为好，因为它是一架涡轮螺旋桨飞机，较为先进，且经济实用。此外，该机采用了胶接点焊、整体壁板等新工艺，技术起点高，有利于促进我国运输机设计较快发展。

第三机械工业部采纳了这个意见，把测绘安 –24Б 作为“三五”期间发展运输机的起点。1966 年 4 月 7 日，第三机械工业部以（66）三生字 534 号文向机械工业部第十研究所（以后改成研究院）和 172 厂正式下达了测绘试制国产运 –7 飞机的任务，要求按照测绘、借鉴之路来组织设计。机械工业部第十研究所和 172 厂领导在一起研究了厂所下一步如何组织实施，决定要摸着石头过河，走厂所结合的道路。1966 年 3 月，厂所联合成立了运 –7 设计领导小组，下设办公室。徐舜寿担任了领导小组副组长。1966 年 4 月，徐舜寿亲自起草了报告，向机械工业部汇报了厂所联合工作的进展、测绘工作方案和原则、组织工作。

本着早出成果、迅速占领中型运输机阵地的原则，徐舜寿在报告中提出，第一批飞机以客机测绘为主，先改一点外形线条，不改气动布局；同时，到空运、空降部队做调查访问，根据空军的战术技术要求做进一步分析论证后，尽可能加以更改，使之适用于军运（即在测绘、参照设计客机的同时，积极着手改型军用运输机的准备工作）。

为了争取时间，设想第一批飞机以测绘、参照设计为主，在不影响气动布局的前提下，小改外形，如门窗轮廓、机头、背鳍的外形线条等，内部只对驾驶舱和旅客舱布置进行少量更改，并采用运 –6、直 –5 的乘客座椅。这种飞机在拆掉座椅后也可做一般军运。将来，向空军调查军用运输机要求并加以论证，提出方案，经批准后再大改，使之成为专门的军用运输机。为了取得经验，技术人员设想可在外形测量和制订总方案的同时，拆取水平安定面和主起落架两个部件，作为测绘、参照设计的试点。

样机到位后，在领导小组的带领下，厂所干部和技术人员迅速开展了测绘飞机，组织空、地勤人员座谈会，讨论测绘工作的总体方案和原则等一系列工作。分散在哈尔滨、青岛等地实习的同志们接到指令，迅速返回阎良，参加运 –7 飞机的现场测绘设计。

1966 年 1 月，哈尔滨飞机制造厂（简称 122 厂）抽调 132 名设计人员和工人，加入机械工业部第十研究所的行列，增强了机械工业部第十研究所的技术力量。参与运 –7 试制的军代表吴克明回忆道：

“在购买安 –24Б 支线客机的同时，徐舜寿极力主张派楼国耀（苏联茹科夫斯基空军工程学院毕业生，1961 年回国）、蒋水根（3315 发动机主管）等人出国考察，准备测绘生产，并指示，在测绘的同时，还要与安 –24 飞机有所不同。曾一度在平尾上加端板、改腹鳍等。1966 年样机到位后，在 172 厂 1 号厂房，测绘人员现场办公。一天徐总在技术科同志的陪同下来到测绘现场，询问了许多问题，对在场人员进行了鼓励，还生动地强调了实践工作的重要性，他说：‘参照设计是糊涂的，测绘是写生的，摸透是真懂的。’在场人员并非一下都能理解，简单解释，的确如此。参照设计就是按提供的图纸、技术条件、工艺文件生产制造，对设计来说，不知其然；测绘就是依样画葫芦，如同美术中的静物实景写生，但有了自己的图画了，测绘分解后，也得到一些‘解剖’认识；摸透则要解决是什么、为什么、干什么、怎么干等一系列问题，这才是真正明白设计含义。他强调：飞机上没有一件多余的东西，一个小铆钉也不能少。你们先老老实实描绘下来，然后改一个‘画法’，既要写生，也要摸透，对自行设计，这些都是‘基本功’。”

在日常工作中，徐舜寿观察得很细致，看问题很深刻，描绘很生动。看上去为人很严肃，但说话很风趣。徐舜寿经常对技术骨干讲，飞机设计重在综合。一个成功的飞机都是综合得比较好的，若要更改就会“牵一发而动全身”。因此，第一步要以测绘、参照设计旅客机为主，更改要慎重，要通过多方面分析对比，还要先进行试验，考虑要周全。

徐舜寿曾对技术骨干讲：要好好学习毛泽东同志的《矛盾论》。对于工程技术人员来说，解决了主要矛盾，问题就解决了 70%；再解决次要矛盾，任务就可完成 95%。工程上的问题解决到 95% 就可以了，余下的 5% 可以通过加大余度（安全系数）来解决。他讲，余下的 5% 属于精雕细刻，可以让学者、教授、研究人员去解决。这也是工程技术人员和航空科学研究人员的差异之一。

在运 -7 的设计过程中，徐舜寿曾明确反对不经过讨论和事先研究就拍脑袋做决定的做法。直至去世之前，他始终坚持要贯彻科学严谨的作风，竭力减少工作中的失误。

在军机方案尚未获准的情况下，机械工业部第十研究所按伞兵型运输机的要求开始测绘设计，在原型机的机身腹部开了一个向下打开的大舱门，并于 1969 年 3 月发完了全部 5 万张 A4 的图纸。大舱门破坏了机身的受力结构，强度问题一直悬而未决，由于缺乏计算手段和设计试验经验，这个方案报到上级机关后，被否定了。

1969 年 11 月，在向空军领导汇报方案时，上级领导又下达了一个文件，要求完全按照原型机测绘设计。按毛泽东同志指示的，学写字要“先学正楷”。按照这一要求，运 -7 开始按安 -24 飞机的原样进行测绘发图。直至 1982 年，运 -7 客机型飞机才获准定型。

五、系列产品

1. 运 -7-100 型飞机

为适应民用航空运输发展的需要，运 -7 飞机的可靠性、经济性、舒适性不断提高。运 -7 基本型飞机投入批量生产后，西飞又以 20 世纪 80 年代世界先进支线飞机技术水平为标准，通过商务合作的途径，进行了运 -7-100 型飞机的研制。

运 -7-100 型飞机增装了翼梢小翼，有减阻增升、降低油耗、提高速度的效果。飞机的导航、通信、雷达、航行仪表设备、座舱调温调压系统、生活服务设施全面更新改进，使飞机能满足在复杂气象条件下起飞、航行和进场着陆的要求。

其改装项目：空勤组由 5 人体制改为 3 人体制；由左驾驶员、右驾驶员和飞行工程师组成。机载雷达、导航、通信、飞行仪表等 30 项设备全面更新，按用户要求做到与波音 737-200 相同或相似，利于飞行员培养和备件通用化，利于备件储备。改装后的设备和驾驶舱布局符合美国联邦航空条例和英国民航适航要求的要求。

按照 20 世纪 80 年代客舱舒适水平，更新了环境控制系统、舱内装饰、旅客生活设施（服务设备、座椅、空调、地板）；增装翼梢小翼；改进全机表面喷漆质量。完成第一架运 -7 飞机的改装用了 9 个月的时间。改装后的运 -7 飞机命名为运 -7-100 型飞机。

1985 年 11 月底至 12 月初，中国民用航空总局和航空工业部组织了对运 -7-100 型飞机的适航鉴定飞行。结论认为：运 -7-100 型飞机的改装是成功的，改装的质量是好的，改装的设备完全满足在复杂气象条件下起飞、航行和进场着陆的要求。

1985 年 12 月 1 日，时任国务院副总理李鹏乘坐了运 -7-100 型飞机，并在现场主持召开国务院办公会议，肯定了运 -7-100 型飞机“以我为主、国际合作”的发展

图 3-17　运 -7-100 型飞机飞越华山

路子。会议提出“支持国产民用飞机”以及“安全、舒适、经济”的方针，决定“七五”期间中国民用航空总局要购买国产运 –7–100 型飞机 40 架。自 1986 年 1 月 3 日始，由西飞自行改装的首架运 –7–100 型飞机，用了 7 个多月时间下线，并于 7 月 28 日成功地交付试飞。国外媒体对运 –7–100 型飞机评论：它安装了现代化的电子装备和指示仪表，机内装饰也焕然一新，符合美国联邦航空条例和英国民航适航要求的要求，因此，对西欧各国有输出可能。

2. 运 –7–200A 型飞机

运 –7–200A 型飞机是西飞和 603 所共同按照中国民用航空规章第 25 部《运输类飞机适航标准》研制的新一代支线客机。1988 年 3 月，航空工业部任命 603 所副总设计师龚国政为运 –7 系列飞机总设计师。西飞由任长松任总指挥，统一指挥设计和试制准备工作。运 –7 飞机投入运营后，用户反映该机的机载设备落后，影响正常使用，因此，运 –7–200A 型飞机相对原运 –7 飞机进行了较大改进。机身结构布局做了重新设计，机头外形和驾驶舱采用全新设计；机身长度增加了 1 m，提高了乘坐舒适性；两块平面电加温风挡玻璃，拓宽了驾驶员的视野；驾驶体制改为两人；可运载 52 名旅客和一定数量的货物、邮件，必要时可改成公务机、客货两用机或货机；引进了国外先进机载电子设备和系统，能够在恶劣的气候条件下执行飞行任务；采用先进技术和原材料，使结构减重达 500 kg，有效地增加可用商载；由于原先采用的涡桨 5 甲 –1 型发动机功率较低，而且配备的螺旋桨噪声较高，因此采用了加拿大普拉特 · 惠特尼公司的 PW–127J 涡轮螺旋桨发动机，其重量轻、耗油率低、首翻期寿命为 6 000 h，通过动力系统的改进，油耗降低了 30%，从而提高了航程；与其配套的螺旋桨为美国汉密尔顿公司 247F 型低噪声四叶复合材料螺旋桨，并配有同步器；采用了美国罗克韦尔柯林斯公司 APS–85 自动驾驶仪和盖瑞特公司的辅助动力装置 APU 系统；配备了英国卢卡斯公司的两台 30 kW 油冷交流发电机、两台 400 A 直流电机及镍铬电瓶；液压驱动泵及更新的应急电动泵与发动机配套；机翼、尾翼和发动机进气道采用美国 BFGoodrich 气动除冰套。运 –7–200A 型飞机于 1993 年 12 月 26 日首飞。1998 年 5 月 5 日，中国民航适航司颁发运 –7–200A 型号合格证（TC 证）。

图 3-18　运 -7-200A 型飞机驾驶舱

3. 运 -7H-500 型飞机

运 -7H-500 型飞机是一种中短程涡轮螺旋桨民用货机，主要用于空运集装货物和散装货物等。它在土质机场上具有良好的通行能力，适合在较小的机场上起降，也可满足在夜间和昼间复杂气象条件下飞行的要求。它具有较大的稳定性，驾驶技术简单，操纵轻便。空勤组为 3 人体制，即左、右驾驶员和空中机械师。

为开拓民用货机市场，西飞从 1988 年开始在运 -7 军用型运输飞机的基础上改进设计成运 -7H-500 型民用货机。1989 年 7 月完成改型图纸设计，12 月首飞成功。1990 年 12 月，结合运 -7H 飞机设计定型试飞完成了飞机操稳性能、强度和部分改装设备的鉴定试飞，1993 年 12 月完成适航验证试飞。

在改型过程中，进行了风洞试验、主起落架轮胎性能测定、液压系统油泵出口压力脉动及全机最大瞬时压力测试、共振试验、颤振风洞试验、后大门操纵机构可靠性试验、测量重要负载端 FV、电气系统试验、应急系统试验、主起落架疲劳试验和后机身疲劳、损伤容限试验等适航验证地面试验。

1989 年 12 月，西飞向中国民航适航司递交了运 -7 民用货机补充型号合格证申请书。1990 年 5 月 8 日，中国民航适航司以 NAT002 号文开始受理型号合格审定工作。1991 年 6 月 18 日召开运 -7H-500 型飞机首次型号合格审定委员会（TCB）会议，

7月19日下发首次TCB会议纪要通知，确定审定基础为中国民用航空规章第25部《运输类飞机适航标准》，取证程序按AP21-03进行，适航验证方法按中国民用航空规章第25部《运输类飞机适航标准》进行核查。

1991年10月25日至30日，在西飞召开了运-7H-500型飞机首次TCB会议；1992年6月6日至8日，对试验机进行了全面的制造符合性检查；同年9月29日完成试飞改装工作制造符合性检查后，进行了型号合格审定试飞。1993年12月6日，按中国民航适航司1992年9月4日批准的《运-7H-500飞机合格审定试飞大纲》完成了符合性验证试飞；12月22日，审查组以各分部小组的形式进行了适航验证最终审查；12月29日至30日，在北京由中国民用航空总局适航司召开了最终TCB会议，完成了型号合格终审。

1994年6月14日，中国民用航空总局颁发了运-7H-500型飞机补充型号合格证；1996年，首架运-7H-500型飞机交付使用，运-7H-500型飞机与运-7H型飞机相比，主要有以下改动：

机身在等直段10至11框加长0.33 m，其前主轮距亦相应加长；取消了下应急舱口、领航员观察窗、外挂装置、伞兵座椅、担架、中性气体系统、消极干扰装置和空投空降设施等军用设施；换装了运-7-100型客机上的进口雷达、通信和导航设备，主要有PRIMUS-90气象雷达、628T-3高频电台、618M-3甚高频电台、LTN-211欧米加导航系统、51RV-4B全向信标/仪表着陆系统、DME-4-2测距器、DF-206自动测向仪、621A-6A空中交通管制系统、AL101无线电高度表、FGS-65飞行指引系统、MHRS磁航向基准系统、EHSI-74电子式水平状态指示器、ADI-84A姿态指引指示器、AV-557C座舱音频记录器、FJ-30B事故记录仪。

此外，还配装了72-13000-003烟雾探测器、10-0055-3应急照明、S9700CIAYYON防护用氧气瓶、MF1902防烟面罩、MHP23-00-0和37094-01手提灭火瓶等设备。

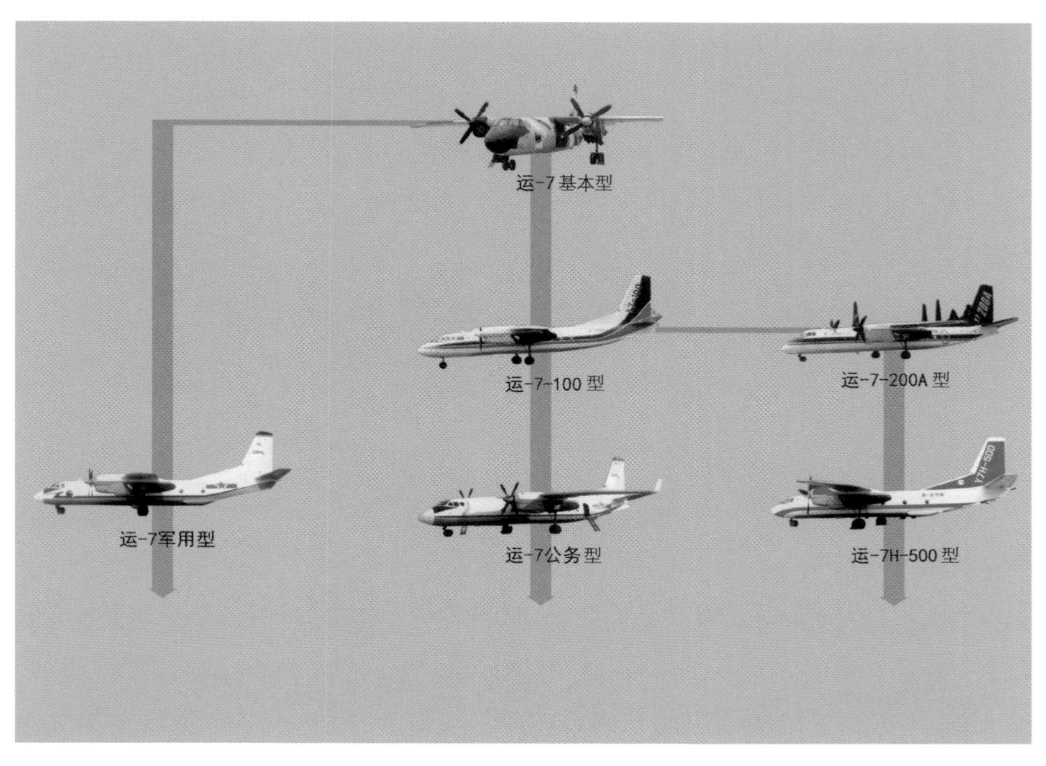

图 3-19　运 -7 系列飞机设计发展谱系图

第二节　运-8系列运输机

一、历史背景

运-8系列运输机是四发涡轮螺旋桨中程运输机，由西飞1969年10月组建测绘设计队伍，自行测绘设计，1974年12月试制完成首架飞机，实现首次试飞成功。1976年8月完成转产至陕西飞机制造厂（现为中航工业陕西飞机工业〔集团〕有限公司，简称“陕飞”）继续研制生产。后经过陕飞的不断改进和发展，运-8飞机形成了两大系列、三种平台、近30个品种的专业机群，累计生产飞机100余架，为国防建设和国民经济的发展做出了重要贡献。

作为一款中型多用途军用运输机，运-8军用型运输机主要用于空运人员、装备、物资，空投物资，空降伞兵和救护伤员，能空运武装士兵96名或空降伞兵82名，装担架后可同时运送重伤员60名、轻伤员20名和医护人员3名，也可用作民用货机。

中华人民共和国成立后，中国人民解放军空军运输部队陆续建立，但使用的主

图3-20　运-8军用型运输机

要装备仍是老式的美制C–47、C–46运输机和从苏联购买的里–2、伊尔–12和伊尔–14运输机，这些运输机不能满足部队的训练和作战要求，也不能适应民用运输和抢险救灾的需要。于是，发展大中型运输机被列为“三五”计划中航空工业发展的重要目标。1966年，用于满足空军基本战略需求的轰–6飞机的部装工作基本结束，西飞设计人员希望在配合轰–6飞机试生产的同时，能再开展新机种的研制工作，为此于1966年11月11日在设计科成立新机摸底研究小组。

该小组于1967年8月走访了领导机关与部队，了解了我国运输机当时的状况和各方对运输机方面的要求。根据走访获得的反馈意见，设计人员提出两种设计方案。第一种方案：以苏制安–12飞机为原型机，并根据部队使用安–12飞机过程中发现的问题做若干改进。第二种方案：以美国C–141军用运输机为参考样机进行新飞机设计。

1967年7月14日，在北京召开了新型军用运输机方案审议会，第三机械工业部、国防部第六研究院（航空研究院，简称“六院”）等单位的领导和专家参加会议。与会者对西飞提出的两种设计方案认真地分析、讨论，各方认为第一种设计方案符合我国的实际情况，能在较短的时间内研制、生产出军用运输机。

1968年12月，航空工业部提出：运输机大、中、小型都要发展，并以发展中型为主，大型运输机参照并改进安–12Б 大型军用运输机。建议定点在西飞，立即着手资料测绘工作，争取1971年前后装备部队。命名为“运输8型飞机”，简称“运–8飞机”。

图3–21　作为运–8飞机参考原型的安–12Б

西飞于1969年3月8日开始运–8飞机的测绘制造工作。最初测绘设计人员仅有30多人，同年10月组成了一支570人的设计队伍。由西飞设计科副科长马凤山任组长，李寿生、王春盛任副组长，成员有郭效民、薛英林、陈秉衡。此外，由西飞的郑作棣、唐秉巽和李志鸣三人负责总的技术协调工作。

1969年10月，测绘设计全面展开。1970年2月，航空工业领导小组决定，抛弃不可实现的设计指标，一切从实际出发，对测绘设计方案进行了认真复查。经复查，共发现127项不符合原样机状态的问题，确定56项恢复样机原状态，如原测绘设计方案中，将机翼改为平直机翼，取消上反角；机翼延长0.5～1.0 m；机身改为气密舱；机身后门改成货桥；机身侧门移至13框；缩小油箱舱；重新设计垂直尾翼等。另外71项更改，按规定履行审批手续后继续采用。其中主要的改进项目为：改用轰–6飞机机头罩和尾炮塔，将机身加长921.5 mm；氧源由液态氧改为气态氧；厚壁油箱改为薄壁油箱；采用国内研制的机载导航设备。

1970年4月，根据第三机械工业部在北京召开的运–8飞机空投设备专业会议，决定将运–8飞机的空投方式由安–12Б飞机的传送带式改为滚棒式，并进行了设计和试验，改装历时100天，后由空降成功进行了空投卡车试验。这是运–8飞机测绘设计上的一大改进。

至1972年2月，设计人员用两年多时间完成了全机测绘设计，发出了全套图纸达85 314标准页、技术文件162份和大量的计算报告。5月，西飞上报了运–8飞机的设计总方案；6月展开零组件、工艺装备全面试制；9月完成全机零件制造并转入部件装配；12月10日首架原型机总装完毕。1974年12月25日上午，运–8首飞取得成功。

在1971年至1974年约三年的时间内，西飞共完成运–8飞机零件样板25 469块、夹具样板1 361块、设计工艺装备图纸超过80 000标准页、制造工艺装备12 915项；各类工艺规程十万多标准页；编制各类工艺标准通用、专用文件933份；零组件单机数量达39 450项，生产三架份零组件共计约12万项。

20世纪60年代，航空工业局在建设贵州011基地的同时，从1964年开始了规

图 3–22　运 –8 飞机总装车间

划、踏勘和筹建地处陕南的 012 基地（现中航工业汉中航空工业〔集团〕有限公司），后来成为运 –8 系列飞机的研制和生产基地。

按照航空工业总体生产布局，航空工业领导小组决定，运 –8 飞机测绘试制由西飞负责，试制后转交 012 基地陕西飞机制造厂生产，作为 012 基地第一代生产品种。

1972 年 12 月，第三机械工业部下达了运 –8 飞机试制转厂的决定，确定西飞试制成功第一架飞机后即开始转厂，由陕西飞机制造厂继续试制。从 1973 年 12 月开始至 1976 年 3 月，经历两年零四个月完成了转厂工作，共用火车车皮 111 节，汽车 56 辆次，超过 1 000 人参加转厂。

1973 年 12 月，西飞开始将 0002 号和 0003 号两架原型机的散装件以及运 –8 飞机的全部技术资料和为运 –8 飞机专制的部分工艺装备等转至 012 基地，由陕西飞机制造厂继续试制之前，运 –8 飞机起落架已开始在汉中起落架厂试制。

运 –8 飞机设计定型前，共进行了全机静力试验、全机共振试验、起落架落震试验、操纵系统刚度试验、风挡玻璃鸟撞试验、导航系统地面联试、空中和地面氧气系统试验、地面空调系统试验、空投试验等 100 余项试验，并先后进行风洞吹风试验 6 000 余次，其中校核性的低速风洞试验 3 792 次，压力分布风洞试验 63 次。为考验产品设计，在设计定型之后还进行了空调系统地面模拟试验，中性气体、灭火系统地面试验等飞机系统和特种设备的工作性能试验，以及零组件的静力试验、重要受力构件的疲劳试验等 20 余项。

1977 年 7 月，航空军工产品定型委员会向常规装备发展领导小组请示运 -8 飞机设计定型先装用进口螺旋桨、涡轮冷却器，用氧时间指标按 3 h 10 min，尾炮备弹量改为 730 发，装载车辆按解放牌、跃进牌汽车各一辆的装载方案等技术状态。1977 年 8 月，总参谋部、国防工业办公室同意航空军工产品定型委员会的请示内容。

1979 年 4 月至 9 月，进行了运 -8 飞机设计定型试飞。性能试飞进行了气动修正量、爬升性能和升限、最大平飞速度、航程和续航性能、起飞着陆性能、飞机的操纵性和稳定性、小速度特性及强度检查等，共飞 66 架次、100 h 41 min。

试飞结果表明，飞机的操纵性、稳定性基本符合有关规范要求，与安 -12Б 飞机相近。结构强度符合设计要求。但是，除起飞着陆性能与安 -12Б 飞机相近外，其他性能均低于战术技术要求。最大平飞速度，发动机额定状态低 5.8%，发动机最大状态低 4.8%；升限低 7% ～ 8%；海平面爬升率低 9.9%（起飞质量为 51 000 kg）和 4.2%(起飞质量为 54 000 kg)；航程短 4.5%（起飞质量为 61 000 kg，载货 2 670 kg）。

1979 年 9 月 17 日，航空军工产品定型委员会派出技术鉴定小组到 012 基地，对运 -8 飞机设计定型进行审查鉴定。鉴定小组认为，运 -8 飞机的测绘设计基本是

图 3-23　改装轰 -6 机头罩的运 -8 飞机

成功的，系统工作正常，结构强度合格，除少数成品尚未定型和质量不稳定影响飞机使用外，可以保证安全使用。存在的主要问题是：飞机的主要战术技术指标，除起飞着陆性能外，其余性能均低于常规装备发展领导小组批复的运 –8 飞机的主要战术技术要求的指标，208 项专用成品中有 15 项尚未定型，其中一类产品有四项；配套成品故障较多，制造质量不稳定，主要有 WL–7 无线电罗盘、DPL–1 导航雷达、HZX–1 航向姿态系统、WDZ–1 发电装置、HAL–2 航行雷达、KJ–6 自动驾驶仪、HL–3 自动领航仪等；此外还有图纸资料尚不完善、飞机总寿命未给出等。小组对飞机定型问题看法有分歧，未能取得一致意见。

1980 年 1 月 15 日，根据运 –8 飞机存在问题的解决情况，航空军工产品定型委员会主任委员曹里怀主持召开航空军工产品定型委员会会议，专门研究运 –8 飞机设计定型问题。会议建议批准运 –8 飞机设计定型，对飞机性能（除起飞着陆性能）未达到规定指标问题，要求工厂更换性能好的发动机重新补充试飞，务必使飞机出厂时能达到指标要求。对涡轮启动发电装置，按第三机械工业部要求重新试制后，应于 1980 年完成定型，未定型前暂按四分之一寿命出厂使用，定型后由工厂负责更换。航行高度为 5 000 m 时，距离 40 km 以内的雷达影像不清晰；高度为 2 500 m 时，距离 50 km 以内的雷达影像有暗环的问题，限设计定型前解决。对其他未尽事宜，

图 3–24　交付部队进行使用测试的运 –8 原型机

航空军工产品定型委员会同意按技术鉴定小组提出的处理意见和建议，限期解决。

1980 年年初，国务院、中央军委常规军工产品定型委员会批准运 –8 飞机设计定型并投入批量生产。1980 年 3 月，首批两架运 –8 飞机正式交付用户使用。

二、经典设计

1987 年年初，航空工业部上报国防科学技术工业委员会，提出气密舱是决定运 –8 飞机生存的一大关键，不仅限制了运 –8 飞机的使用范围，而且影响了运 –8 飞机的系列发展，建议请国防科学技术工业委员会领导出面主持召开会议，共同商议决策。2 月，国防科学技术工业委员会科技委员会副主任叶正大在北京主持召集国家计划委员会、国家经济委员会、总参谋部、空军、海军、航空工业部的领导同志专门研究了运 –8 飞机的改进问题，要求陕西飞机制造厂进一步完善研制总方案。

此后，陕西飞机制造厂对运 –8 飞机进行了模型吹风试验，完成了飞机飞行品质、外载荷、应力、重力重心等计算，操纵特性、关键部件疲劳断裂分析，并对整机结构进行了全面复查，进行图样设计。

1987 年，陕西飞机制造厂上报了运 –8 气密型飞机的设计总方案。国家计划委

图 3–25　运 –8 气密型飞机

图 3-26　准备实施空投的运 -8 气密型飞机

员会、国家经济委员会、总参谋部、国防科学技术工业委员会同意对运 -8 飞机进行改进，改进的重点是机舱改为气密舱和后门改为下放式货桥大门，改进工作要考虑经济性，兼顾军民两用和客货两用。

此后，中国航空技术进出口公司在美国洛克希德公司的帮助下对项目进行了深化设计，并提出了 50 余条改进建议。设计组在外方的支持下进行了详细设计，完成了专用零部件图样设计，编制了技术文件等资料。

运 -8 气密型飞机的整个设计过程历时五年，至 1992 年年底，航空军工产品定型委员会办公室在汉中主持召开了运 -8 气密型飞机设计定型审查会，12 月 29 日通过审查。审查结论认为，运 -8 气密型飞机的主要战术技术性能和技术状态已达到上级批准的指标要求，符合设计定型标准，建议航空军工产品定型委员会批准运 -8 气

图 3-27　运 -8 气密型飞机驾驶舱仪表板

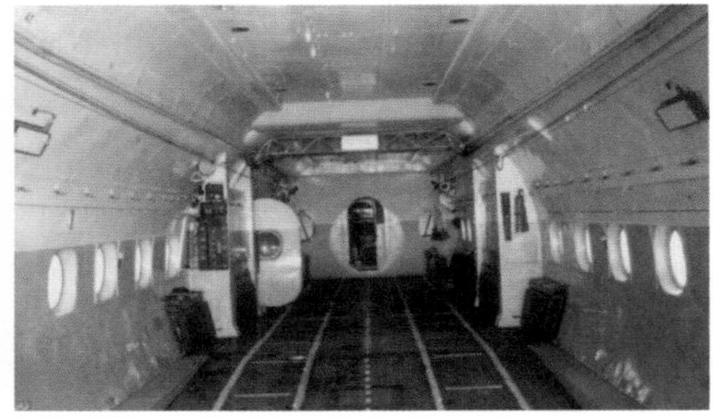

图 3-28　运 -8 气密型飞机货舱

密型飞机设计定型。审查组要求研制单位按新的规范完善货运系统侧导轨及锁机构的设计和试验，抓紧进行疲劳试验的准备工作，争取在“八五”期间完成该项试验。

1993 年年初，航空军工产品定型委员会批准运 -8 气密型飞机设计定型。同年 7 月 29 日，首架运 -8 气密型飞机交付部队使用。

三、工艺技术

运 -8 飞机为全金属半硬壳式结构，17 至 33 框截面为圆形，17 框前为不规则形状，33 框后为扁椭圆形。分前、中、后、尾四段，由 68 个隔框、110 根长桁与梁和蒙皮组成。前段又分为两部分，前半部是空勤组和乘员密封舱，配有正副驾驶员、领航员、通信员和空中机械师座席，乘员及尾炮射击员共 6 人；后半部为可乘坐 14 名随机人员的押运舱。机头罩用有机玻璃制成，由于改进了机头罩，机身加长，领航员舱容积增大，机头明显细长。整个前段为密封舱，中段为非密封货舱，地板下有

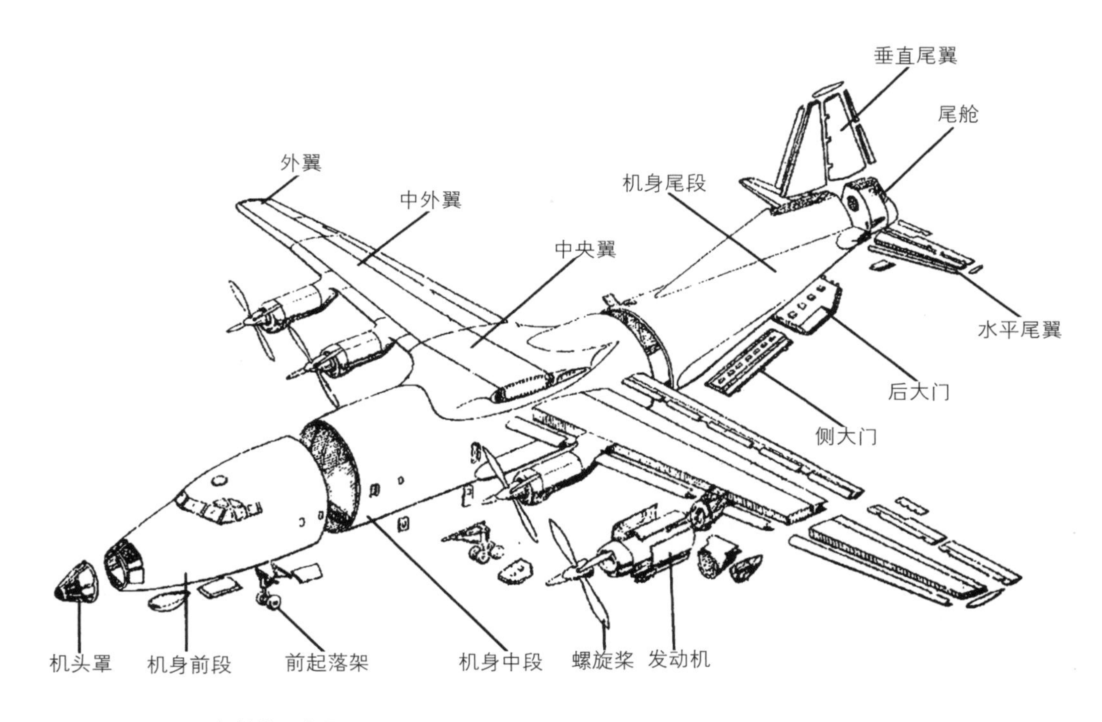

图 3–29　运 –8 飞机结构示意图

图 3-30 执行重装空投任务的运 -8 气密型飞机，用地面货台将装甲车辆装机

前后副油箱舱。货舱上部备有一台 2.3 t 起重吊车，便于装卸货物，货舱总容积为 123.3 m^3。后段的前部是货舱大门，后部与尾翼相连。后段也为密封舱，没有射击员密封舱。

机翼为海鸥形平直梯形张臂式上单翼，双梁箱式结构。翼剖面为低阻层流翼形，在不大的阻力下，有很好的升力特性，以保证大攻角时有较好的稳定性和操纵性。机翼由中央翼、中外翼和外翼三部分组成。机翼安装角为 4°，中外翼有 1° 上反角（相对于中央翼），外翼则有 3° 下反角（相对于中外翼），使飞机在颠簸气流中仍有良好的动态品质。增升装置采用双缝式后退襟翼，外侧为差动式副翼。中央翼前后梁之间设置 4 个软油箱，中外翼前后梁之间设置 22 个软油箱，外翼内部为结构整体油箱。

尾翼为通常的梯形尾翼，舵面均为手动操纵，但有较大的轴式补偿和调整片，以及随动补偿片。

起落架为前三点可收放式布局。主起落架为四轮小车式，分左右两组，每轮各装有液压刹车和自动起落架刹车装置，起飞后向内侧收入机身主起落架舱内。前起落架为双轮式，不带刹车，起飞后可向后收入前起落架舱内。可用手操纵转弯或蹬舵操纵纠偏，可左右旋转 35°。10 个机轮均为低压轮胎，可在简易机场、草地、雪地和砾石地起降。

运 -8 飞机装有 4 台涡桨 6 型涡轮螺旋桨发动机，配用可自动顺桨、自动变距的 J17-G13 型空气螺旋桨。单台最大功率约为 3 126 kW。每台发动机都有独立短路闭合式循环滑油系统；为使发动机滑油保持在最佳范围，机上装有滑油温度自动调节

图 3–31　正在进行空中停车试验（右外发动机已停转）的运 –8 飞机

系统；热滑油从发动机流出，经散热器散热后再进入发动机。燃油系统由供油系统、压力加油系统和通气系统组成，自动控制系统按一定的耗油顺序自动供油。发动机可由地面供电启动，也可用机上涡轮启动发电装置 WDZ–1 供电启动。

运 –8 飞机用于运送物资时，通过货桥进行装机。车辆可自行驶入货舱。机上装有两台电动绞车，单台拉力为 15 t，可将大型货物拖入货舱。中小型货物可用机上的 2.3 t 梁式吊车放置到货舱内任意位置。解放牌卡车可由随机货桥直驶入货舱（同时可装两辆）。货舱地板上设有系留装置，保证装机货物在飞行中不发生相对位移。用于空投时，可空投 1 m、2 m、4 m 及 6 m 规格的空投平台，空投单件最大质量为 7.4 t（可空投两件，总质量不超过 13 200 kg），机上设有滚棒装置和侧导轨，可将

图 3–32　正在空运伞兵的运 –8 飞机

空投平台在6 s内一次投出或分批投出。用于运送人员时，货舱内可迅速装上伞兵座椅，可乘坐全副武装的士兵96名，机上还设有跳伞钢索等空降设备，一次可空降伞兵82名。如用于运送伤员，货舱内可安装60副担架床，一次可转运重伤员60名，轻伤员20名，还可随乘3名医护人员。

四、产品记忆

运–8飞机的试制组组长是陕飞的徐培麟，江苏苏州人，1925年3月25日出生。青少年时期由于连年战乱，饱受颠沛流离之苦，从小养成勤奋学习、靠能力谋生的习惯。1949年年初，徐培麟工作的南京空军配件总厂被解放军华东军区接管后改为空军22厂，他也由此正式参加革命工作。

由于工厂百废待兴，徐培麟积极地参加了重建工作，修复机床设备，被任命为工厂主任、代理股长。1952年，刚刚起步的中国航空工业进行调整，空军22厂合并到南昌飞机制造厂。从南京到南昌，当时交通不便，设备搬运非常困难，徐培麟与一线工人一起冒雨挥汗，被记一等功。

在空军22厂合并到南昌飞机制造厂后，徐培麟历任工装设计科副科长、工艺科科长、试制车间技术副主任、副总工艺师等职。他参加了雅克–18和安–2飞机的参照设计工作，在雅克–18的参照设计中荣立一等功。1958年9月，他被调到航空工艺研究所工作，任飞机工艺研究室第一副主任，六级工程师。1974年1月他被调到陕飞任副总工程师、运–8飞机试制领导小组组长。在徐培麟的组织和技术指导下，运–8飞机的试制顺利进行并最终成功。运–8飞机的研制在1985年获得国家科学技术进步一等奖，徐培麟荣立国防科学技术工业委员会一等功。

徐培麟带领广大科技人员经过反复论证，提出在运–8飞机多用途上下功夫，走改进、改型之路，充分挖掘运–8飞机的潜力，以满足军、民两方面的各种用途。1983年2月，他组织运–8海上巡逻侦察机的研制，1985年批量交付部队，填补了我国海上巡逻侦察机的空白，获得国家科学技术进步二等奖。不久，由徐培麟担任总设计师，又研制成功运 –8A 型“黑鹰”直升机载机，获得航空工业部科学技术进步三等奖。

1986 年，航空工业部任命徐培麟为运 –8 气密型飞机总设计师。针对研制中气密机身设计、机身后大门改进设计、空调系统重新设计、机载设备、新材料的应用、全尺寸疲劳试验等主要技术难题，徐培麟带领广大科技人员以科学的态度、严谨的作风勤奋地工作，先后完成理论计算、大门运动轨迹计算和气密大口框等设计方案。将原来前部两扇内开式大门改为一扇下开式大门，且兼做货桥。实践证明，设计非常成功。运 –8 气密型飞机 1986 年立项设计，1990 年 12 月首飞，1993 年完成设计定型并批量交付部队，荣获国家科学技术进步二等奖，徐培麟荣立部级一等功，被授予国家级有突出贡献科学技术专家的称号。

五、系列产品

1. 运 –8A“黑鹰”直升机载机

运 –8A“黑鹰”直升机载机是运载“黑鹰”直升机的专用运输机，用以完成“黑鹰”直升机的空运转场，使“黑鹰”直升机能够进出西藏。

1984 年，我国购进了“黑鹰”直升机，该机由于航程短、升限不够，直接进出西藏困难。为将“黑鹰”直升机运往高原边远地区使用或返回内地检修，需配套装备一种载机。1984 年 2 月，总参装备部向航空工业部提出进行将运 –8 飞机改装为“黑鹰”直升机载机可行性论证的要求，航空工业部即组织陕飞进行了调研和装载可行性论证。3 月，工厂设计所根据保利公司提供的三面图制作了“黑鹰”直升机全尺寸 1∶1 木质样机，4 月 16 日在运 –8 飞机上进行装卸试验，证明运 –8 飞机改装成“黑鹰”直升机载机是可行的。6 月至 7 月，运 –8 飞机两次进藏试航，证明性能可以满足高原飞行的要求。1985 年 4 月 8 日，总参谋部同意“改装两架，第一架争取今年底或明年初交付。空运‘黑鹰’进藏作为鉴定试飞的一项内容和验收的技术条件之一”。6 月 13 日，航空工业部正式下达运 –8 载机型飞机改装设计任务，命名为运 –8A 飞机。

图 3–33　正在进行装载的运 –8A 飞机

首架运 –8A 飞机于 1984 年 10 月开始研制。1985 年 2 月，陕飞开始进行改装设计；3 月至 5 月，在以前论证、计算、试验验证的基础上，完成了设计工作，共发出改装设计图纸 4 307 标准页，专用技术文件 3 份。

1985 年 11 月 11 日，第一架运 –8A 飞机完成总装，并进行了首次试飞。同年 12 月 3 日，运 –8A 飞机在北京沙河机场首次装载“黑鹰”直升机试装试验和试飞成功；12 月 13 日，首次运载“黑鹰”直升机进藏试飞；15 日，第二次运载“黑鹰”直升机进藏试飞。至 12 月 20 日，共飞行 21 架次、31 h 21 min。试飞结果表明，载机性能良好，达到了总参谋部的要求。12 月 27 日，运 –8A 飞机通过了改装设计技术鉴定。1986 年 1 月 6 日，第一架运 –8A 飞机交付部队使用。第二架于 1986 年 8 月 13 日完成夏季运载“黑鹰”直升机进藏任务。运 –8A 通过冬、夏两次进藏试飞验证，具有运载“黑鹰”直升机无季节限制进出西藏的能力，并且做到中途不降落，西藏不加油。

部队本来计划购进美国 C–130 飞机来作为“黑鹰”直升机的载机，陕飞集中力量，在短时期内成功研制运 –8A 飞机，不但为国家节约了外汇，也进一步证明了运 –8 飞机具有广阔的发展潜力。

1986 年，首批两架运 –8A“黑鹰”直升机载机交付空军部队服役。运 –8A“黑鹰”直升机载机外形、气动参数、使用性能等同于运 –8 飞机。货舱较基本型有较大的改变，货舱 31 至 43 框的非受力锥形顶棚上移 120 mm，使中央翼后的货舱高由 2.6 m

改为 2.72 m；31 至 43 框装饰板上方操纵钢索、特种设备（无线电罗盘 I、Ⅱ号接收机，垂直天线，自动驾驶仪的中心垂直陀螺，加速度传感器及电缆等）移位安装；货舱大门由两扇内开式侧大门改为向下打开兼做货桥的整体大门，新设计了盒式货桥和辅助货桥，使货舱有效长度增加 3.5 m，可装进 17 m 长的货物，大门兼货桥可通过有轮胎的重物 12 t，有履带的重物 16 t，货桥大门上还可安装滚棒装置，以利于集装箱和装货平台装卸。货桥大门收放为液压操纵，锁紧牢靠，启闭方便，具有承受气动载荷的能力；机身尾段侧大梁、货舱地板做了更改加强，尾舱改为非气密尾锥；设计了舱内运载固定结构和系留方式；更改设计了收放货舱大门的液压、电气系统和锁机构及其操纵系统，增加了冷气应急放起落架系统；取消了机内吊车、吊车梁，空投、空降、尾炮塔系统，货舱内生活设施（氧气、座椅、担架、保温水箱等），尾舱应急舱门液压、冷气操纵系统，彩标弹舱门的液压操纵，手提灭火瓶以及尾舱内电气、仪表、无线电等设备。空机质量比运 –8 飞机减轻 800 kg。

“黑鹰”直升机在载机上装卸比较方便，机身可以直接推进货舱，4 片主旋翼、桨毂、全动平尾等运载时拆下来有固定托架存放。运 –8A“黑鹰”直升机载机主要配套设备同运 –8 飞机，因取消了尾炮系统，由 6 人体制改为 5 人体制。

该机型的成功研制，结束了我国设计、制造的飞机不能装运直升机的历史，填补了我国航空工业史上的一项空白。

2. 运 –8B 民用型飞机

1985 年，根据北京腾龙货运航空公司的订货要求，运 –8 飞机改型成民用飞机，即运 –8B 民用型飞机，于 1986 年开始交付使用。

运 –8B 民用型飞机的改型工作量比较大，取消了尾炮等机载军械设备、照相设备、彩标弹系统、空降系统（但保留了空投设备）、担架设备、敌我识别器、护尾器、γ 射线仪、装甲钢板；并按民机要求加装了相应设备；重新设计尾舱结构，押运舱重新布局并增设沙发和工作桌；另外还改善了驾驶舱工作条件，对货舱内货物的安放及固定形式做了相应的改进。运 –8B 民用型飞机比基本型空机质量减少 1 720 kg，可以增加货物或增大航程。

图 3-34　运 -8B 民用型飞机

运 -8B 民用型飞机的使用经济性，按照 20 世纪 80 年代初的物价基础经过计算和分析，其结果是：每小时的直接成本为 3 175 元，每小时的经营成本为 4 233 元，包机利润为 51%。按照民航 1983 年公布的航线图规定的飞行高度，计算运 -8B 民用型飞机飞行于北京、上海、广州、成都、兰州管理局内的 100 条航线的每吨每千米的经营成本、营业价和货运利润，其结果是，100 条航线每吨每千米的营业价为 0.715 元，每吨每千米的平均经营成本为 0.599 元，货运平均利润为 13.7%。运 -8B 民用型飞机的最佳使用状态为航程 800 ～ 1 200 km，使飞机满载而且处于最佳航程上飞行，就可获得更大的经济效益。 运 -8B 民用型飞机于 1993 年通过中国民用航空总局的适航鉴定。

3．运 -8D Ⅱ出口型飞机

运 -8D Ⅱ出口型飞机是在运 -8 原型机的基础上按照国外用户的要求，改装部分航电设备而成的出口型民用飞机。主要采用的先进设备有：飞行指引系统、大气数据系统、近距导航和着陆系统、比较告警系统、TDR-90 空中交通管制应答机、VHF22B 超高频电台、MHRS 磁航向基准系统、垂直陀螺、P-400 彩色气象雷达、LTN-311 奥米加 / 甚低频全球导航系统、KHF950 高频通信系统、飞行记录仪、座舱音频记录器等。

运 -8D Ⅱ出口型飞机主要换装和增装了先进的通信、导航、雷达设备，使其电子设备达到了 20 世纪 80 年代末期的国际水平，符合全球各地机场和空中管制通用标准，具有全球飞行能力。

图 3–35　运 –8D Ⅱ出口型飞机

1986年4月,运–8D Ⅱ出口型飞机在北京航展上展出,吸引了许多外国客人参观,以其宽敞的机舱、较大的装载量赢得了航空界的广泛称赞。7 月 11 日，中国航空技术进出口总公司与斯里兰卡政府在科伦坡正式签订了出售两架运 –8D Ⅱ出口型飞机的协议。陕飞于 1987 年 8 月完成飞机改装和斯里兰卡空、地勤人员的培训。11 月 18 日，首架运 –8D Ⅱ出口型飞机正式签字交付，并由昆明飞往斯里兰卡，揭开了我国中程中型运输机飞往国外的第一页。15 天后，第二架飞机正式交付。

4. 运 –8F 民用货机

改革开放的浪潮加快了新疆向西开放的步伐，肉用活羊向阿拉伯国家出口很有市场前景，但没有运输工具，仅租用巴基斯坦航空公司的飞机运过两次。根据时任国务院总理李鹏的指示，航空航天工业部决定研制运 –8F 民用货机，用于运输出口活羊。运 –8F 民用货机加装了供氧设备和活动式可运装活绵羊的铝合金羊笼，可装运 500 ～ 800 只活绵羊。该机连续进行了 3 次试飞，累计飞行 8 h 23 min，其中 9 000 m 高度飞行 1 h 45 min，状态良好。1988 年 11 月 19 日，181 号运 –8F 民用货机从陕西的城固机场起飞，装着羊笼，以 8 500 m 高度直飞乌鲁木齐。11 月 21 日，该机载 223 只活绵羊从乌鲁木齐飞往喀什机场，成功地进行了第一次装运试飞。

1989 年 5 月 12 日，中国民用飞机开发公司与陕飞在北京签订了购销运 –8F 民用货机的合同。1989 年 12 月，第一架运 –8F 民用货机交付使用。1993 年 12 月，运 –8F 型号合格证（TC）颁证发布会在人民大会堂举行，该型号是我国第一个取得型号合格证的货运飞机；1994 年 12 月取得生产许可证（PC）。设计定型后的运 –8F 民用货机一次可运 550 只活绵羊，其性能完全符合新疆至中东航线的要求。该型飞机的成功研制为运 –8 飞机开辟了一个新的应用领域，为我国内陆经济腾飞铺设了一条空中“丝绸之路”。

5. 运 –8F–100 邮政机

运 –8F–100 邮政机是我国民航使用的一种大型国产飞机。机上换装了部分电子设备，重新设计了货运系统，并首次按中国民用航空规章第 25 部《运输类飞机适航标准》的适航要求进行全面改装。该机采用彩色气象雷达、空中交通管制系统、飞行仪表系统、伏尔仪表着陆系统、测距器、全球卫星定位导航系统、飞行数据记录仪、高频和甚高频通信电台等设备，使其在复杂、恶劣气象条件下的安全飞行能力有质的飞跃。该机货舱宽敞，宽 3 ～ 3.5 m，高 2.2 ～ 2.6 m，长 15.7 m，可运送 19 m 的超长货物。运载标准集装箱时，可以采用三种布局：4 块 224 cm × 274 cm 或 8 块 224 cm × 137 cm；3 块 244 cm × 318 cm 或 3 块 224 cm × 318 cm；1 块 224 cm × 318 cm 及 1 块 224 cm × 137 cm。货桥式大门在装卸货物时与地面的夹角为

图 3–36　运 –8F–100 邮政机

16.5°，可保证机动车辆和牵引设备直接上下。也可将货桥式大门与地面装卸车对接，利用机上滚棒系统快速装卸货物或集装板。车辆能够利用辅助货桥直接从货桥式大门驶入货舱。货舱配有货运系留设备和货物拦阻网。

1995 年 7 月，运 –8F–100 邮政机取得了型号合格证，同年 11 月取得生产许可证。

1996 年 5 月，三架运 –8F–100 邮政机交付中国邮政航空公司，标志着运 –8 飞机首次进入国内民航领域。三架运 –8F–100 邮政机在三条航线上稳定运营，日利用率和年飞行时间在全国运 –8 飞机用户中是最高的。平均可用率连续保持在 90% 以上。2001 年 6 月 8 日，又有两架运 –8F–100 邮政机交付中国邮政航空公司。

6. 运 –8F–200 民用型飞机

运 –8F–200 民用型飞机是在运 –8F–100 邮政机基础上研制改进的全气密民用货机。改进后的气密货舱利于鲜活货物的安全运输，货桥式大门更便于机动车辆的驶入以及货物装卸，可装运 4 块 244 cm × 318 cm 或 224 cm × 318 cm 标准集装板。该型飞机于 1997 年 7 月取得型号合格证和生产许可证。运 –8F–200 民用型飞机在战时可用于军事领域，具有良好的空运、空投能力，可将大型武器装备及其他军用物资在数小时之内运往前线，而且全气密座舱有利于空降兵在恶劣气候条件下进行远距离作战。

图 3–37　运 –8F–200 民用型飞机

7. 运 –8F–400 3 人体制民用型飞机

运 –8F–400 3 人体制民用型飞机是在运 –8F–200 民用型飞机的基础上，针对市场及用户需求改型设计的。运 –8F–400 3 人体制民用型飞机改变了原有的 5 人驾驶体制，采用了更先进的 3 人驾驶体制。飞机的空重减轻了 600 kg。该型飞机安装了美国霍尼韦尔公司生产的先进的综合显示系统和通信、导航、仪表、雷达等电子设备，满足中国民用航空规章第 25 部《运输类飞机适航标准》和第 121 部《大型公共航空运输承运人合格审定规则》。运 –8F–400 3 人体制民用型飞机主要用于货运，可空运散装、集装货物，最大商载 15 t。货舱可运载 A 型或 M 型国际标准集装板 4 块，可装运长达 19 m 的超长货物。货舱为气密舱，可远距离、长时间运输各种鲜活货物。机组人员可利用一台机内手动梁式吊车进行散装货物的装卸或搬动，吊车最大起重量为 1 000 kg，可实现散装货物的装卸和在舱内移动。货桥式大门可兼做货桥，在地面装卸货物时，机动车辆和牵引设备可直接上下；也可将货桥式大门与地面装卸车对接，利用机上滚棒系统快速装卸货物或集装板。

图 3–38 运 –8F–400 3 人体制民用型飞机

运 -8F-400 3 人体制民用型飞机于 2001 年 8 月 25 日进行了首飞。2002 年 11 月 4 日，在中国珠海举办的第四届国际航空航天博览会上，中国民用航空总局向陕飞颁发了运 -8F-400 3 人体制民用型飞机的型号合格证。2003 年，运 -8F-400 3 人体制民用型飞机获得“2003 年国防科学技术武器装备铜奖”。

图 3-39　运 -8 系列飞机设计发展谱系图

第三节　运-10大型客机

一、历史背景

运 -10 飞机是一种四发大型远程喷气式客机，也是我国第一架自行设计、自行制造的大型客机。该机由上海飞机设计研究所设计，上海飞机制造厂（简称“上飞”）制造。

中华人民共和国成立以来，我国航空工业有了很大的发展。由于国内形势的需要，长期以来发展的重点放在军用飞机上，民用飞机起步较晚，20 世纪 70 年代以前，国内航线基本上没有使用过国产飞机，民用飞机的研制还没有走出自己的路子。

随着国民经济的发展，民用飞机的研制得到党和国家领导人的关心和支持。

1970 年 7 月 28 日，空军航空工业领导小组召开紧急会议，向第三机械工业部

图 3-40　停放在上海大场机场的运 -10 飞机

传达了上海要造飞机的指示，飞机的类型由第三机械工业部与上海联系决定。经过多部门与地方的商讨与协调，最终决定直接上马大飞机项目。

1970 年 7 月 29 日，第三机械工业部召开大型客机的预备会议：由第三机械工业部技术组负责人刘增敏主持，西飞马凤山、郑作棣、赵国强，成都发动机厂姜爕生、殷纪良，第三机械工业部技术组袁振孚，航空研究院科研部马承林等参加了会议。会议根据核心组意见，并经过讨论，归纳了 8 条设计原则，即对大型客机的技术要求：载客 100 人左右；在轰 –6 的基础上改进，不重新设计，也不进行大改；采用美国 JT3D–3B 或英国罗 · 罗公司“斯贝”511 发动机 3 ～ 4 台；最大航程为 5 000 km 左右;飞行高度在10 000 m左右;最大飞行速度在900 km/h左右;在复杂气候条件下，不论昼间、夜间均能飞行；飞机外形要美观。

1970 年 7 月 30 日，西飞马凤山应部紧急电报要求抵京，根据 29 日会议的要求，亲自指导，连夜突击制订了三个候选方案。7 月 31 日，第三机械工业部召开大型客机方案讨论会。会议由刘增敏主持，出席会议的有中央军委工业办公室、第三机械工业部“革委会”和西飞的设计人员。会上军委代表传达了中央关于研制项目的指示，其主要内容包括基于上海的工业能力论证项目实现的可能性与研发周期；飞机要求造型美观，更要具备军民两用的通用性。在这些要求的基础上，马凤山作为设计负责人介绍了研发小组设想的三个初步方案：（1）飞机拟采用轰 –6 翼型，机身参考英国“三叉戟”客机，3 台发动机尾吊；（2）用 4 台发动机尾吊；（3）用 4 台发动机翼吊。

经过讨论，与会各方均倾向于第一方案，要求西飞进一步做好准备。会议决定，成立第三机械工业部航空研究院大型喷气式客机工作组，由马凤山任组长，组员有姜爕生、赵国强、张家顺、袁振孚、徐福荣等 10 余人。

1970 年 8 月 2 日，在空军司令部由马凤山向航空工业领导小组汇报了初步方案并得到批准；8 月 27 日，国家计划委员会、军委国防工业领导小组向上海市正式下达了试制生产大型运输机的任务。技术业务由航空工业部归口，称为“708 工程”，代号“运 –10”。

9 月 14 日，第三机械工业部方案组在上海市康平路向上海市“革委会”常委做了汇报。会议原则同意第一方案，并确定飞机总装在上飞。发动机制造在上海汽车附件一厂，起落架制造在上海航空电器厂，雷达制造在上海无线电二厂。首批支援上海的西飞 70 人、空军第一研究所 20 人、特种飞机研究所 20 人，百余名技术人员于 9 月底抵沪，并建立起名为 708 工程设计组的设计团队，由上飞领导。第三机械工业部指定郑作棣在马凤山出国期间任设计组技术负责人。从 1971 年开始，还先后从 603 所抽调 179 名人员支援上海 708 工程（工作一段时间之后，除少数人回所外，143 名技术人员被调入上海工作）。708 工程设计组于 1973 年 12 月改为上海市 708 设计院，1978 年 10 月 1 日更名为上海飞机设计所。

运 –10 飞机的研制是以上海飞机设计所和上飞为主进行的，承担研制任务，全国十几个部委所属近 300 个厂、所、院校和部队等单位参加协作。

二、经典设计

运–10飞机初步确定的第一方案，即“轰–6改”方案。其主要缺点就是保留轰–6的机翼，飞机气动设计并不能满足客机对最大飞行速度和航程的要求。军队代表曾在1971年年初的一次会议上对设计组的第一方案提出了8条意见，主要是：重心太靠后；改机翼翼型，提高巡航速度；尾吊发动机有深失速问题；机翼上加阻尼器、扰流板等。然而，这些意见是基于军队已经装备的外国“三叉戟”飞机所提出的，就设计而言，这些意见有其合理性，但要在以轰–6为基础改制的运–10上实现，几乎不可能。

由于上级对飞机的技术要求不断提高，“轰 –6 改”方案已经不能满足要求。1971 年 3 月 5 日，马凤山向空军副司令员曹里怀、常乾坤等汇报了如果不改飞机总体方案，军队代表的 8 条意见就很难落实的问题，决定正式放弃“轰 –6 改”方案。马凤山决定改用翼吊 4 台 JT3D–3B（国产型号为涡扇 8，即 915 型）涡轮风扇发动机（单台静推力约为 80.07 kN）的总体设计方案。

图 3–41　最终运 –10 飞机并没有以轰 –6 为模板研制，而是参考了波音公司的设计

1971 年 4 月 19 日，曹里怀听取了马凤山关于翼吊四台 915 型发动机的方案汇报，强调了运 –10 飞机的四大设计指标，即巡航速度每小时 900 km 以上；升限 12 000 m 以上；起飞滑跑距离不大于 1 300 m，并明确将航程指标提高到 7 000 km。要求飞机安全可靠，舒适大方，具有我国民族风格，载客 100 人左右，是用于国际航线班机和中央首长出国专用的远程大型客机。曹里怀同意这一方案，并指示要用尖峰翼型。1971 年 5 月 14 日，航空工业领导小组在空军司令部听取 708 工程设计组汇报后，通过了翼吊四台 915 型发动机的运 –10 飞机新方案。5 月 20 日，设计组代表赴中国民用航空总局汇报新的设计方案也得到赞同。5 月 26 日，赴京汇报新方案的人员返沪后，708 工程设计组正式开始按新方案设计。实际上，设计组在 1971 年 4 月 19 日向曹里怀做了汇报后，就已着手按新方案进行高低速风洞试验的准备。

1972 年 1 月，708 工程设计组召开会议，经过分析，决定将前缘增升装置更改为内段采用克鲁格襟翼、外段采用开缝前缘襟翼，平尾改为反弯度翼型，副翼、升降舵改为调整片气动助力操纵，并随即在 4 m×3 m 风洞中进行了尾翼更改低速风洞试验来验证这些更改的合理性。

1972 年 4 月，运 –10 飞机的设计工作全面展开，设计组办公地点在龙华机场候机大楼内。8 月 5 日至 22 日，根据中央军委办公会议的指示，上海市和第三机械工

图 3–42　运 –10 飞机设计团队正在讨论设计方案

业部在上海召开由全国航空界知名的专家、教授参加的 708 工程总体设计方案会审会议，出席会议的有第三机械工业部副部长段子俊、科技局局长陈少中、民航上海管理局局长袁桃园、上海市“革委会”高崇智等领导。著名的航空专家有北京航空学院的王德荣、何庆芝教授，西北工业大学的黄玉珊教授，南京航空学院的张阿舟、丁锡洪教授，空军司令部科研部的朱宝鎏副部长，北京航空材料研究院的颜鸣皋总师，中国飞机强度研究所的冯仲越总师等。到会代表听取了设计组关于 708 工程总体设计方案的汇报。与会人员对总体设计方案分总体、气动、强度、结构、特设、系统 6 个部分进行了超过两个星期的审查，再一次从技术上肯定了运 –10 飞机的设计方案：“飞机设计的指导思想基本正确，总体设计方案基本可行，结构布置、系统设计和设备的采用基本合理，性能接近世界同类型飞机的水平，具有一定的先进性，经过努力是可以实现的。”同时又指出设计方案还存在一些问题：对弹性影响问题还没有开展工作；对调整片操纵的气动规律没有摸透；大迎角安全余度较小等。设计组根据会审意见，完善了设计方案。

1972 年 8 月，经上级审查批准，设计组计划第一批制造三架飞机，第一架用于静力试验，第二、第三架用于飞行试验。后来出于各种原因，最后只制造了 01、02 两架飞机。

1973 年年初开始工作图设计，进行高、低速风洞试验和强度计算，同年 6 月 27 日，

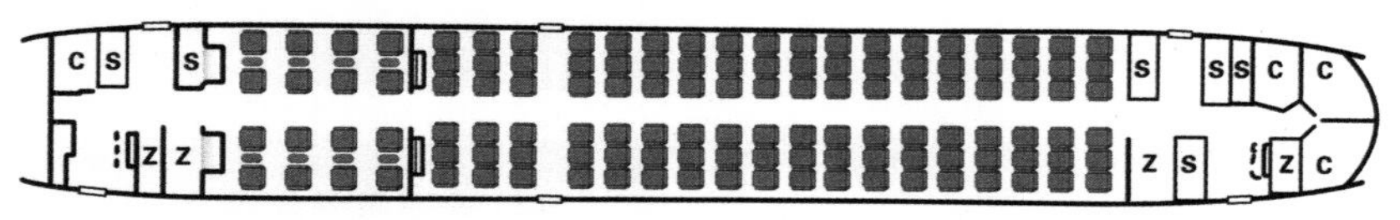

混合级布置：头等舱 16 座，排距 1.05 m；经济舱 108 座，排距 0.88 m

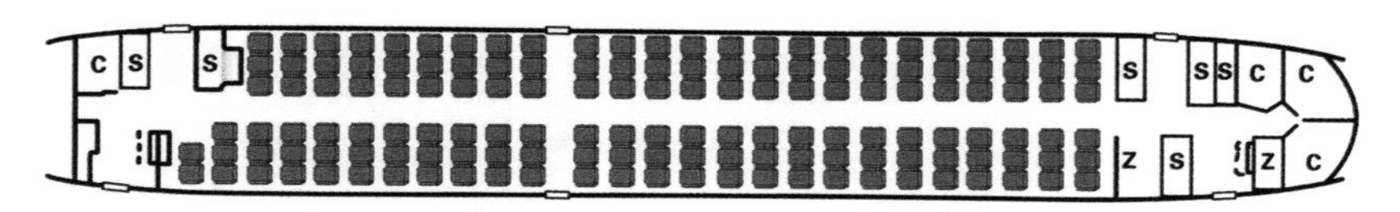

全旅行级布置：全经济舱 149 座，排距 0.88 m

图 3-43 运 -10 飞机的座舱布置图

国务院、中央军委批转上海市“革委会”《关于研制大型客机的请示报告》和国家计划委员会《关于上海研究试制大型客机问题的报告》，按翼吊布局的运 -10 飞机研制正式上马。

1973 年 12 月 26 日，上海市成立上海市 708 设计院（1978 年 10 月 1 日更名为上海飞机设计所），由刘哲任主任，熊焰、周银海、马凤山任副主任。1974 年 3 月 22 日，上海市上报《708 工程设计任务书》；11 月，708 设计院按计划发出了全机结构图纸 68 277 个标准图幅。1975 年 10 月至 12 月，在北京分别进行飞机后机身、垂尾、方向舵调整片模型低速颤振风洞试验和飞机尾段模型低速颤振风洞试验，摸清了尾翼、方向舵、调整片复杂操纵面布局的低速颤振特性和参数影响规律。1975 年 11 月至 1976 年 1 月，在北京 701 所 FD-08 风洞进行高速抖振试验，获得了运 -10 飞机高速抖振边界。

1976 年 8 月 16 日，静力试验机（运 -10 飞机 01 架）总装完毕后，开始分解，同年 9 月运抵中国飞机强度研究所进行静力试验。1977 年 5 月，在哈尔滨完成大迎角失速特性风洞试验，为分析运 -10 飞机的深失速、尾旋特性提供了原始数据，此后运 -10 飞机先后制造了 40 余套各种模型，进行了 1 353 h 风洞试验。至 1978 年 4 月 20 日，配套的涡扇 8（915）发动机已完成 300 h 长时试车，累计运转时间为 373 h 42 min。1978 年 11 月 30 日，在中国飞机强度研究所进行了运 -10 飞机 01 架

图 3-44　运 -10 飞机 01 号总装完毕后被拖往试飞场

全机静力试验。第三机械工业部副部长莫文祥及有关单位代表约 800 人亲临现场。当加载到剪力 104.1%、弯矩 100.2% 时，左翼预计部位 10 号肋至 6 号肋处断裂，破坏模式与预计一致。试验结果表明，运 -10 飞机强度符合设计要求，与理论计算十分吻合，全机静力试验一次成功。

1979 年 2 月 28 日，上海飞机设计所领导传达了航空部企事业单位领导干部会议精神：运 -10 飞机 02 架一定要成功；运 -10 飞机要扩大使用范围，要做预警机、客货机；与美国道格拉斯公司谈判引进民用飞机，要做技术准备；厂、所合并。1979 年 5 月 17 日，01 架机身静力破坏试验在中国飞机强度研究所进行。当加载到 105% 时机身破坏，完全符合设计要求。至此，01 架机共进行了 142 项部件试验，静力试验全部顺利完成，为运 -10 飞机的安全飞行创造了条件。

1980 年 9 月 26 日 9 时 35 分，在第三机械工业部副部长、运 -10 飞机首飞领导小组组长何文治主持下，运 -10 飞机 02 架由首席试飞员王金大驾驶，在上海大场机场首飞成功，飞行高度 1 350 m，在空中飞行两圈，然后由北向南在跑道上安全着陆，空中时间 28 min，飞行情况良好，各系统工作正常。

成功试飞的运 -10 飞机是我国自行设计、自行制造的第一架大型客机，运 -10 飞机的上天，为航空工业填补了一项空白。1980 年 9 月 30 日下午 5 时 35 分，第三机械工业部打电话给上海市航空工业办公室，对运 -10 飞机 02 架首飞成功表示祝贺，内容如下：“上海市航办并上飞厂、640 所：获悉运 -10 飞机 02 架首次试飞成功，这是在上海市委的直接领导下，在兄弟单位、民航、空海军的大力协同下，通过广大技术人员、工人、干部共同努力所取得的可喜成果，特向你们表示热烈祝贺。希望你们再接再厉，继续努力，坚持质量第一和安全第一的方针，为运 -10 飞机研制做出新的贡献。”

1981 年 1 月 2 日，国家计划委员会国防司提出：“运 -10 应该继续努力搞下去，以达到设计定型，应该走完自行设计的全过程，才能积累经验，培养技术力量，促进航空科研的发展。”

1984 年 1 月 24 日，根据国家经济委员会决定，02 架机为进行支援西藏的货运试航飞抵成都双流机场，1 月 31 日首航试飞拉萨成功。1984 年 3 月 8 日至 20 日，运 -10 飞机 02 架共 6 次飞抵拉萨进行货运试航，空运了 40 余吨物资进藏。运 -10 飞机是我国自行设计的第一架飞越世界屋脊的飞机。

运 -10 飞机共研制 3 架，其中 01 架用于静力试验，02 架用于试飞，03 架仅制造了零部件，没有进入总装。到 1984 年 6 月，02 架共飞行 130 个起落、170 h，最远航程 3 600 km，最大时速 930 km，最大起飞质量 110 t，最大飞行高度 11 000 m，最长空中时间 4 h 49 min，其间，曾飞到北京、哈尔滨、广州、昆明、合肥、

图 3–45　在拉萨机场降落的运 –10 飞机

郑州、乌鲁木齐、成都等地，并 7 次飞到拉萨，证明运 -10 飞机操纵性、稳定性良好，飞行性能达到了设计指标，可以在国内任何航线承担必要的运输任务。由于研制费不足，02 架飞机于 1985 年 2 月停飞。

从 1970 年 8 月中央下达任务到 1985 年 2 月飞机停飞，国家总投资 5.377 亿元，其中研制费 3.34 亿元，基本建设费 1.747 亿元，上海市提供流动资金 0.29 亿元。最后出于多方面原因未能设计定型和投入航线使用。但它在技术上获得了许多成果，实现了 10 大关键技术突破，为我国自行研制民用飞机创造了条件，积累了经验，得到国内外的广泛重视，获得全国科学大会奖，航空工业部和上海市科技成果奖 21 项。在设计、试验、设备、材料、标准件等方面的许多成果已应用于其他飞机。运 -10 飞机在其研制时期共取得 10 项大飞机技术上的成就：

（1）该机为国内首次采用美英飞机的设计规范，以美国 1970 年版联邦航空条例 25 部的要求为设计基准进行自行设计，突破了过去一直沿用苏联规范的局面。

（2）国内首次采用尖峰型高亚声速翼型。

（3）国内首次全面采用“破损安全”“安全寿命”概念设计和分析飞机结构。

（4）国内首次采用全翼展整体油箱（最大装油量达 51 t），首次研制出大容量气密客舱（最大容积达 318 m^3）。

（5）国内首次成功地采用机翼下吊装发动机的总体气动布局。

（6）国内首次采用由调整片带动操纵面的气动助力操纵形式，省去液压助力装置。

（7）国内首次进行规模较大的全机各系统地面模拟试验。

（8）全机采用新材料 76 项，占 18%；选用新标准 164 项，占 17%；选用新成品 305 项，占 70%。这些新材料、新标准和新成品为民用飞机的发展打下了基础。

（9）国内首次全面地用电子计算机进行型号设计，编写了计算机程序 138 项。

（10）国内首次按美国联邦航空条例 25 部的要求组织了大型客机的研制试飞（共飞行 130 架次，170 h）。

三、工艺技术

运 -10 飞机的机翼采用悬臂式下单翼。全翼展尖峰翼型，机翼根部反弯度翼型。上反角 7°，安装角 2°，25% 弦线后掠角 33.5°。机翼采用双梁单块式铝合金铆接结构。翼前缘配置了全翼展前缘襟翼，后缘设置了三组双缝襟翼。

机身采用半硬壳式，横截面由两段圆弧构成倒“8”字的形状。共有 87 个隔框，1 至 74 框为气密舱。机翼为全金属结构。平尾为全动型式，最大可上偏 2.5°，下偏 12°。垂尾为对称翼型。采用一个较大的垂直尾翼，其安定面的面积较波音 707 大 3 m^2。试飞表明，运 -10 飞机在断开偏航阻尼器的情况下，其飘摆特性明显优于波音 707。

起落架为前三点式，前起落架采用两个 900 mm × 300 mm 机轮，向前收于机身内。每一个主起落架采用四个 1 150 mm × 410 mm 机轮，向内收于机身下部的起落架舱内。前轮转弯角度为左右各 56°。轮胎压力：前轮 8.5 kg/ cm^2，主轮 10.5 kg/ cm^2。

该机驾驶舱采用 5 人制空勤组，即正副驾驶员、空中机械师、领航员和通信员。用于远程国际航线时，客舱内设有 124 座。客舱分前后两部分：前客舱是一级客舱，有 16 个一级座椅，共四排，每排 4 人，排距为 1.05 m，过道宽 500 mm；后客舱是旅行级客舱，内有 108 个旅行级座椅，共 18 排，每排 6 人，排距 0.88 m，过道宽

图 3-46　运 -10 飞机起落架

430 mm。前客舱前端有服务间、厨房、储藏室、厕所各一个；后客舱后部设有服务间、厨房、衣帽间、储藏室各一个，厕所 3 个。用于国内航线时，全部用经济座位，共 149 座。如果用于中短程航线上，可增至 178 座。为了满足国际民航运输对民用机驾驶舱视野的设计要求，运 -10 飞机设计了一个能够满足此项标准的较大的驾驶舱风挡，因而其机头外形明显不同于波音 707。

操纵系统通过手动操纵调整片实现对升降舵和副翼的人力操纵。液压助力器操纵扰流板和方向舵。襟翼操纵系统由液压随动系统实现。对升降舵、方向舵、副翼的操纵布置了平衡板式气动配平系统，以减轻飞行员的负荷。各系统还备有应急操纵系统。

液压系统由两个互为应急的独立的主液压系统和辅助液压系统组成。主系统的两台液压泵由两台内侧发动机驱动，辅助系统的能源是两台电动泵。液压系统工作压力为 210 kg/ cm^2。

运 -10 飞机的最大载油量为 51 t，燃油装在机翼整体油箱及中央翼软油箱内。可用压力加油或普通重力方式加油，并设有应急放油系统。空调系统由两台发动机驱动两台涡轮压气机组做主气源，正常供气量 6 400 kg/h，客舱余压 0.6 个大气压，温度调节范围 16 ～ 30 ℃。机上装有供驾驶舱和客舱用的两套氧气系统，每个系统

图 3-47　运 -10 飞机驾驶舱

都包括固定式供氧设备和携带式供氧设备。机翼前缘、发动机进气道前缘用热气防冰，驾驶窗玻璃用电热防冰。采用风挡雨刷和化学防雨液。机翼中段下吊四台 JT3D–7 型短外涵涡轮风扇喷气发动机。发动机有前、后反推力装置供着陆时缩短滑跑距离用。

上海航空发动机厂专门为运 –10 飞机研制了涡扇 8（915 型）发动机，已在波音 707（2402）飞机上串装了一台进行试飞，获得成功。

启动系统一套是地面低压启动，另一套是机载高压冷气启动。航电系统主要有 627 导航计算机、256 气象雷达、771 多普勒雷达、WL–7 无线电罗盘、108 全向信标 / 仪表着陆接收机、领航 –3 自动领航仪、大气数据计算机。还配有 70 号短波单边带电台两套、CT–3（M）超短波电台两套、救生电台、机内通话器、播音设备及录音设备、录音机各一套。

电气设备采用四台 30 kVA 的 120/208 V、400 Hz 的交流发电机，并用四台 75 A 的变压整流器进行直流供电。还备有应急蓄电池。

仪表设备主要有气压高度表、无线电高度表、M 数表、升降速度表、地平仪、大气温度表、航向指示器、发动机用的排气温度表、压力比指示器、三用表、燃油量表、燃油耗量表等。机外照明设备有航行灯、防撞闪光灯、着陆灯及机翼探照灯。

四、产品记忆

运 –10 飞机的设计过程曲折而艰难，在其设计研发过程中所取得的经验与成果能够完整地保留下来并成为我国大飞机技术的重要技术储备，马凤山与他的设计团队功不可没。

马凤山，1929 年 5 月生，江苏人。1949 年就读于上海交通大学航空工程系，1952 年毕业后奔赴东北投身航空工业建设，历任哈尔滨飞机制造厂（简称“哈飞”）检验科副科长、设计室副主任和西飞设计科副科长、设计所副所长等职，先后参加了“松花江 1 号”客机、“和平 401 号”短程喷气客机、“和平 402 号”涡桨客机的设计工作。1959 年 5 月赴苏联考察飞机静力试验、强度规范，回国后担任轰 –6

图 3-48　运 -10 飞机总设计师马凤山

飞机研制主管设计师。1964 年，先后参加轰 -6 飞机的研制工作，担任运 -8 飞机的技术总负责人，组织领导运 -8 飞机的测绘工作。1970 年，马凤山奉调上海主持运 -10 飞机的研制工作，先后担任技术总负责人、上海飞机设计研究所副所长、所长兼总设计师、科技委主任。为了表彰他对中国航空工业，特别是对运 -10 飞机研制所做出的重大贡献，1986 年 12 月，国家科学技术委员会批准他为国家级有突出贡献的科技专家。他曾任中国航空学会理事、上海航空学会常务理事等职。由于长期操劳，马凤山于 1990 年 4 月 24 日因病逝世，享年 61 岁。

运 -10 飞机的研制是我国飞机设计首次向 100 t 级飞机目标的冲刺，当时国内没有任何研制大型飞机的经验和工作条件，在总体布局、材料选用、结构设计、系统综合各个方面，从设计概念、设计方法、设计手段起，都面临着许多新的重大课题和挑战。马凤山自始至终实际担负技术总负责人，在面临巨大困难和压力的情况下，和广大工程技术人员一起排除干扰，实事求是，勇于创新，用了不到十年时间，实现我国航空工业史上大型喷气飞机“零”的突破。

马凤山努力将国外的先进经验与中国的实际情况相结合，在国内首次采用国际先进适航标准美国联邦航空条例 25 部为主要设计依据，确定采用中等后掠下单翼机翼、翼下吊装涡扇发动机的总体布局，选用优于波音 707 翼型的尖峰翼型、低阻翼尖，对机翼根部做马鞍形整形等，为提高运 -10 飞机的性能、改善使用特性、增加续航力、保证飞机的安全打下了决定性基础。风洞试验证明采用这种翼型后运 -10 飞机正常巡航时的阻力系数与波音 707 相当。在与波音 707 对比试飞中观察到，当波音 707 的机翼上开始出现激波时，同样飞行马赫数和高度下，运 -10 飞机的机翼上并没有出现激波的迹象。他选定的总体布局，突破了当时我国航空工业研制新机参照苏式飞机的框框，符合相当长时间内大型喷气运输类飞机总体布局的主流。

马凤山还非常注重科研基础条件的建设，在极其困难的情况下，千方百计带领工程技术人员及时进入当时国内外重大技术进步的起跑线；在我国飞机型号设计中，运 -10 飞机研制率先大规模应用计算机辅助设计（CAD）技术。工程技术人员自行开发了 138 项应用软件并成功用于运 -10 飞机的设计分析，其中全机总体参数优化程序为国内首创，获部级二等奖，其他气动力以及强度分析软件也多次获奖。在外形设计中打破了过去使用的圆弧和直线造型的局限，并在外形设计中首次使用计算机光顺。在结构设计和强度校核中广泛应用了新兴的有限元技术，对过去“手册法”和简化工程计算有重要突破。这种精确方法使运 -10 飞机在静力试验中实际破坏载荷是理论极限载荷的 100.2%，即材料多余程度仅为 0.2%，达到前所未有的设计精确度。在紧张的型号研制同时，工程技术人员完成了 318 项专题研究，对国外各种先进适航标准进行了消化分析，撰写了 156 万字的多份分析报告，为运 -10 飞机实现技术跨越打下了坚实的基础。在他的带领下，虽然缺乏预先研究，工程技术人员仍完成了全翼展大载荷整体油箱和大型气密客舱的设计制造等。运 -10 飞机燃油系统总油量达到了 51 t，除中央翼内有 4 个软油箱外，其余约 40 t 燃油全部储存在中外机翼内的整体油箱中。在高空、高原和远程试飞中，运 -10 飞机机翼、整体油箱密封性能良好，其采用的承力结构和密封形式、抗疲劳措施、隔热隔音方法在我国均属首次。

马凤山委托东北轻合金加工厂（简称“东轻”，即 101 厂）等几家企业着手研制相当于美国 7075 等的多种高强度铝合金。在他的领导下，经过充分论证和试验，运 -10 飞机选用新材料 76 项、新标准 164 项、新成品 305 项，分别占材料、标准、成品总数的 18%、17% 和 70%。

马凤山撰写的论文《运 -10 飞机的气动设计》全面总结了运 -10 飞机的气动布局、

各种参数选择和试验的经验，并做了全面计算、试验和论证对比，对国内后来设计大型运输类飞机具有重要的参考价值。

马凤山十分注意搜集在国内外飞机研制实践中的宝贵资料，并认真分析研究，加以应用。早在轰-6飞机研制期间，记载他搜集并分析验证过的大量数据资料的“马凤山笔记”，就被工程技术人员广为复制应用，被誉为处理研产中各种技术难题必备的经典。他大力倡导并主持了在不同设计阶段对运-10飞机设计质量的七次大规模复查和及时的整改。1978年1月12日至2月1日，他参加了上海708工程设计组召开的技术质量讨论会，会上归纳出问题147项。会后，708工程设计组组织了攻关，影响飞机安全的127项问题于1980年9月前均得到了解决。他坚持一切通过试验，倡导工程技术人员对重大设计难题在详尽分析的同时尽可能通过必要的设计试验来解决。根据他的要求，运-10飞机在研制中共安排试飞前必做的试验163项、制作风洞模型40套，在全国8个不同的风洞中进行了63项、10 493次、吹风1 353 h的气动力试验。其中全机模型自由飞颤振风洞试验等多个项目填补了国内空白。对飞机的操纵系统、液压系统、电网系统成功进行了当时我国规模最大的全机、全尺寸地面模拟试验，燃油系统全尺寸试验装置、容量和规模国内前所未有。“三点差动”的支撑系统设计具有独创性，得到了原航空工业部领导的高度赞扬，电气系统的地面全尺寸、全功率的模拟试验还得到了美国麦道公司技术副总裁杜比尔的赞赏。这一系列措施，保证了运-10飞机全机静力试验和首次试飞均一次成功，以及随后顺利转场试飞全国九大城市、七次进藏并执行空运任务。马凤山科学客观地正视运-10飞机的不足，他指出，受我国材料科学的工业水平和当时难以从国外进口的限制，机上所采用的某些国产高强度材料的性能还不够理想，飞机机体疲劳分析和试验限于客观条件，完成还有待时日。他对运-10飞机充满信心，病愈后重新回到技术工作前线，担任上海飞机设计研究所科技委主任。受中国民用航空总局委托，他组织上海飞机设计研究所技术骨干，在参照国际先进适航标准研制运-10飞机实践经验的基础上，编制了我国第一部民用飞机适航标准中国民用航空规章第25部《运输类飞机适航标准》。经中国民用航空局批准，该标准已于1985年底颁发实施，对促进我国航空运输和航空工业的发展起了重要作用。他还受航空工业部和当时仍是地方企业的上海航空工业公司委托，率领我国工程技术和基础论证人员，全程参加我国与国外航空工业企业联合开展的超高涵道比（桨扇）技术准备项目，使我国航空工程师有组织地直接参与国外航空新技术开发。

第四节　SH-380 型 32 t 矿用自卸载重汽车

一、历史背景

1968 年 10 月，上海汽车厂根据上海市机电一局的布置，试制 32 t 矿用自卸载重汽车。同年 11 月，该厂成立由副厂长刘彦江为组长的共 12 人矿用自卸载重汽车试制小组。12 月，上海市农业机械制造公司技术科负责人费辰荣率领上海汽车厂、上海汽车齿轮厂、上海汽车底盘厂等厂的有关人员，到宁夏白银铜矿搜集矿用自卸

图 3-49　等待装车被运往全国各地矿场的 SH-380 型 32 t 矿用自卸载重汽车

载重汽车的技术资料和使用情况。选定苏联制的“贝勒斯”27 t矿用自卸载重汽车作为参考样车，开始了矿用自卸载重汽车的设计工作。1969年年初，完成整车设计任务，共制图纸2 000余张，产品被定名为SH–380型32 t矿用自卸载重汽车。

二、经典设计

SH–380型32 t矿用自卸载重汽车的发动机采用上海柴油机厂生产的12V–135型柴油机，额定功率为294 kW；变速结构为液力变扭机械变速器。考虑到设备的巨量载重和所要面对的恶劣工作环境，该车悬挂系统采用液压空气减震器，转向采用循环球柱销式液压动力转向机，货厢后倾自卸采用双筒四级装置，最大车速为每小时50 km。在全国169家工厂、科研单位的协作与支持下，经过7个多月的努力，1969年9月18日，第一辆SH–380型32 t矿用自卸载重汽车总装成功。10月1日，SH–380型32 t矿用自卸载重汽车参加了中华人民共和国成立20周年首都游行。1970年，上海汽车厂等厂生产SH–380型矿用自卸载重汽车30辆。1971年2月，SH–380型32 t矿用自卸载重汽车的生产由上海汽车厂转给上海货车制造厂。当年生产60辆。但由于设计仓促，且没有进行完整的试车试验，SH–380型32 t矿用自卸载重汽车在使用中很快就暴露出发动机动力性能差、噪声大、液力传动效率低等质量问题。

1971年8月，在上海市拖拉机汽车工业公司（前身是上海市农业机械制造公司）的领导和协调下，成立了由上海货车制造厂、上海柴油机厂、上海汽车齿轮厂、上海汽车底盘厂、上海制动器厂等厂有关人员组成的32 t矿用自卸载重汽车质量攻关小组。在矿上使用单位和制造协作单位的密切配合下，对发动机、变速器、制动系、方向系等总成的结构或工艺技术进行了改进和完善。

经过两年的产品测试后，1974年，制成改进后的4辆32 t矿用自卸载重汽车，分别投放到安徽铜山矿、江苏凤凰山铁矿做2 000 h使用性能测试和行驶3万km后对样车零部件的拆检和性能复试，结果表明，该样车的动力性能良好，制动安全可靠，悬挂平顺舒适，转向操纵轻便灵活，整车的各项指标基本达到设计要求。1975年

图 3–50　工程师及工人们正在对木制模型展开设计讨论

3 月 15 日至 25 日，第一机械工业部在上海召开了 SH–380 型 32 t 矿用自卸载重汽车设计改进定型会议。经过讨论，一致同意上报国家审批定型。改进后的 32 t 矿用自卸载重汽车定为 SH–380A 型 32 t 矿用自卸载重汽车，当年生产 100 辆。1980 年该型号载重汽车停止生产，1969 年至 1980 年共生产 637 辆。

三、工艺技术

作为一辆在恶劣条件下进行运输工作的重型装备，可靠的制动系统毫无疑问是其设计的核心要素之一。为了使汽车在行驶过程中能强制地降低速度以至停车，或在满载下坡时维持一定的速度，SH–380 型汽车设计了四套制动装置：

（1）由制动踏板控制的空气液压全盘式制动器，作用于前、后四个车轮的脚制动。

（2）作用于主减速器，贮能弹簧式停车制动器的手制动。

（3）手操纵气动增力，作用于后桥车轮盘式制动器的紧急制动。

（4）由踏板控制装在液力机械变速器上的液力减速器，使汽车满载下坡能维持一定速度的液力制动。

图 3–51　正在总装的 SH–380 型 32 t 矿用自卸载重汽车车间

制动系统的工作过程：从空气压缩机出来的压缩空气，经油水分离器组合阀，通往前、后轮制动用贮气筒和手制动、紧急制动用贮气筒充气。在压缩空气进入各贮气筒前的管道中，分别设有单向阀，保持气路各系统的独立性。当各贮气筒达到额定压力时，经油水分离器组合阀的协调工作，另一路压缩空气返回到空气压缩机的卸载机构，使空气压缩机自动卸载。

1. 脚制动

SH–380 型 32 t 矿用自卸载重汽车的脚制动系统如图 3–52 所示，踏下制动踏板 7，从前、后轮贮气筒 4、5 来的压缩空气，经双腔并列式气制动阀 6，分别送往前、后轮制动油气加力器 9、19 的气室，制动油气加力器油缸内产生的高压力油，传至前、

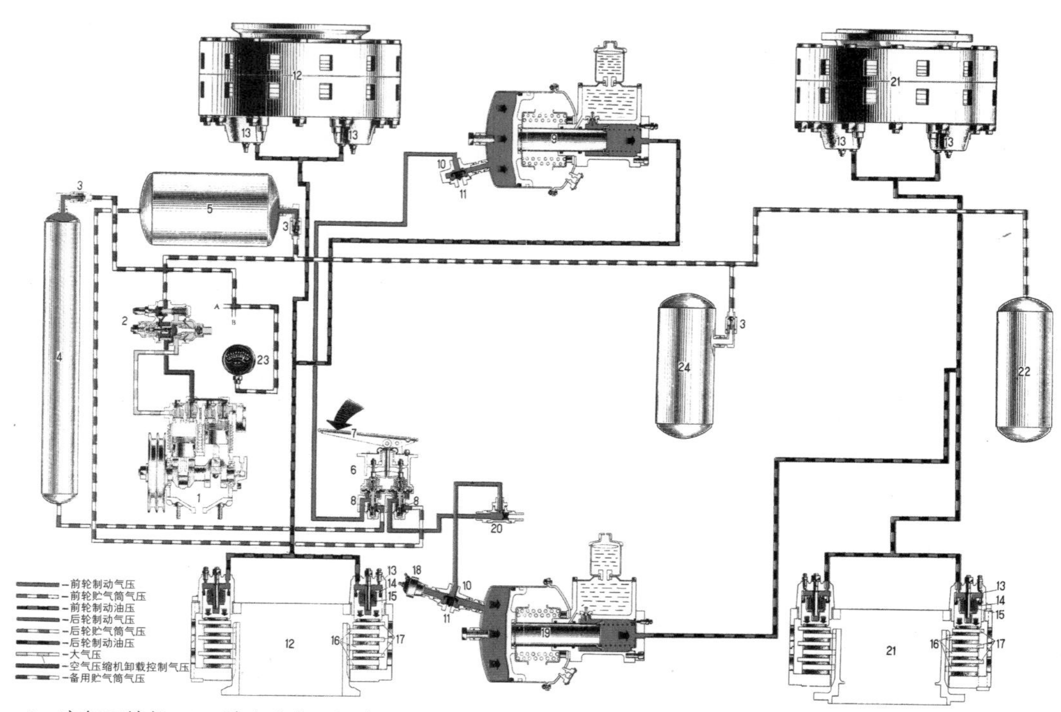

1—空气压缩机；2—油水分离器组合阀；3—单向阀；4—前轮贮气筒；5—后轮贮气筒；6—气制动阀；7—制动踏板；8—气制动阀透气阀门；9—前轮制动油气加力器；10—快放阀；11—快放阀排气口；12—前轮盘式制动器；13—制动分泵；14—制动分泵活塞；15—分泵活塞回位弹簧；16—制动盘；17—带摩擦片的固定盘；18—制动灯开关；19—后轮制动油气加力器；20—双向换通阀；21—后轮盘式制动器；22—备用贮气筒；23—空气压力表；24—停车及辅助制动用贮气筒；A—接雨刷；B—接气喇叭

图 3-52　SH-380 型 32 t 矿用自卸载重汽车的脚制动系统工作原理示意图

后轮盘式制动器 12、21 上的制动分泵 13，使制动分泵活塞 14 向前推动，把带摩擦片的固定盘 17 压向旋转中的制动盘 16，实现车轮制动作用。

2. 手制动（停车制动）

SH-380 型 32 t 矿用自卸载重汽车的手制动形式为贮能弹簧内胀蹄式停车制动器，放气制动，如图 3-53 所示。汽车在行驶中的贮能弹簧制动分泵 14 的气室，通过快放阀 7、加速阀 8 与停车及辅助制动用贮气筒 11 相通。停车及辅助制动用贮气筒 11 的气压大于 4.5 kg / cm^2。贮能弹簧制动分泵 14 内的鼓形制动弹簧 16 压缩到极限位置，停车制动器 13 处于放松状态。

在进行停车制动时，通过操纵驾驶室内停车制动控制阀 12 上的制动键，将贮能弹簧制动分泵 14 气室内的压缩空气，从快放阀 7 排气口排出。制动分泵活塞 15 在

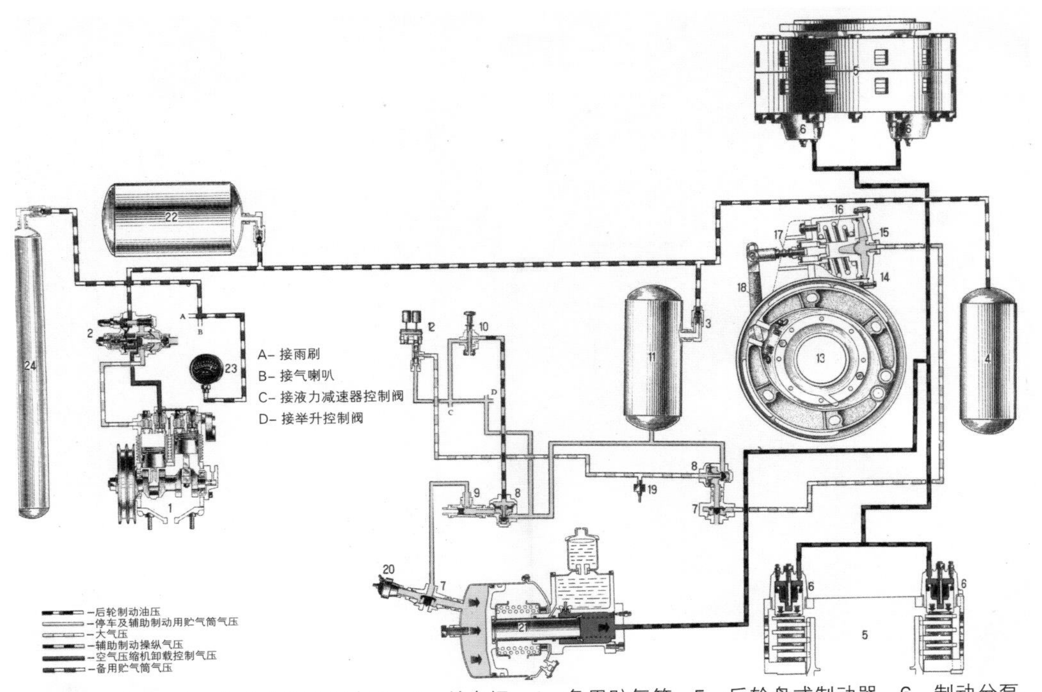

1—空气压缩机；2—油水分离器组合阀；3—单向阀；4—备用贮气筒；5—后轮盘式制动器；6—制动分泵；7—快放阀；8—加速阀；9—双向换通阀；10—辅助制动阀；11—停车及辅助制动用贮气筒；12—停车制动控制阀；13—停车制动器；14—贮能弹簧制动分泵；15—制动分泵活塞；16—鼓形制动弹簧；17—调整螺栓；18—制动臂和制动凸轮；19—气压警报灯；20—制动灯开关；21—后轮用制动油气加力器；22—后轮用贮气筒；23—空气压力表；24—前轮用贮气筒

图 3-53　SH-380 型 32 t 矿用自卸载重汽车停车及辅助制动工作原理示意图

鼓形制动弹簧 16 伸张力的作用下，联动调整螺栓 17、制动臂和制动凸轮 18 使制动凸轮顺时针回转，促使制动蹄紧压制动鼓，实施停车制动。

3. 紧急制动

SH-380 型 32 t 矿用自卸载重汽车在紧急制动时，通过手操纵紧急制动阀上的拉钮，使贮气筒的压缩空气经加速阀、双向换通阀，迅速进入后轮制动油气加力器的气室，制动油气加力器总泵输出的高压力油，作用到后轮两个盘式制动器内的制动分泵，实行紧急制动。

4. 液力制动

液力机械变速器用橡胶减震块装在车架上。它通过前、后传动轴分别与柴油机和主减速器连接。其作用和一般机械式变速器一样，是为了改变发动机与车轮间的

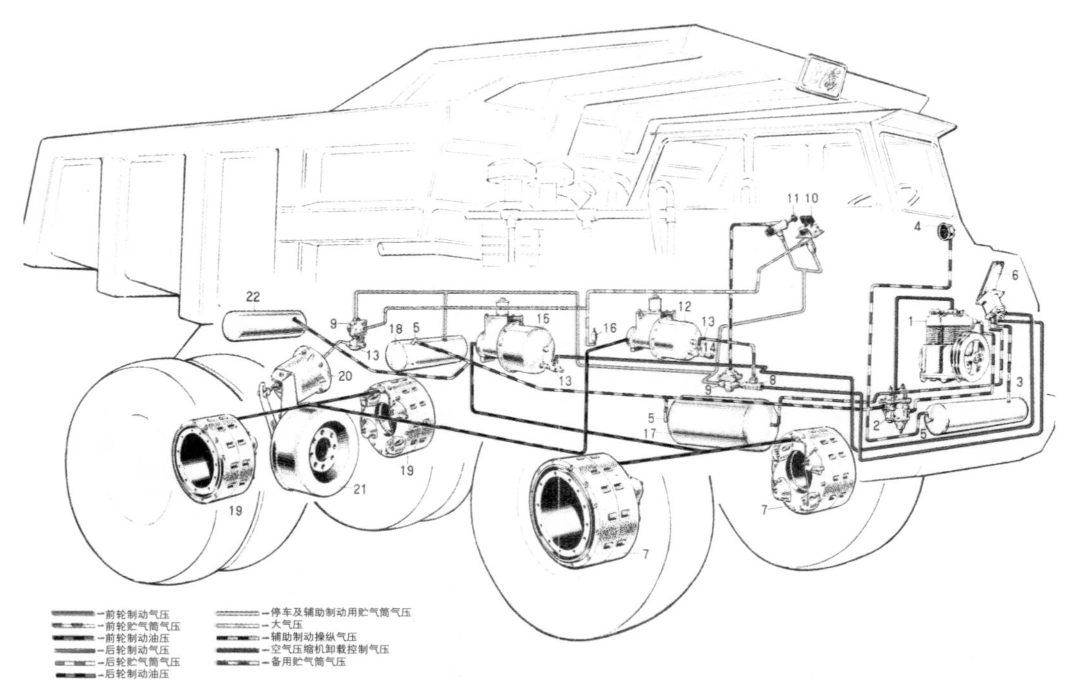

1—空气压缩机；2—油水分离器组合阀；3—前轮用贮气筒；4—空气压力表；5—单向阀；6—气制动阀；7—前轮盘式制动器；8—双向换通阀；9—加速阀；10—停车制动控制阀；11—辅助制动阀；12—后轮用制动油气加力器；13—快放阀；14—制动灯开关；15—前轮用制动油气加力器；16—气压警报灯；17—后轮用贮气筒；18—停车及辅助制动用贮气筒；19—后轮盘式制动器；20—贮能弹簧制动分泵；21—停车制动器；22—备用贮气筒

图 3-54　SH-380 型 32 t 矿用自卸载重汽车制动系统简示图

速比，以满足车辆行驶的需要。

在变速器中，除了机械部分外尚有液力变扭器等液压部件，变速器换挡是由挡位离合器通过油压来操纵的，在换挡的过程中不会像机械式变速器那样因换挡不恰当而使发动机熄火及挂不上挡等。

四、产品记忆

作为献礼建国 20 周年的重型设备，SH-380 型 32 t 矿用自卸载重汽车得到了广泛宣传。1969 年的《人民日报》曾这样对其进行报道：我国自行设计和制造的第一批 32 t 矿用自卸载重汽车，最近胜利诞生了！这种重型自卸汽车长 7.5 m，宽 3.55 m，高 3.5 m，自重 21.6 t。这批技术设计比较先进的汽车，从设计到制造成功，只用了半年多时间，这是我国汽车工业史上的一个创举。

随着我国工业的飞速发展，矿区对重型自卸汽车的需要越来越迫切。上海汽车制造厂、上海柴油机厂、上海汽车底盘厂、上海汽车齿轮厂等单位曾组织了以工人为主体的“三结合”调查小组，深入矿区进行调查，听取矿工对车辆的要求。

在设计和制造过程中，虽然没有资料，但他们根据使用要求和减轻驾驶员劳动强度的需要，采用了 V 形 12 缸约 294 kW 柴油发动机、油气悬挂和液力变扭器等一系列先进结构和先进技术。在试制过程中，遇到困难，他们就集体商量解决，采取“蚂蚁啃骨头”等办法，克服了设备不足等困难，经过顽强的努力，终于如期制造出了这批汽车。

图 3-55 参加中华人民共和国成立 20 周年阅兵游行的 SH-380 型 32 t 矿用自卸载重汽车

五、系列产品

1. SH-382 型 32 t 矿用自卸汽车

1979 年，上海市拖拉机汽车工业公司根据机械工业科技发展计划关于消化、吸收并试制伟步 35C 型矿用汽车的计划项目，成立领导小组，全面组织、协调试制工作。上海重型汽车厂具体负责整车试制（包括外协件技术协调）工作，成立了由厂长薛春熙、副厂长张根福、副总工程师费振翼等 12 人组成的试制小组。试制汽车命名为 SH-382 型 32 t 矿用自卸汽车。同年 3 月，试制小组对生产准备周期长、外形复杂的转向节、差速器壳等 88 种 905 件零件先行试制。1981 年 9 月，试制工作全面铺开，1982 年 6 月，107 个总成及其零件都加工完成。1982 年 10 月，在上海汽车底盘厂、上海汽车制动器厂、上海汽车齿轮厂等厂的通力合作下，两辆 SH-382 型 32 t 矿用自卸汽车样车在上海重型汽车厂总装成功。发动机采用 CUMMINS-KT1150C-450 型增压柴油机，变速箱采用美国 ALLISON CLBT-750 液力变扭变速器，轮胎、钢圈、举升阀及各类油封、轴承都采用进口零件。1983 年 4 月，两辆样车运到安徽马鞍山铁矿进行 2 000 h 使用性能试验。

2. SH-35D 型非公路用后倾卸汽车

1983 年 8 月，上海重型汽车厂完成 SH-35D 型矿用汽车引进项目可行性分析报告，并报送有关部门。同年 9 月，上海市经济委员会、上海市生产技术局发文批准上海重型汽车厂上报的可行性报告。9 月 28 日，SH-35D 型非公路用后倾卸汽车生产许可证协议在上海签约。1985 年上半年，上海重型汽车厂完成 SH-35D 型产品图纸（包括目录）2 067 张的翻译工作；同时翻译及译校了各类标准手册计 168 种、工艺装备图纸 78 套。合作方（美方）按协议提供给该厂焊机、切割机等设备七台，驾驶室成品一台，SH-35D 型汽车货厢散装件三辆份。从美国引进 CM-35D 数控等离子火焰切割机、CM-25D 光电跟踪切割机；从联邦德国 EHT 公司引进 EHP80-60 型 800 t 液压折弯机；运用二氧化碳气体保护焊。1985 年 5 月，首批五辆汽车在上海重型汽车厂试制成功。该车具有重心低、耐冲击、承载能力大、抗扭性能强、马力大、动力性和经济性好、制动性能齐全、驾驶舒适等特点。首批五辆汽车交付南京吉山矿试用。1988 年 5 月，SH-35D 型 32 t 矿用自卸汽车获国家经济委员会“国家技术开发优秀成果奖”。至 1989 年，上海重型汽车厂先后与重庆发动机厂、上海汽车底盘厂、上海汽车齿轮厂、上海汽车传动轴厂、上海汽车制动器厂、上海汽车配件厂、上海油箱厂等 7 家企业合作，实现了货厢、大梁、驾驶室、发动机、前后桥国产化，整车零部件国产化率达 75%，同年 4 月，车型改为 SH-3603 型。至 1993 年，SH-3603 型 32 t 后倾卸汽车共生产 82 辆。1994 年停产。

第五节　东风系列内燃机车

一、历史背景

高效的铁路运输线是一个国家发展的必要保障，中华人民共和国成立以后，在苏联的支持下，我国铁路机车进入高速发展时期。为统筹建设该项事业，1953 年，机车制造工业从铁道部调整到第一机械工业部，原属铁道部的机车车辆制造局及该局所管辖的大连、四方和天津等几个修理厂划归第一机械工业部领导。同时，第一机械工业部把大连、四方和天津等几个修理厂改造为制造厂，兴建了大同机车厂、长春客车厂等新厂，把湘潭电机厂改造为电力机车制造厂，新建张店电机厂为专业牵引电机生产厂。其中大连机车车辆厂曾经设计制造了新中国第一台蒸汽机车。

正式的试制研发工作是在 1958 年开始的，曾先后试制了东风型、东风 2 型、东风 3 型等电传动内燃机车，它们分别装用了一台 10L207E 型和 6 L207E 型中速柴油机。还试制了东方红 1 型液力传动内燃机车，该车装用两台 12175 型高速柴油机。东风型和东风 3 型直流电传动内燃机车柴油机持续功率约为 1 324 kW，由大连机车车辆厂试制和生产，分别用于干线货运和客运。东风 2 型直流电传动内燃机车柴油

图 3-56　1954 年 12 月 23 日，大连机车车辆厂制造的第一台蒸汽机车

机持续功率约为 794 kW，由戚墅堰机车车辆厂试制和生产，用于调车和小运转。东方红 1 型液力传动内燃机车柴油机持续功率约为 1 339 kW（两台），由四方机车车辆厂试制和生产，用于干线客运。这些内燃机车从 1958 年试制、1964 年开始批量生产，到 1974 年陆续停产，共生产了 1 155 台，其中东风型及东风 2 型、3 型 1 049 台，东方红 1 型 106 台。

1958 年 7 月，铁路机车制造业从第一机械工业部调整到铁道部，第一机械工业部的机车车辆工业管理局及其下属的大连机车车辆厂、四方机车车辆厂、大同机车厂和天津机车车辆厂等机车和零部件制造工厂划归铁道部领导，铁道部成立机车车辆工业管理局，管理全部机车车辆制造和修理工厂，其中尤以大连机车车辆厂为重点，实行了党委领导下的厂长负责制。当年，大连机车车辆厂在有关方面的协调下，参照苏联 T3з 型电传动内燃机试制出第一台小时功率为 1 470 kW 的巨龙型内燃机。经改进设计后定型，命名为东风型，于 1964 年开始成批生产，用于货运。此后，大连机车车辆厂生产的东风型内燃机车在“内燃电力并举，以内燃为主，电力为辅”的政策中居要位。较之此前大量生产的蒸汽机车，内燃机车功率更强，能耗更低，被铁路工人称为“铁骆驼”。为了完成“内燃电力并举，以内燃为主，电力为辅”的战略目标，国家部委及地方所属的企业都提供了协助与产业配套，其中主要有湘潭电机厂、石家庄动力机械厂、大连工矿车辆厂、常州内燃机车厂、许昌机车车辆厂、

图 3-57　1962 年 12 月，组装完成的第一台 10L207E 型柴油机

平遥工矿电机车厂、哈尔滨林业机械厂、广州同生机械厂及重庆动力机械厂等 20 多家企业。而大连机车车辆厂则向专业化制造厂转型，其主要项目内容是加强生产技术基础，配备冷、热加工的关键设备，以提高配件生产能力；充实技术后方，增添工模具制造和理化试验手段；增强设计力量和设计手段；采用新技术、新工艺，提高机械化程度。

1959 年 5 月 6 日，铁道部发布《关于设立机车车辆专业研究所的决定》，在大连设立大连热力机车研究所。同年，在戚墅堰设立了戚墅堰机车车辆工艺研究所（简称“戚墅堰所”）。这些研究所都建在各对口厂附近，方便了工厂和研究所的合作交流，方便了产品开发试制，便于科研和工艺的更新，使科研成果得到及时推广运用。对采用新技术、新工艺、新材料、新装备，发展检测技术，科技信息传递，技术标准的制定和验证，以及人员培训等，都起着重要作用。

1961 年底，开始研制东风 2 型直流电传动调车内燃机车，确定由戚墅堰机车车辆厂试制并投入批量生产，机车车体由冷却室、动力室、司机室和后机室四部分组成，依次自前向后布置。

图 3-58　巨龙型内燃机车牵引客车驶出北京站

1963 年，国家经济委员会决定将内燃机车和电力机车列为国家试制重点项目。为了保证原材料供应，国家计划委员会将每年的内燃机车和电力机车的试制产品纳入国家生产计划，确定了大连机车车辆厂、四方机车车辆厂、戚墅堰机车车辆厂为基地。

1965 年，我国开始进入自行设计和研制第二代内燃机车的新阶段，并在“内燃电力并举，以内燃为主；高中速柴油机并举；电力传动和液力传动并举”的技术方

图 3-59　1958 年 10 月 1 日，大连机车车辆厂职工参加国庆游行

图 3-60　1964 年 5 月 23 日，东风型 0003 号内燃机车试验交运大会

针指导下，进行柴油机和机车的设计试制。四方机车车辆厂试制的 12180 型柴油机做了 100 h 试验和 1 000 h 耐久试验，于 1973 年 4 月通过了部级鉴定；戚墅堰机车车辆厂设计和试制的 16200 型柴油机通过 100 h 试验和 500 h 耐久试验，于 1974 年 7 月通过了部级鉴定；北京二七机车厂设计试制的 12240 型柴油机通过 100 h 试验和 500 h 耐久试验，于 1974 年 9 月通过了部级鉴定。大连机车车辆厂则成立了由中国铁道科学研究院、大连热力机车研究所和大同机车厂等单位参加的新型大功率内燃机东

图 3-61　东风 1 型内燃机车牵引油罐车

图 3-62　1965 年，我国第一台大模数齿轮单齿埋油淬火机床研制成功

风 4 型设计组，围绕产品的更新和转产，对相关机车进行技术改造，约 2 942 kW 东风 4 型内燃机车是其最高成果，于 1974 年下半年投入批量生产。

1969 年，为了向国庆献礼，大连机车车辆厂组织部分车间的技术人员及工人对原有的东风 4 型机车设计方案进行了局部修改，装用第一台 16V240ZJ 型柴油机样机及牵引电机组样机，试制出第一台东风 4 型机车，其油机装车功率为 2 940 kW，在大连—大石桥试运行了 8 万 km。

1976 年，戚墅堰机车车辆厂开始研制东风 8 型大功率交直流电传动货运内燃机车，首先是研制缸径为 280 mm 的单缸柴油机和 16 缸柴油机。1977 年试制出 280 mm 单缸柴油机，进行试验。

1983 年完成设计东风 8 型机车，1984 年 10 月试制出第一台东风 8 型样车，交上海铁路局进行 15 万 km 运行考核，1985 年 5 月第二台样车制成投入运行。东风 8 型机车装用 16V280ZJ 型柴油机，装用 11 台 TQFR-3000C 型交流同步牵引主发电机、6 台 ZQDR-410C 型轴悬式直流牵引电动机，具有 68% 和 52% 两级磁场削弱。该型机车是中国第二代机车中批量生产的单机功率最大的电传动货运内燃机车。该机车在平道上牵引 4 500 t 列车速度可以达到 88 km/h。

早在 1967 年，大连机车车辆厂协助唐山机车车辆厂设计试制了东风 5 型电传动

图 3-63　1971 年，大连机车车辆厂自制的轴箱组装流水线

图 3-64　1975 年，大连机车车辆厂自制的七头双面龙头铣床正在打磨内燃机部件

图 3-65 1977 年，大连机车车辆厂研制成功第一台 16V240ZJB 型柴油机

调车内燃机车。20 世纪 70 年代开始生产，后来因唐山大地震无法继续生产。1984 年由四方机车车辆厂负责生产。四方机车车辆厂在生产东风 5 型机车时做了部分修改设计：装用了四方机车车辆厂生产的 8240ZJ 型柴油机，采用了整体铸造机体和优质合金钢锻造曲轴；重新设计了辅助传动箱；重新设计了车体钢结构；采用整体集成通风系统；改进了电气系统和操纵台仪表布置。

1980 年 6 月，北京二七机车厂在有关单位的配合下，经过两年左右的时间，于 1982 年上半年设计试制了东风 7 型电传动调车内燃机车，1984 年做适当修改后，投入小批量生产。

图 3-66 改进设计的第一台东风 5 型内燃机车

1982 年，装用 16V240ZJB 型柴油机的东风 4B 型电传动内燃机车设计试制出来。1982 年 12 月，制成了第一台东风 4B 型机车。与东风 4 型机车相比，东风 4B 型机车装用了 16V240ZJB 型柴油机，采用了构造优良的新型车体及改进后的牵引电机组（TQFR–3000 交流同步牵引主发电机和 ZQDR–410 型直流牵引电动机）、感应子励磁机；改进了牵引电机组及整流柜的通风道；采用强化铜散热器及玻璃钢风扇；柴油机冷却水出口温度由 72 ℃提高到 80 ℃。机车的轮周效率由 32.73% 提高到 33.47%，大修周期延长 30%，万吨公里油耗降低 9% 等。东风 4B 型机车与东风 4 型机车相比，无论是各项技术经济指标，还是可靠性、耐久性，都有显著提高。

1982 年，大连机车车辆厂在东风 4B 型机车的基础上开始研制东风 4C 型电传动货运内燃机车。1983 年，铁道部下达开发东风 4C 型机车的计划。1984 年，研制成装车功率为 2 647 kW 的 16Y240C 型柴油机，是 240/275 系列柴油机产品。1985 年装用这种柴油机，制造出了第一台东风 4C 型内燃机车，这种机车还装用了 C 型牵引电机组等新部件。

图 3–67　1982 年 12 月，大连机车车辆厂试制成功我国第一台东风 4B 型内燃机车，1984 年 9 月批量生产

图 3–68　正在进行总装的东风 4B 型内燃机车

1986 年起，资阳机车车辆厂和大同机车厂亦开始批量生产东风 4B 型机车；1985 年在东风 4B 型机车的基础上，大连机车车辆厂设计制造出了东风 4B 型高原机车；1986 年速度为 120 km/h 的东风 4B 型客运机车制成。1989 年，大连机车车辆厂开始批量生产东风 4C 型机车。

图 3–69　1984 年 9 月，大连机车车辆厂研制成功 16Y240C 型柴油机

图 3-70　1984 年 9 月，大连机车车辆厂研制成功 8240ZJ 型柴油机

1984 年，大连机车车辆厂开始设计东风 10A 型，该车为双节八轴交直流电传动大功率内燃机车。这种机车既可单独使用，又可双节重联，或与东风 4B 型机车联挂，组成不同功率等级的重联机车。1993 年，大连机车车辆厂在东风 10A、东风 10D 和东风 4C 型机车的基础上，研制出了双节重联的东风 10C 型电传动内燃机车，采用 12V240ZJ 型柴油机。后来，东风 10C 型机车装用一台 12V240ZJD 型柴油机（12V240ZJ

图 3-71　1985 年 9 月 24 日，大连机车车辆厂研制成功东风 4C 型内燃机车

图 3-72　1985 年 12 月，大连机车车辆厂研制成功东风 4B 型高原机车

型柴油机的改进型）、一台 TQFR-3000B 型交流同步主发电机、六台 ZQDR-410C 型牵引电动机等。

1990 年 11 月，在戚墅堰机车车辆厂试制出东风 9 型机车样车。该车采用装车功率为 3 610 kW 的 16V280ZJA 型柴油机，是当时国产第二代内燃机车中功率最大、速度最高的机车。东风 9 型内燃机车是在东风 8 型机车的基础上设计制成的，最高

图 3-73　1986 年 1 月，大连机车车辆厂研制成功 16V240ZDA 型柴油机，填补了我国核电工业的一项空白

图 3-74　1986 年 4 月 21 日，四方机车车辆厂研制成功 12V240ZJ 型柴油机

速度为 140 km/h。

为适应提速运行，走行部首次设计、采用了先进的轮对空心轴，牵引电动机架悬式转向架。为满足广深线准高速铁路最高运行速度 160 km/h 的要求，东风 9 型 0002 号机车改变了牵引齿轮齿数比，由 65/22 改为 76/29，使机车最高速度从

图 3-75　1986 年 12 月，大连机车车辆厂研制成功 12V240ZJD 型柴油机

140 km/h 提高到 160 km/h。东风 9 型机车只生产了两台，后来最高速度都改成了 160 km/h。东风 9 型机车的设计开发成功，为东风 11 型准高速机车的开发铺平了道路。

1992 年 12 月，东风 11 型 0001 号机车试制完成，1993 年 3 月在北京环形线上进行了试验。同年 8 月完成 0002 号样车。东风 11 型机车的最大特点是，其转向架在东风 9 型机车的基础上又做了改进，采用牵引电动机架悬式转向架；采用交直传动微机控制系统、恒功励磁、电空制动系统、电阻制动系统、自负荷试验装置和故障诊断等新技术；采用 JF204C 型同步主发电机及 ZD106 型牵引电动机。

国家计划委员会于 1991 年 7 月下达“八五”国家重点科技攻关计划专题合同，大连机车车辆厂经过 3 年努力，于 1994 年 12 月研制成功了东风 10D 型双节重联电传动内燃机车。东风 10D 型机车是在东风 10A 型机车和东风 6 型机车的基础上设计制造的，采用了许多新技术。每单节机车采用一台 12V240ZJD 型柴油机、一台 JF206A 型同步牵引主发电机、四台 ZD108 型直流牵引电动机。此后，大连机车车辆厂在东风 10D 型双节重联电传动内燃机车的基础上，于 1996 年 2 月设计制成了第一台东风 10F 型双节重联准高速客运内燃机车。

东风 10F 型机车为双节重联、交直流电传动、轴式 2（Co–Co），两节机车柴油

图 3–76　1994 年 12 月，大连机车车辆厂研制成功“八五”国家重点科技攻关项目东风 10D 型重载内燃机车

机总装车功率为 2 200 kW × 2，最高运行速度为 160 km/h，是东风 4 型机车系列产品。绝大部分零部件与东风 4 型系列机车通用。

大连机车车辆厂为适应 1997 年 4 月中国铁路第一次大提速的需要，在东风 4C 型机车的基础上开发了一种新型客运内燃机车——东风 4D 型客运内燃机车。机车装用 16V240ZJD 型柴油机，装车功率为 2 940 kW。机车轴式 Co–Co，整备质量为 138 t，最大运行速度为 140 km/h，采用交直流电传动。主发电机为 TQFR–3000E 型，轴悬式牵引电动机为 ZD109B 型，采用了圆锥滚子轴承的滚动抱轴箱。

由于东风 4D 型机车的开发时间太短，样车试制出来没有经过充分试验就迅速批量生产，导致在机务段批量运行的机车出现了一些惯性故障，大连机车车辆厂为了保证东风 4D 型客运机车在各机务段的正常运行，派出人员到各机务段现场服务，记录相关故障的产生原因，并对此后出厂的机车进行改进，东风 4D 型机车的运行状况得到了极大的改善。

1998 年 10 月，大连机车车辆厂在东风 4D 型客运内燃机车的基础上，开始开发东风 4D 型调车内燃机车，于 1999 年 6 月试制出样车，最高速度降低到 80 km/h，启动牵引力提高到 435 kN。其零部件与东风 4D 型客运内燃机车和东风 4D 型货运内

图 3–77　1996 年 12 月 15 日，大连机车车辆厂研制成功首台东风 4D 型客运内燃机车

燃机车基本通用，用于重载列车的调车编组以及小运转。

1999 年 4 月，大连机车车辆厂在东风 4D 型客运内燃机车的基础上，开发出东风 4DF 型内燃机车。该机车除可以像东风 4D 型客运内燃机车一样正常牵引列车外，还能向列车空调、电加热器和照明供电。机车采用 JF210 型主、副发电机，该电机是在 TQFR-3000E 型发电机前面加装一台同轴副发电机为列车供电。该机车采用 ZD109B 型牵引电动机，至 2000 年生产 8 台。

1999 年 5 月，大连机车车辆厂在东风 5B 型调车内燃机车的基础上，研制成功东风 10D 型调车内燃机车。该机车采用 12V240ZJD 型柴油机，牵引力大，保留东风 5B 型调车机车的优点，保持大部分零部件的通用性，实现模块化设计。

1999 年 10 月，大连机车车辆厂在东风 4D 型客运内燃机车的基础上，设计试制出东风 4F 型快速客运内燃机车。该机车装车功率为 3 310 kW，轴式 Co-Co。设计最高速度为 170 km/h，在高速试验时，最高速度可达 190.8 km/h。

2000 年 6 月，大连机车车辆厂与德国西门子公司合作，在东风 4D 型机车的基础上，研制出首台东风 4DJ 型交流电传动内燃机车。

图 3-78　1996 年 2 月 21 日，大连机车车辆厂研制成功东风 10F 型双节重联准高速客运内燃机车

该车采用 16V240ZJD 型柴油机，装车功率为 2 940 kW。机车主传动采用交流电传动技术和微机控制技术；传动装置为西门子公司研制的采用 IGBT 作为功率元件的变流器，上微机采用 DLC 机车控制微机，下微机采用 SIBAS32 机车控制 TCU 装置，采用 ITB2630 交流异步牵引电动机；配套使用的 JF216 型主发电机是永济厂设计制造的，它是一台有个 Y 形绕组并带中性连线的双绕组的同步牵引发电机，其励磁方式为无刷励磁；机车的辅助系统仍采用东风 4D 型机车的成熟技术。转向架的设计结构参数与东风 4D 型机车相同，机车最大启动牵引力为 555 kN，最大运行速度为 145 km/h。

2000 年 7 月，大连机车车辆厂在东风 4D 型货运内燃机车的基础上，研制出东风 4D 型 7001 号径向转向架内燃机车，该机车装用了两个三轴自导向径向转向架，同年在北京环形试验线上做性能试验。

通过几年来的运行与考核，东风 4D 系列内燃机车满足了客货运输的要求，成为我国内燃牵引的主型机车之一。

二、经典设计

1. 东风 1 型

自 1956 年起，大连机车车辆厂先后派出两批技术人员赴苏联学习内燃机车的设计制造技术，并于 1957 年秋组成内燃机车设计组，进行巨龙型内燃机车的设计。在苏联专家的悉心指导下，1958 年 6 月完成了全部设计工作。同年 9 月底，试制出两台巨龙型干线客货运内燃机车。该机车是参照苏联 T3з 型直流电传动干线内燃机车设计制造的，装用的是苏联进口的装车功率为 1 470 kW 的 2Д100 型中速柴油机，采用直流电力传动，两台机车可以重联，但由于该车属试验性质，其性能不过关而未能批量生产。

从 1959 年开始，大连机车车辆厂和大连热力机车研究所对巨龙型机车进行了一系列的试验改进，参照 T3з 型内燃机车图纸，完成了定型和图纸整理工作。

图 3-79　苏联 T3з 型直流电传动干线内燃机车

1963 年，在 2Д100 型柴油机的基础上，成功地设计试制了 2 冲程 10 缸直列 10L207E 型中速柴油机，功率为 1 323 kW。同时，由哈尔滨电机厂等单位组成的联合设计组参照 T3з 型机车牵引电机组设计出了新牵引电机组（包括一台 1 350 kW 直流主发电机、六台 204 kW 直流牵引电动机等），并于 1963 年底在哈尔滨电机厂试制成功。在上述成果的基础上，大连机车车辆厂于 1964 年试制成功了 1 323 kW 直流电传动干线货运内燃机车，于同年投入了批量生产，后被正式命名为“东风”型机车（东风系列内燃机车一度都曾拥有“ND”的代号，两个字母分别为“内燃”和“电力传动”的拼音首字母），是我国自行生产的第一代内燃机车的代表。

东风 1 型的设计师为其车头设计了古典的盾徽造型，在机械工业的发源地欧洲，盾徽是高贵与勇猛的象征。毫无疑问，设计师将自己对机车与国家的热爱倾注进了这款设计。而“中国铁路”与“展翅雄鹰”的图案则合二为一地正居盾徽中心，其意为飞驰的铁路线是中国发展的引擎，它将像雄鹰的翅膀一般令祖国一飞冲天。在此基础上，为了进一步突出东风 1 型内燃机车的雄壮感，设计师令挡风玻璃最大程

图 3-80　大连机车车辆厂研制成功我国第一台巨龙型干线货运内燃机车

度地靠近车顶，其向上收缩的前窗造型与车头整体融合为一组美妙的曲线，在行驶过程中给人以无法言喻的冲击感。

早期生产的巨龙型（ND1）机车在机头正中位置焊有夸张的巨龙腾云纹样，并以鲜艳的红色作为车体配色，此后为方便量产将巨龙纹样改为抽象鹰形图案。改名

图 3-81　1963 年 12 月，大连机车车辆厂试制成功第一台东风型内燃机车

为东风 1 型后，鹰形纹样进一步简化为一块异色涂装，车身涂装也改为更偏向保护色、与行驶环境更为和谐的绿色。

2. 东风 4 型

从 1965 年开始，中国进入了自行设计和研制国产第二代内燃机车的新阶段。各内燃机车厂先后研制成功了 240/275 系列、240/260 系列、12V180ZJ 系列、16V200ZJ 系列和 16V280ZJ 系列新型柴油机，以及新型机车转向架。同时有关工厂和研究所又分别研制成功了交直流电传动装置、电阻制动、新型高效液力变扭器和液力转向新技术以及新型增压器。东风内燃机车最为著名的东风 4 型系列就是基于这一系列成果而诞生的。

1965 年，大连机车车辆厂成立了由铁道部科学研究院、大连热力机车研究所等单位参加的新型大功率内燃机车东风 4 型设计组。鉴于当时世界上已经出现了以中速大功率柴油机为动力装置的大功率交直流电传动内燃机车的发展趋势，设计组决定新机车采用中速大功率柴油机和交直流电力传动装置。确定新柴油机：缸径 × 行程为 240 mm × 275 mm，额定转速为 1 100 r/min，平均有效压力为 1.61 MPa，几何压缩比为 12 ∶ 5。设计组于 1966 年 2 月制成了双缸机并进行试验。同年 8 月试制出第一台 16 缸 V 形 16V240ZJ 型增压大功率柴油机样机，基本完成了东风 4 型机车的设计。

1969 年，大连机车车辆厂设计组对设计方案进行了局部修改，装用 16V240ZJ 型柴油机样机及牵引电机组样机，试制出第一台东风 4 型机车，其柴油机装机功率为 2 940 kW，试运行了 8 万 km。但是由于该机车的众多零件都未进行必要的试验考核和改进，无论是柴油机及电气部分，还是机车的其他装置，都未达到设计要求，导致整车性能和质量都未达标。1970 年，样车连同设计图纸被转交给株洲电力机车研究所和大连热力机车研究所组成的联合设计组，在株洲电力机车厂进行改进设计，于 1973 年试制出新的牵引电机组。1974 年，东风 4 型由株洲电力机车厂和永济电机厂开始批量生产。

东风 4 型作为东风系列最为著名的型号，其司机室有良好的隔音绝热装置，室

图 3-82　1974 年下半年，已经投入运行的东风 4 型内燃机车

内装有电风扇、热风扇（副司机工作台下部）和电炉设备，无论冬夏都能保持适宜的温度，改善了司机的工作环境。司机室顶部的通风窗可以向前后两个方向开启，以加强司机室内部通风，拆除后可吊装地板底下的双机组。该型号内燃机车的大规模使用正逢中国刚迈入改革开放、运力不足的时期，挤在车厢里奔向未来的期待感成了那一时期乘客心中难忘的记忆。该型机车在外形上没有对东风 1 型的古典造型进行延续，而是采用了当时国际上相对流行的平和造型，东风 4 型较之东风 1 型采用了更为圆滑的造型，并且加大了驾驶室的可视范围（折角处的设计在之后的东风 4 型改进车型中经过了多次修改）。东风 4 型机车还针对大批量生产对产品部件进行了更深入的标准化设计。由于内燃机功率的增强，车头两侧增加了风冷用的滤窗（后期经过改进的东风 4 型在该处设计上与先行量产的有所差异）。这一可靠的造型一直延续，直到东风 4D 型的诞生。功率得到飞跃的东风 4 型在造型上已和国外同类产品趋同，车头细节设计被刻意强化（增加了一些诸如检修用踏板之类的人性化设计，使简陋条件下的修理更为方便），犹如一辆随时待命的钢铁战车，使驾驶者在行驶过程中获得自豪感。

司机室后部有高压室，所有主电路和控制电路的设备都装在高压室内。高压室前后都开有小门，以便检修。司机通过设在高压室两旁的隔音门可以进入动力室。

动力室位于机车中部，柴油机牵引发电机组装在同一机座上，并布置在动力室中部机车的纵向中心线上。机座和车架的连接采用三点弹性支撑。采用这种支撑形式，可使车架的挠曲变形不影响柴油机，也使柴油机－牵引发电机组运转时的振动不直接全部传给车架，从而减少机车振动。

柴油机两侧有足够宽敞的通道，以便日常维护检修和乘务人员的通行。通道的地板下面装有 DG420 型酸性蓄电池箱，每侧 4 箱，每箱 6 个单电池，共 48 个单电池。串联总电压为 96 V。蓄电池供启动柴油机用，当柴油机停车时，亦供控制电路、辅助设备、照明等用。

动力室后部左侧布置燃油系统的部件有燃油输送泵、燃油预热器及燃油粗滤器等，此外还有一个工具箱。

动力室后部右侧布置机油系统的部件有启动机油泵、机油粗滤器及机油热交换器等。柴油机燃油及机油系统的温度表、压力表均集中在右侧仪表板上。

动力室两侧开有侧窗，并在右侧壁上设有动力室通风机，加强通风，降低室内温度。动力室两侧各有一个侧门，乘务人员由此进入机车。

图 3–83　东风 4 型内燃机车车头侧面特写

图 3-84　1974 年，大连机车车辆厂内机体缸孔加工

东风 4 型机车采用了增压大功率中速柴油机及由交流同步发电机、整流机组整流和直流牵引电动机组成的交直流电传动装置；采用了两台可互换的无导框、无心盘、二系弹簧悬挂三轴转向架等新技术、新装备。东风 4 型机车分客、货两种，货运机车最高速度为 100 km/h，客运机车最高速度为 120 km/h。实际上，东风 4 型客运机车是一种以货代客的机车。

然而，由于东风 4 型机车在零件结构及工艺不完善、不稳定的情况下就投入了批量生产，随着出厂机车运行里程的增加，柴油机、牵引电机组等机械电气部件开始暴露出大量问题，机车故障率高，大量机车“趴窝”待修。针对这些问题，大连机车车辆厂在结构和工艺等方面进行了改进。1974 年大连机车车辆厂自制了机体缸孔、挺杆孔精镗多头组合机床，新设计的机床大大改善了柴油机的工艺质量。改进后的东风 4 型（俗称东风 4A 型）机车于 1976 年下半年开始批量生产。之后又经过了几年持续的改进，东风 4 型机车的性能和质量提高，运行可靠性、耐久性明显改善，大大降低了故障率。

此后，随着东风 4 型所采用的 16V240ZJA 型柴油机的改进及替换东风 4 型陆

图 3-85　大连机车车辆厂生产的东风 4B 型内燃机车

续发展出的东风 4B 和东风 4C 两个机车型号，整个东风 4 型家族直至 1994 年一共生产了 3 000 多台，广泛运用于全国 12 个铁路局 60 多个机务段，一度是我国铁路运用数量最多的主型干线内燃机车。而 16V240ZJA 型柴油机的最终发展型号为 16V280ZJA，该型号装车功率高达 3 610 kW，采用这一柴油机的内燃机车被命名为东风 11 型，于 1990 年底入列，是我国研发的二代内燃机车中功率最大、速度最高的机车。

3. 东风 11 型

东风 11 型内燃机车是在东风 9 型内燃机车的基础上，根据铁道部的指示，为满足广深准高速铁路的需要而开发研制的准高速客运内燃机车。相较于东风 9 型，东风 11 型最大的提升在于通过改良悬挂、车体造型和内部空间提升了其作为客车的舒适性，一扫此前东风 4 型“客货两用”的粗犷印象。

东风 11 型内燃机车相较过去所有客运机车有三点重大改进。首先，其采用了两级弹性的轮对空心轴式牵引电动机架悬装置，簧下质量小（仅为 2 400 kg），其轮轨动作用力低、对线路破坏小。其次，采用了高柔度圆弹簧旁轴，并配以各项油压减震器，使机车运行平稳，安全可靠，即使在高速运行时也能保有优良的竖向和横向平稳性指标，更提高了乘客乘坐的舒适度。最后，东风 11 型牵引电动机振动加速度很小，这是因为其牵引电动机用三个吊臂全悬挂于转向架构架上，这使得该型机车运用条件大大改善。东风 11 型在运行速度为 140 km/h 时的竖向振动加速度仅为传统机车 100 km/h 运行时的 12.3%，横向振动加速度仅为 40.9%。这样，电动机的运用条件大为改善，提高了机车的可靠性。

作为我国铁路 4 次大提速的主力机型，东风 11 型承担了其中一半里程的特快列车牵引任务，其在后续的生产中进行了多达 12 项的设计改进，包括：

（1）将过去东风 4 型系列采用的微机控制系统显示屏改为大屏幕彩色液晶显示屏。由于当时的技术水平限制，早期的东风 11 型内燃机车微机控制系统显示屏是黑白的，存在显示不清晰和经常死屏的问题，一些插件板的可靠性也不高。1997 年在研制东风 8B 型重载提速货运内燃机车时，在国内内燃机车上率先采用了大屏幕彩色

图 3–86 东风 11 型 0001 号内燃机车

液晶显示屏，次年，东风 11 型也开始采用大屏幕彩色液晶显示屏。

（2）空气制动风源系统改用 2.4 m^3/min 的空气压缩机，并采用双管供风系统。东风 11 型内燃机车在设计时空气制动风源系统采用了两台供风量为 1.6 m^3/min 的 W-1.6/9 型空气压缩机。但投入运用后发现提速客车的空气弹簧、塞拉门、集便器等车用设备大量使用压缩空气，使得空气压缩机长期处于工作状态，列车空气制动用风难以得到保证。因而，专门研制了体积、质量与 W-1.6/9 型空气压缩机基本相当，而供风量为 2.4 m^3/min 的 V-2.4/9 型空气压缩机，从 1999 年开始使用。此外，空气管路改用双管供风系统，一路供列车空气制动用风，另一路供客车设备用风，以确保列车制动用风的需要。

（3）针对早期使用的铝中冷器、双流道铜散热器的较多问题，从 132 号机车开始，由铝中冷器改为铜中冷器，由双流道管带式散热器改为新型双流道管片式散热器。

（4）针对机车在运行速度达到 120 km/h 时横向晃动较大的问题，从 139 号机车开始采用新型的橡胶弹性定位装置。

（5）为彻底根除轮箍迟缓和崩箍的问题，从 132 号机车开始采用进口的整体车轮。针对整体车轮运用中出现的问题，从 257 号机车开始采用取消螺纹工艺孔并缩小减重孔的新结构整体车轮。

（6）早期生产的高低温水泵、叶轮与轴是通过花键配合，故障多，从 177 号机车开始采用叶轮与轴通过锥度过盈配合的高低温水泵。

（7）为解决早期燃油系统故障较多的问题，从 257 号机车开始采用新型圆弧齿轮油泵，并对燃油管路做了改进。

（8）针对早期的活塞、活塞环、气缸套不耐磨的问题，从 257 号机车开始采用氮化缸套、氮化活塞顶和镀铬环，有效地减少了活塞环槽、活塞环和缸套的磨损。

（9）针对联合调速器性能不稳、可靠性差、经常游车等问题，从 299 号机车开始采用性能优良、可靠性较高的 PGMV 调速器。

（10）针对空调及其电源故障率较高的问题，从 333 号机车开始，空调机组从内置式改为顶置式安装，并采用进口的空调电源。

（11）根据铁道部的统一安排，从 367 号机车开始采用规范化司机室。

（12）为提高机车的可靠性和管路的互换性，对机车的油、水、空气管路进行了多次规范化改造，基本做到管路布置规范，安装、检修、互换方便。从 259 号机车开始，3 个系统的塞门、截止阀采用不锈钢球阀。从 393 号机车开始，制动系统的阀类安装架采用集中板安装结构。

1991 年之前，无锡轻工业学院的工业设计主要是为轻工业产品设计服务的。后来承担东风 11 型的设计，虽然只是项目的一小部分，毕竟没有干过，只能“摸着石头过河”。教研室很多老师都参与了这一工作，如陆亚声、吴翔、何晓佑、彭韧、刘大伟、潘祖平等，这是集体劳动的结晶。因为在几个方案中采用了刘观庆老师的方案，此时他刚从日本留学回来，经验更丰富一些，义不容辞地担当了主要的设计工作。

机车设计是一种复杂的综合性设计，不同于一般产品的设计，更不是简单的外观造型。因此要对技术状况和设计要求做充分的了解。为了保证设计的成功，戚墅堰机车车辆厂和无锡轻工业学院之间保持了良好的合作关系，老师经常往返于学校和工厂之间，与负责该项目的周亚平总工程师和其他技术人员切磋方案及实施细节。

机车造型优化设计实际上包含了内、外两个方面，外部是外观造型、外观饰条和色彩设计，内部是驾驶室的室内布置和操纵台设计。每项设计都是先提出一定数量的方案，通过绘制草图、效果图或制作模型，反复研究讨论，征求各方面意见筛选出最优方案，再交给厂部进行技术设计。

在外观造型方面，设计师追求速度感。流线型最有速度感，因此当时也有老师设计了一个子弹头式的火车头方案，但被否定了。因为子弹头式的车头必须在列车的两头各挂一个，只适用于电动机车。内燃机车有庞大的机身，两头都有驾驶室，每一列车只用一个火车头，到站后可以与列车脱钩再连接到列车的另一头反方向行驶。设计只能根据实际的需要和可能，在客观条件的基础上追求最理想的形态。列车首先投入运行是在我国改革开放的前沿地区，机车的形象具有特殊的象征意义。机车速度的体现主要在性能上，也就是要有较完善的空气动力学性能。高速机车的空气阻力与速度的平方成正比，设计师查找了国际上各种车头的资料，特别是通过风洞试验得到的不同头型对空气阻力的影响，从中选择最合适的数据。首先将前窗倾角设定在25°，采用大平面，以扩大司机的视野，调整司机室前端各部分比例，采用圆弧过渡，前端下部突出，车架前端梁倾斜，下部排障器呈尖状封闭形，以减少机车阻力。同时对机车两侧的门窗位置、比例做了调整，对头灯、标志灯、车号牌及车外附件等细节进行了合理布局，特别是在高度位置上改变了过去上下错落的状态，增强了整体感。这样就使功能形态和审美形态在速度体现上达到了统一。

在外观饰条和色彩设计方面，更多的是考虑机车的行进状态及其与环境之间的关系，要体现速度感、方向性和明快感。车身细长的机车，还要通过上下色彩的明度对比体现稳重感。在饰条的分割节奏、线型、色相、明度和纯度关系上，都必须根据机车行进速度，从近、中、远三个视点上考察，使高频的近距信息和低频的远距信息都能达到理想的效果。设计师曾经设计了30多套色彩方案，做成幻灯片，由刘观庆和戚墅堰机车车辆厂的负责人一起到北京向铁道部的领导和专家汇报，经过激烈的讨论，并报送部长批准才确定了现行方案。这一方案采用饰条的横向分隔线

图3-87　东风11型机车设计模型

图 3-88　东风 11 型机车色彩方案之一

和前部倾斜线形成向前的方向性和速度感，色彩由浅灰、奶白和暗红构成，上轻下重，保持其稳定性，并与周边环境协调。当时采用色票来控制油漆的色彩效果，这在国内还是很领先的。此外还考虑了涂装工艺的简单方便和利于维护保养等因素。

在驾驶室的设计方面，其实花的力气最大。设计师调查了原有机车司机室的情况，深深感到设备的陈旧和司机工作条件的艰苦，下决心要为他们创造一个舒适宜人、可靠安全的工作环境。根据人体工程学的原理，设计师对操纵台做了大幅度的改动，合理确定工作台的高度及空间活动位置，增强了操作和显示部分的可接近性与条理性，在中央部位增设了正、副司机都能清晰看到的液晶显示屏，对控制器、仪表盘等做了力所能及的改进，形成了操纵方便、显示清晰易辨的良好人机系统。设计师还对室内布置进行了调整，将灭火器、紧急制动阀采用隐形安装，在照明、空调、取暖、防水、隔音等方面进行了认真的设计选择，对护壁、座椅和地板的材料、质感、色彩等都做了反复的推敲。鉴于当时设备、材料品种的缺乏，有时设计师还和厂里的技术人员一同外出采购，以保证功能和美观两方面能够兼顾。

图 3-89　东风 11 型机车驾驶室的设计

在无锡轻工业学院的教师和戚墅堰机车车辆厂的工程技术人员的共同努力下，机车设计顺利通过验收。铁道部组织的东风 11 型机车 0001 号试运行一次成功。我国首次提速的列车行驶在广州与香港之间，为香港回归提前开道。此后，东风 11 型机车又奔驰在沪宁线等全国很多条线路上。随着时代的推进，东风车辆造型也愈发科幻。

图 3-90　2016 年，戚墅堰机车车辆厂为肯尼亚蒙内铁路制造五台 DF11G 型干线客运内燃机车

三、工艺技术

1. 大功率机车用柴油机的研制

戚墅堰机车车辆厂于1977年设计试制了缸径和行程分别是280 mm和285 mm的单缸试验机，柴油机单缸设计功率约为257 kW（16缸机功率约为4 116 kW，持续功率约为3 675 kW），转速为1 100 r/min。柴油机V形夹角50°，采用钢顶铝裙组合活塞，并列连杆，锻钢曲轴。单缸机已经试运转，并于1978年5月做了提升功率试验，在转速为1 100 r/min时，单缸功率约为276 kW，以后试制了16缸机。

中国铁道科学研究院机车车辆研究所于1970年底开始设计行程和缸径都是240 mm的柴油机。1974年底组装成四缸机进行试验。四缸机设计功率约为919 kW（16缸机功率约为3 675 kW），转速为1 350 r/min，V形夹角为45°，采用钢顶铝裙活塞，主副连杆，锻钢曲轴。此时四缸机转速已达1 350 r/min，功率已试制到808 kW。

大连热力机车研究所曾设计试制了缸径和行程分别是300 mm和310 mm的四缸

图3-91 1983年6月，大连机车车辆厂建成柴油机性能试验站

图 3–92　1983 年 12 月，大连机车车辆厂建成我国第一套大功率柴油机电能回收装置

试验机。1978 年，大连热力机车研究所在 4 410 ～ 5 880 kW 内燃机车用柴油机的选型报告中提出了 V300Z 型柴油机的主要参数及结构特点：缸径和行程为 300 mm 和 310 mm，V 形夹角为 50°，额定转速为 1 000 r/min，单缸功率约为 276 kW，16 缸机组功率约为 4 410 kW，机体采用球铁铸造，并列连杆，全纤维挤压钢曲轴，钢顶铝裙组合活塞等。

2. 车体、车架工艺

（1）车体

东风型内燃机车车体采用非承载式结构，它固装在车架上，但不承受车架所负担的载荷。车体保护柴油机 – 牵引发电机组和辅助设备不受外界风沙雨雪的侵袭，并设有隔音、绝热、通风等设备，为乘务人员提供良好的工作条件。

车体由司机室、动力室和冷却室三个部分组成。司机室的钢骨架焊接于车架侧梁上，其外部焊有 2.5 mm 厚的钢板外壁，内壁采用 5 mm 厚的胶合板，固定在木结构上。内、外壁夹层中，除对钢板内表面喷涂软木调和漆（有的厂喷涂防震隔热胶）外，还填充聚氯乙烯泡沫塑料，以利于司机室对外界的绝热保温。司机室设有司机室前窗，两侧有可以打开的侧窗，保证司机操纵瞭望方便。司机室顶部装有前照灯、风喇叭和司机室顶窗。司机室顶窗可以前后开启，以改善司机室的通风条件；还可以整个拆除，通过顶窗孔吊装双机组。司机室后部有通往动力室的内门，内门采用双层玻璃、双层壁，壁内夹有泡沫塑料以加强隔音。在司机室外壁上，前方设有前加砂口，两侧设有标志灯，左侧下部装有牵引电动机的通风机吸风滤网。司机室后方两侧设有供乘务人员上下的侧门以及扶手。自东风型1278号机车起，为使车体更显美观，并减少机车运行时的空气阻力，司机室的前窗改为五扇大窗，使瞭望更加方便。

动力室在车体中部，其外壁和内壁材质与司机室相同，但夹层内不填充保温材料。动力室车体由车顶和侧壁两部分组成。车顶是可以拆卸的，与侧壁用螺栓连接。侧壁焊接在车架的侧梁上，侧壁在1 m高处也做成可拆的，以减少段修时柴油机的吊装高度。整个动力室亦用螺栓与司机室和冷却室相连接，所有连接处均设有装饰板条。左右两侧壁上设有空气滤清器百叶窗和活动玻璃窗，打开玻璃窗可调节动力室内的温度。左右两侧壁上还开有蓄电池通气孔，左侧有牵引电动机通风机的吸风滤网。动力室整个顶部还设有各种大小不同的顶盖和侧顶盖，通过各顶盖孔可以吊装牵引发电机、消音器和蓄电池。通过顶盖可以检修柴油机。如需从顶盖的孔吊装柴油机上曲轴时，可卸下紧固在顶盖钢骨架上的活动梁。而吊装柴油机－牵引发电机组时则需要拆卸整个车顶。

冷却室在车体的后部，其骨架直接焊在车架侧梁上。冷却室顶部设有百叶窗，

图3–93　大连机车车辆厂的组装车间

在其下方装有冷却风扇和制动电阻。在冷却室顶部还有顶盖和侧顶盖，通过顶盖的孔可以吊装中变速箱和空气压缩机等部件，从侧顶盖的孔中可以检查散热器。冷却室的后部设有后门、通过台和后照灯。当两节机车重联时，通过台的帆布折篷可形成密封的通道。冷却室左右两侧设有散热器百叶窗和玻璃窗，右侧还设有车体通风机及其百叶窗。在车体内，冷却室拱形风道的内侧壁上设有活动盖，打开活动盖可检查散热器。

（2）车架

车架是安装动力机组、冷却装置、车体及辅助装置的基础。在运行中，轮对通过它将牵引力传给车钩。此外，车架还要承受冲击力和横向水平力。因此，车架必须具有足够的强度和刚度。

东风型内燃机车车架为全电焊结构，全长 16 040 mm，宽 3 070 mm，重约 12.4 t。车架主要由中梁、侧梁、横梁、端梁、心盘、架车座，以及车钩牵引箱等组成。除车钩牵引箱、心盘、架车座为 ZG25 Ⅱ铸钢件外，其余均用型钢和钢板焊接制成。

中梁是车架的主要受力部件，由左右两根相互平行的工字钢组成。在两中梁之间焊有 10 ～ 16 mm 厚的立板，以连接两中梁并增加其刚度。在中梁的上下翼焊有宽 340 mm 的补强板，厚 20 mm 的下补强板与中梁等长，上补强板厚 16 mm，只占中梁的中间部分，长约 12 765 mm。在两块上补强板之间焊有三块上盖板，作为各辅助设备安装的基础，上面开有各种用途的切口。两块下补强板之间焊有底板，以防止各种油类漏到走行部上，也防止灰尘进入车内。在中梁前后焊有前端梁和后端梁。柴油机 – 牵引发电机组通过柴油机机座安装在中梁上补强板上，此处中梁之间不设车架上盖板，并且中梁之间的立板为凹形。中梁外侧焊有横梁以支撑侧梁，并将侧梁所承受的载荷传给中梁。

侧梁用 16 号槽钢制成，它与中梁的上补强板之间焊有左、右侧盖板。侧梁前端呈圆弧形，与车体头部流线型相适应。

车架底面焊有两个上心盘以传递水平力，两心盘的间距为 8 600 mm。在以上心盘为圆心、直径为 2 730 mm 的圆周上布置了四个上旁承座，上旁承座内可装带球面的上旁承。车架通过旁承将所承受的全部重量传给转向架。在侧梁下还焊有四个架

图 3-94　1981 年起，大连机车车辆厂内燃机车一等品率一直保持在 100%

车座，供架车用。架车座在两心盘的外端，和旁承在同一横轴线上。

考虑到车架所受垂直载荷的严重性，在制造车架时，要求焊接后车架的总挠度（在两心盘间 8 600 mm 长度内）必须向上凸起 4 ～ 10 mm，心盘外两端下垂不得大于 10 mm，这样车架在承受垂直载荷后下凹挠度就不会过大。

车钩牵引箱用锥度螺栓紧固，并焊接于中梁下补强板及前、后端梁上，车钩牵引箱内安装牵引装置，牵引装置采用下作用式自动车钩及缓冲器。

缓冲器用以减轻机车及车辆之间的冲撞力，由缓冲板簧、板簧导板、弹簧箱、弹簧压板、外缓冲簧和内缓冲簧组成。车架骨架部分采用 42A（TB13–59）焊条焊接，其余部分采用 42（TB13–59）焊条焊接。

四、产品记忆

1964 年 3 月，李光远、李忠保、霍洪奎、李建杰、石宗林等来自北京铁路局的干部、工程师、技术员、工人骨干计 14 人，经过近 10 天的准备，组成了赴上海学习团。

从1963年底到1964年初，北京铁路局开始出现大量机车“趴窝”的问题，通过诊断发现，问题主要由烧轴，主轴瓦、连杆瓦出铜末，柴油机体变形，高压油泵不良，柱塞不良，缸套磨损，缸头故障，活塞环不良，发电机不良等故障造成。虽然经过紧急抢修修复了两台“趴窝”机车，但“趴窝”隐患依然存在。前往上海的工作组希望能在上海造船厂找到根治故障的方法。

在江南造船厂厂部的会议室里，工作组得到了江南造船厂领导的热情接待，经过短暂的介绍、问候，双方很快步入了正题。段长赵天云向在场的船厂领导报告了内燃机车“趴窝”的病情病状。江南造船厂厂长听完了赵天云的陈述，介绍说：“我厂在20世纪30年代已解决你们所遇到的这些问题，如果大家不嫌累，可以先到车间、班组看看。”

成员们表示愿意立刻投入学习。晚上从江南造船厂回招待所后，工作组领导召开了学习座谈会：“没想到几十吨重，傻大黑粗的铸钢柴油机的变形是‘闲’出来的。江南造船厂防变形的经验好，把柴油机放在平台上，24小时翻转180°。咱们压根儿没想到，把柴油机撂在坑坑洼洼的水泥地上，一放就是几十天，变形了还不知道，哭还找不到门儿。”

“谁会想到，优质合金钢制成的曲轴也会放变形，江南造船厂吊运曲轴有固定位置，放在支架上，用夹具夹好，还定时翻过。开始人家介绍检修曲轴该平的平、该直的直，我想这么浅显的道理还用说，到班组一看，大不一样，八九节的曲轴，咱们注意找单节的平，人家注重整根轴的平；咱们注意单一连杆的垂直度，人家注意全部连杆的同一垂直度。人家是大平大直，动作划一；咱们是小平大不平、小直大不直，走路打膀子，相互较劲儿。”

“人家非常重视同心度、垂直度，一丝不苟地找摆差。找摆差，以前咱们只是听说，不知道是怎么回事儿，到上海开眼了。”

“人家自个儿铸造主轴瓦、连杆瓦，对瓦的加工也绝，先镟后涨不收口，不用刮刀刮也不出铜末；咱们几十个人抱着小刀，光着膀子吭哧吭哧地刮半宿，铜末照出。我看问题就出在小平大不平、小直大不直上。”

“江南造船厂用汽油清洗增压器的积炭，洗得干净，咱们呢？还是用蒸汽机车刮刀刮气缸油烟子的老办法，结果是积炭刮不净、倒不出，掉进油槽里，恶性循环。”

“江南造船厂修完的连杆，涂上机油吊起来，防尘防锈防变形，咱们呢？修完连杆地上一扔，旁边儿一堆，变形了还不知道，落上灰尘也不管。”

“人家很重视光洁度，讲几个花儿，用千分尺量，科学，我们呢？还是蒸汽机车老一套——塞尺、卡钳、用眼量。”

“江南造船厂的师傅们说，不粘灰尘的内燃机配件可以用上五年，带灰尘装的配件只能用三年。要真是这样，咱们段装得快、坏得快、扔得快就找到病根儿了。”

“人家把保持曲轴、连杆的清洁，同检修看得一样重要。”一位学习团成员回忆说：“以前，有位洋人帮咱们修内燃机，洋人伸手要抹布。咱们打下手的工人递给人家一把棉丝。洋人把棉丝摔在地上，瞪了工人一眼，看看没有麂皮、绸布，刺啦一声把自己身上的真丝白褂撕下一幅，擦配件。当时还不理解，认为洋人故意找碴儿。看了上海，明白了用丝绸、麂皮擦机件是工作需要。现在看来，以前咱们段是捡了芝麻丢了西瓜。”

“是这样。”另一位工人说，“不过江南造船厂也说得玄了点儿，他们说拿着修好的柱塞在门前走一走，回屋就装不上，我还真有点儿不信。”

“我信。人家检修的柱塞、柱塞付之间的间隙是零点零几道（人头发的直径约等于 7 道），哪像咱们还是讲毫米。”

“人家的柱塞是怎么修的？是在密闭防尘的屋子里，穿着拖鞋白大褂，专用磨床修，用麂皮、绸子擦，用机油浸泡，柱塞像镜面，放蓝光，倾斜 45° 自动滑入柱塞付。哪像咱们，一没有像样的磨床磨具，二没有密闭的房子，在又黑又脏的检修库里，用砂纸打，用棉丝擦，别提绸子、白大褂……”

已经是晚上 9 点多了。学习团员们余兴未尽，记不清是哪一位，感触良多地说：“江南造船厂的检修范围清楚，标准明确，工艺严格，从大到小，处处透着科学。跟咱们截然不同，咱们是机车变了观念没有变，抱着蒸汽机车的经验不放，用修蒸汽机车的方法修内燃机车。学上海，解放思想，改变观念，来一次大变革。”

“改变观念。”赵天云总结似的说，“江南造船厂的经验太珍贵了，从明天起，只要对我们检修内燃机车有用的，不管别人说什么，都要认真地学。全面学习，各有所专。今天分分工，明天对口下班组，跟师傅、盯工序，一板一眼地学，直到学会、精通，不然，决不收兵！”

优秀的技术工人是制造业的灵魂，江南造船厂的几位“老神仙”，专司外轮进港内燃机检修的“诊断开方”事宜。按照国际惯例，外轮进港必须把机械打开、发动，请在港专家、技师上船检查、开列修程，进行检修，确保到下一个港口的航程安全。外轮到上海港，“老神仙”们登船问一问途中机械运转情况，看一看运转状态，听一听运转声音，然后“开方”下单子，百应百验，从无闪失。有一次，船厂检修组装了一台柴油机，试验时有些微小的异音，功率也不理想，质量不过硬，就拆。拆了装，装了拆，总是找不到毛病出在什么地方。没辙了，去请“老神仙”。“老神仙”围着那台试验的柴油机转了两圈，眯缝着眼说：“第 × 缸的活塞少一块涨圈，补上就行了。”身旁的检修工长火冒三丈地顶撞：“我已经拆了 6 次，查看了 6 次，涨圈一点儿不少。”“老神仙”睁大了眼睛，斩钉截铁地回敬：“拆！补齐第 × 缸活塞涨圈。”“老神仙”的话就是“圣旨”。船用柴油机门板大的活塞抽出来了，那位工长不情愿地对“老神仙”说：“请您检查。”“老神仙”用手沿着涨圈来回一捋，指着一块复合涨圈说：“把这块启下来，里边短一块，补上。”

自此，学习团员们不光努力学习江南造船厂内燃机的检修制度、检修范围、检修工艺、检修标准，还发奋学习江南造船厂检修工人们的高超技艺。转眼就是一个半月，按照分工包干的学习课题，经过多次的互考互答、铁道部工程师的确认，成绩优秀。

此后，为进一步掌握柴油机操作与维修技术，学习团还前往当时国内著名的重庆长江航运公司进行学习，至 1964 年底，经过培训的北京铁路局的技术人员已能正确判断并维修所有“趴窝”机车的故障，彻底地解决了机车大面积“趴窝”的问题。

五、系列产品

1. 东风 2 型内燃机车（调车）

东风 2 型内燃机车于 1964 年试制成功，该型调车相较之前的蒸汽调车具有显著的经济优势：热效率比蒸汽机车高三倍以上；启动、加速快，与同功率蒸汽机车比较，完成同一调车任务的时间可节约 20% ～ 30%；整备时间少，一次整备可连续工作五昼夜；乘务人员劳动条件大为改善，操作方便，瞭望清楚，工作安全。在实现铁路内燃化的过程中，设计制造新型、工作可靠、性能优良的调车内燃机车是一个极为重要的任务。

东风 2 型内燃机车采用 6L207E 型柴油机，它与 10L207E 型柴油机属于同一系列。东风 2 型内燃机车上的大部分部件与东风 1 型内燃机车上相应的部件结构是相同的，转向架的结构形式也完全相同。这对运用、维修是很有利的。

机车车体采用全钢电焊结构，自前向后（冷却室端为机车前方）可分为冷却室、动力室、司机室和后机室四个部分。车体做成罩式，司机室布置在中部靠后，使前后调车时都有良好的瞭望条件。车体各室间的连接，除司机室和后机室用焊接外，其余各室间均用螺栓相连，接缝外面用装饰带覆盖。车体和车架的连接，除动力室外，其余各室都焊于车架上。冷却室、动力室及后机室的侧壁上都开有小门，四周还设扶手及走道，与司机室小门相同，便于乘务人员检查室内各机组的运行情况。机车的前、后端都设有脚蹬及扶手，使调车员的工作安全方便。

2. 东风 6 型内燃机车

1989 年，大连机车车辆厂从美国通用电气公司（GE）引进了 13 项内燃机车关键零部件的制造技术，并与该公司合作开发微机控制的东风 6 型内燃机车，从以法国阿尔斯通公司为代表的西欧 50Hz 集团引进了 8K 型电力机车制造技术，因而又分别称为“东风 GE 型”和“东风 8K 型”。为提高关键零部件的加工精度和质量，引进了加工中心，同时还引进了气阀生产线、数控机床、数控步冲压力机、轴承内外圈生产线、盐浴软氮化设备、真空热处理设备等关键制造设备。在检测技术方面，从美国贝尔德公司引进了20余台火花光电直读光谱仪，供各厂炉前和中心试验室使用。这既提高了分析速度，又保证了铸钢件的质量。东风6型机车轴式为Co–Co，整备质量为138 t，最高速度为118 km/h，持续速度为22.2 km/h，启动牵引力为442 kN，持续牵引力为360 kN，电阻制动轮周功率为2 800 kW。采用美国通用电气公司的交直流电传动装置，主发电机为GTA32AI型。6台轴悬式牵引电动机为GE752AFC1型，无磁场削弱。

东风6型机车与东风4型机车相比，其主要性能改进包括：提高了机车的功率，从2 426 ～ 2 646 kW提高到2 940 kW；降低了辅助功率消耗，辅助功率降到仅占柴油机输出功率的3.4% ～ 5.0%；增大了机车牵引力，在同样的坡道上，东风4型机车只能牵引2 750 t，而东风6型机车则可牵引3 350 t；改善了恒功率调节性能，采用了微机控制，柴油机工作平稳，不冒黑烟，节省燃油；设有防空转装置；降低了燃油消耗率；提高了传动装置效率，主电路传动效率由东风4型机车的90%提高到92%；提高了机车的轮周效率，由东风4B型机车的33.9%提高到东风6型机车

图3–95　1989年3月22日研制成功的第一台东风6型机车

的 35.44%。在平道上牵引 4 000 t 列车，速度可达 86 km/h。东风 6 型是东风 4B 型、东风 4C 型机车的替代产品。

3．北京型内燃机车

北京型内燃机车由北京二七机车车辆厂于 1971 年试制，1975 年小批量生产。该机车配属在北京及天津机务段做客运列车。在北京机务段使用中，该机车与国内外其他内燃机车相比，油耗量较低。北京二七机车车辆厂针对该机车存在的问题，做了很多改进工作。

4．东方红 2、3、5 型内燃机车、东风 ND5 型重载调车内燃机车

东方红 2 型液力传动调车机车最初由青岛四方机车车辆厂设计，以后转由资阳内燃机车厂试制生产。资阳内燃机车厂生产了 50 台，配属铁路局 33 台，工矿 17 台。东方红 3 型由四方机车车辆厂于 1976 年试制并批量生产。它是在试验型机车（东方红 4311 型）的基础上，经过重大改进而试制的产品。配属在沈阳机务段，担当沈阳—大连的客运任务。资阳内燃机车厂根据该车存在的轴重小、构造速度低等问题修改

图 3–96　1996 年研制成功的东风 5B 型重载调车内燃机车

了设计，试制及批量生产了东方红 5 型调度机车，整备质量由 60 t 增加到 84 t，增加了工况齿轮箱，使调车工况的构造速度降至 40 km/h，提高了启动牵引力，小运转工况时构造速度增大到 80 km/h，扩大了机车的使用范围。东方红 5 型调度机车配属在天津等机务段。据反映，其使用效果比东方红 2 型机车要好。东风 ND5 型重载调车内燃机车由唐山机车车辆厂试制及生产，配属在北京及丰台机务段担当调车。

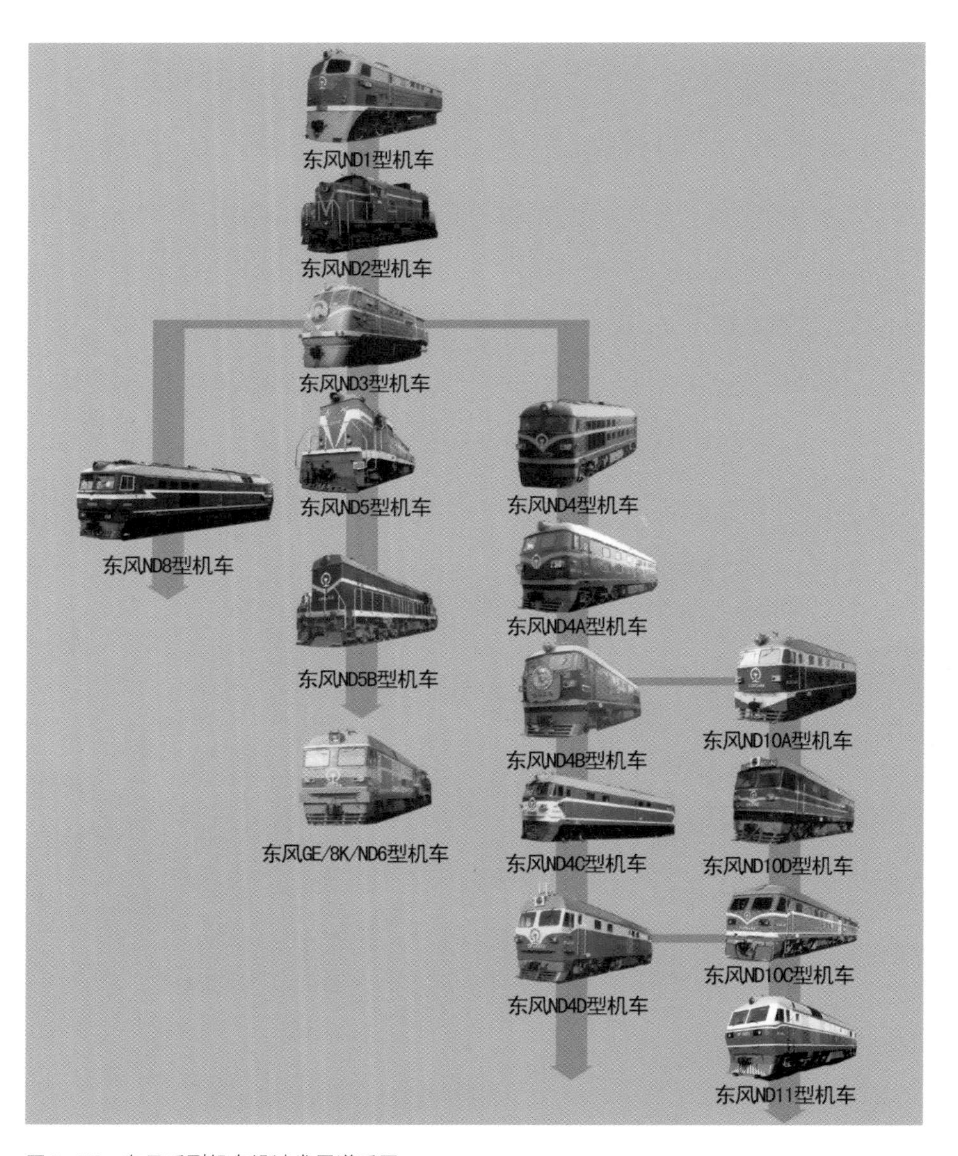

图 3–97　东风系列机车设计发展谱系图

第六节　丰收-35型轮式拖拉机

一、历史背景

1957 年 6 月，中共中央华东局农业委员会和上海市工业生产委员会为实现华东地区农业生产的机械化发展目标，部署上海机械单位试制适应地域特征的农用拖拉机设备。上海汽车装修厂（上海汽车厂前身）迅速做出反应，于 1958 年 3 月参照国外成熟机型成功试制了一款拖拉机，定名为红旗牌 27 型拖拉机（1959 年 2 月 15 日改名为丰收 -27 型拖拉机），至 1959 年 4 月累计生产 50 台。但经实际耕作，发现该机耕田动力不足，且液压升降系统经常发生故障，返修严重。随后转而对美国麦赛福格森 MF-35 型拖拉机进行测绘研究并对部分设计进行改进，改进后的产品定名

图 3-98　作为最早的参照对象，苏联明斯克拖拉机厂的轮式拖拉机曾被寄予厚望，但测绘人员在工作推进的过程中发现了该型号产品存在一定的缺陷，故而放弃

图 3-99　以麦赛福格森 MF-35 型拖拉机为代表的西方国家的轮式拖拉机在硬件设计上更为成熟与合理

为丰收 -35 型拖拉机。

1961 年 2 月，上海市农业机械制造公司决定由上海拖拉机厂试造定型的丰收 -35 型拖拉机。该厂接收图纸后进行了四轮试制，使拖拉机的性能进一步提升。1963 年 2 月，上海拖拉机厂集中力量发展约 5.15 kW 手扶拖拉机，经上海市第一机电工业局和上海市农业机械制造公司决定，将丰收 -35 型拖拉机交七一农业机械修配厂（上海丰收拖拉机厂前身）继续改进试制。七一农业机械修配厂严格按图纸要求，逐个零件攻关，于 1963 年 7 月 30 日试造 5 台，于当年年底完成 15 台。经崇明多家农场试耕证明性能可靠，1963 年 12 月 24 日通过厂级技术鉴定。1964 年，七一农业机械修配厂根据上海市委关于拖拉机能下水田耕作的要求，经过实地试验，听取用户意见，改进前、后桥等关键零部件设计，于当年 8 月完成试造丰收 -35 型水田型拖拉机 5 台，经实地 500 h 试耕，主要机件防水、防泥、防陷性能良好，功能齐全，是国内第一批水田型轮式拖拉机。1964 年，根据第八机械工业部（农业机械部）要求，将两种丰收 -35 型轮式拖拉机共 8 台，分送北京、河南、浙江、广东 4 个省市，进行为时 1 年多的中间试验，至 1965 年底完成 2 000 h 田间耕作。1965 年年底召开中间试验总结会议，通过了 3 个总结文件并上报。同年 12 月 28 日通过市级技术鉴定。国家科学技术委员会和第八机械工业部于1966年初颁发了部级技术鉴定证书，同意成批投产，当年即生产608台。截至1979年，最高年产达8 540台，为1966年的14倍。

二、经典设计

丰收-35型拖拉机是一款中型轮式拖拉机，经过多次改进，其柴油发动机功率约为26 kW，转速为2 000 r/min，牵引力在三速时约为10.8 kN，结构质量为1 630 kg，车速为1.99～22.10 km/h，力、位调节，三点悬挂，额定质量为850 kg，适用于水田、旱田的耕耙、旋耕、推土、挖掘等多种农业作业，并可用于运输。

在造型上，丰收-35型拖拉机实现了造型、功能与成本的三结合。早期生产的丰收-35型采用了当时西方主流的弧面设计，同时兼顾了我国的工业制造能力，适当减小了造型上的弧度，使其更适应我国工艺水平。而后期生产的丰收-35型拖拉机则更趋简洁。设计师在产品上倾注了自身对产品的认识，硬朗的车体线条与镶嵌进车头面板的大灯设计无不体现出设计者对现代主义与功能主义的深刻理解。

图3-100　早期的丰收-35型拖拉机

图 3–101　再现丰收 –35 型拖拉机下线场景的素描，画面中心位置是后期型号的丰收 –35 型拖拉机，而作为背景的丰收 –35 型拖拉机则是前期型号

丰收 –35 型的原型机 MF–35 型拖拉机是旱地拖拉机，其在华东水田工作时机件容易损坏。为实现能够翻耕水田的功能，设计师适当改变了末端减速和前、后桥等结构，使其能适应上海及周边地区的水田。而为加强产品的泛用性，丰收 –35 型换装了我国自行研制的 S–4 型高花纹轮胎，这种轮胎对土壤的比压低，滚动阻力小，牵引效率高，转弯半径小，使产品能够兼用于水田、旱田和潮湿田的作业。

S–4 型轮胎是由清华大学农机系、橡胶工业研究院等机构组成的研发团队为中国华东、华南地区广泛的水稻种植区研发的轮式拖拉机专用轮胎。设计人员在设计之初便认识到，想要提高拖拉机的生产率和经济性就必须提高牵引效率，而牵引效率主要取决于驱动轮的工作情况。此前研究团队已经通过旱地试验得出了拖拉机轮胎内的气压直接影响轮胎支撑面与土壤的接触面，可使土壤垂直变形减小，有利于减小滚动阻力及改善附着性能的结论。为了获得拖拉机轮胎在水田中正常运行的设计参数，研发团队采用 S–4 型高花纹轮胎做了五种不同气压条件下的牵引试验。试验结果表明，当附着系数较大时，轮胎气压降低后滑转率有较大的降低，驱动轮的效率也相应提高，同时轮胎气压的降低也使得接地面积增大，对驱动轮的机械效率也略有提高。但低气压会使轮胎压沟，从而导致胎边褶皱损坏。研发团队为兼顾生产率与经济性，在编写使用手册时强调了 S–4 轮胎在使用时“宜采用较高气压”。

S–4 轮胎的纹理经过了超过 1 000 h 的反复试验与测试才最终定型，设计人员对轮缘的宽度和轮刺的角度反复试验，发现试验编号为 62-B1 的轮胎在耕作中对土壤的孔刺较小，能满足整田的农艺要求。于是，研发团队将此编号的 S-4 轮胎制成五种不同的高度，分别在稻茬及田埂上进行牵引性能对比试验。研究结果表明，当轮刺较高时轮胎下陷较大，接触的土壤变形也大，所以滚动阻力较大；反之较小。但轮刺高度减小会使抓地能力降低，滑转率显著提高，并使泥土易于积存于浅轮刺之间，形成泥团，使滑转率增大，导致机械效率降低。但一味追求高轮刺也非正途，因为在生土较硬的稻田上轮刺往往不会继续下陷，表现在轮缘并不接触泥面。如在一次试验中，研发人员甚至可以将手伸进轮缘与泥面之间，这样就没有发挥轮缘同泥面附着所产生的驱动力，进而造成滑转率较高，结果是机械效率降低。最终，研

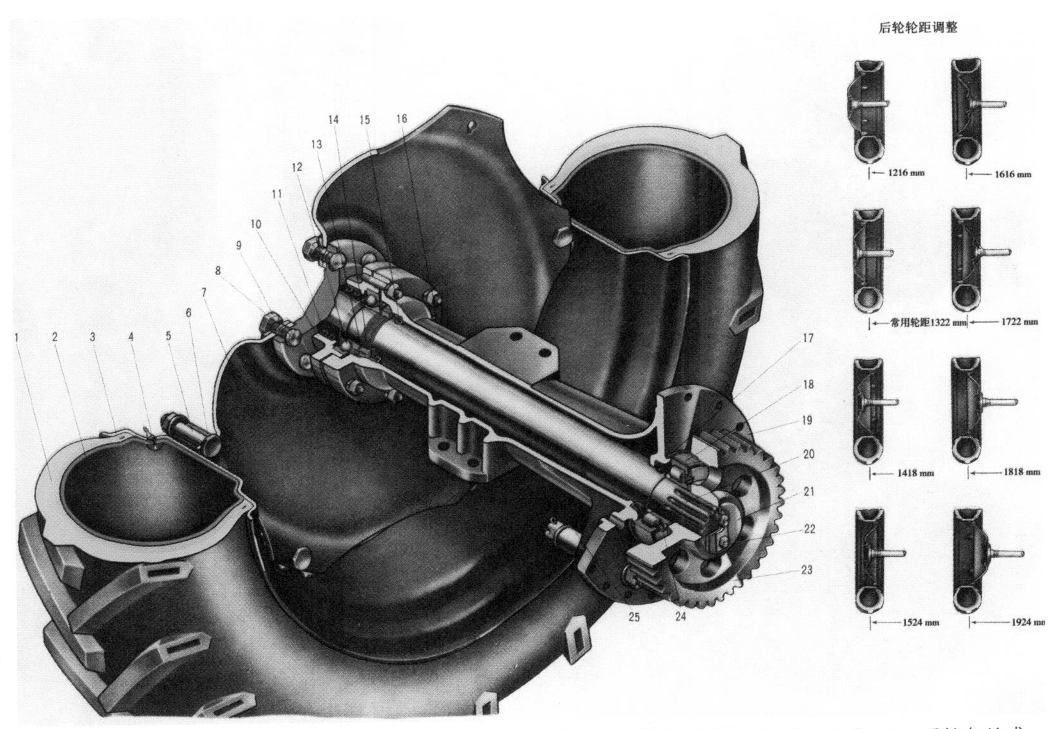

1—外胎 10-28；2—内胎；3—后轮钢圈；4—内胎气阀芯总成；5—后轮钢圈螺栓；6—钢圈支架；7—后轮盘总成；8—后轮壳螺栓；9—后轮壳螺母；10—轴承座；11—半轴油封总成；12—单列向心球轴承；13—止退垫圈；14—固定圆螺母；15—半轴油封总成；16—直通滑脂嘴；17—封油圈；18—单列向心短圆柱滚子轴承；19—右半轴套管；20—长半轴；21—挡圈；22—长形片；23—终减速器大齿轮；24—大齿轮垫圈总成；25—销轴

图 3-102　丰收 -35 型后桥半轴和后轮示意图（图左下方可以清晰地看到 S-4 轮胎的纹样）

发团队得出结论，该编号的 S-4 型轮胎的轮刺高度在 67 mm 时驱动轮的效率最高，并且在较长时间的使用磨损后仍可保持一定的效率，在这个规格下，S-4 轮胎每耕作 1 000 h，轮刺的高度约磨损 1 mm。

产品投放市场后，设计人员根据反馈意见发现丰收 -35 型拖拉机经常出现发动

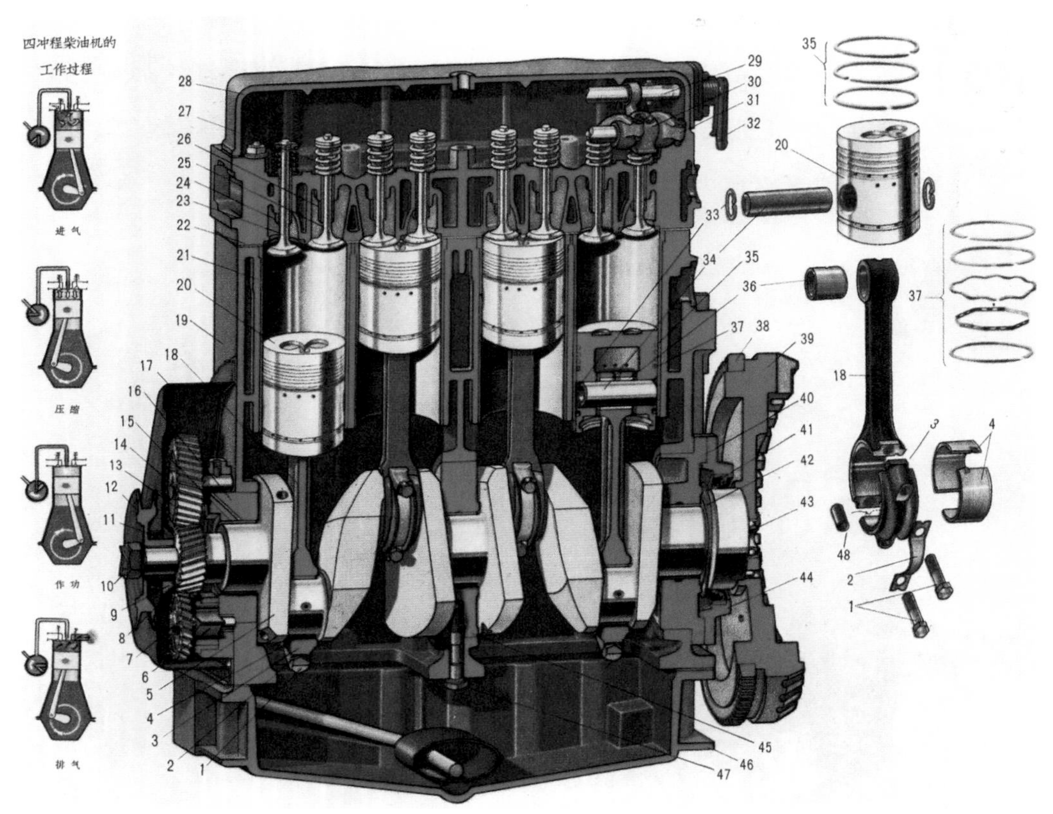

主要技术规格

发动机类型：四缸、四冲程、涡流室式燃烧室、水冷柴油机	功率：25.7 kW	压缩比：20 ∶ 1
转速：2 000 r/ min	气缸直径：85 mm	气缸工作容积：2.27 L
	活塞行程：100 mm	气缸工作顺序：1—3—4—2

1—连杆螺栓；2—连杆保险片；3—连杆盖；4—连杆轴瓦；5—曲轴；6—润滑油泵；7—润滑油泵驱动齿轮；8—曲轴正时齿轮；9—挡油圈；10—启动爪；11—曲轴前油封；12—皮带轮；13—正时惰齿轮；14—惰轮轴；15—主轴瓦；16—前主轴承座；17—正时齿轮室盖；18—连杆体；19—气缸体；20—活塞；21—气缸套；22—气缸盖；23—排气门；24—排气门导管；25—进气门；26—进气门导管；27—气门弹簧；28—气缸盖罩；29—减压轴；30—气门摇臂轴支座；31—气门摇臂；32—减压摇臂；33—活塞销锁环；34—活塞销；35—气环；36—连杆衬套；37—油环；38—飞轮齿圈；39—飞轮；40—后主轴承座；41—曲轴后油封；42—曲轴止推片；43—滚动轴承；44—后油封壳；45—中主轴承座；46—油底壳；47—中主轴承座坚固螺栓；48—定位环

图 3-103　丰收 -35 型拖拉机发动机的工作原理

1—发动机罩壳；2—电气系统；3—转向器；4—液压升降机盖及操纵机构；5—驾驶座；6—挡泥板；7—液压悬挂机构；8—半轴套管及后轮；9—后桥；10—液压泵；11—变速箱；12—离合器；13—发动机；14—前桥

图 3–104　丰收 –35 型拖拉机总图

机缸体变形，末端齿轮、螺旋伞齿轮断裂等故障。1962 年下半年，上海市工业生产委员会和上海市机电一局成立领导小组，由上海市机电产品设计院修改图纸，通过对照样机，解剖实物，组织技术部门针对质量问题进行攻关。至 1963 年，产品装备的 485 型立式柴油发动机通过了 2 000 h 的耐久性能试验，15 个主要问题基本得到解决。此后又由技术人员随机跟踪检查，不断对产品进行改进、改良。首先在丰收 –35 型标准型拖拉机上着重解决螺旋伞齿轮早期磨损、离合器膜片弹簧变形、摩擦片打滑烧毁、液压悬挂系统失灵等 47 个质量问题。继而根据水田耕作的特点，修改 2 000 多张图纸，系统解决了水田操作的 8 大问题，即水田耕作通过性差、制动器泥水渗入、轮毂密封性差、无差速锁、前轮易翘头、传动系统强度不够、燃油箱容量小、挡泥板防泥水性差，从而提高了拖拉机对水田地区的适应性和可靠性，使丰收 –35 型拖拉机从引进测绘到消化吸收、自行设计，成为适应国内水田耕作的成功产品。

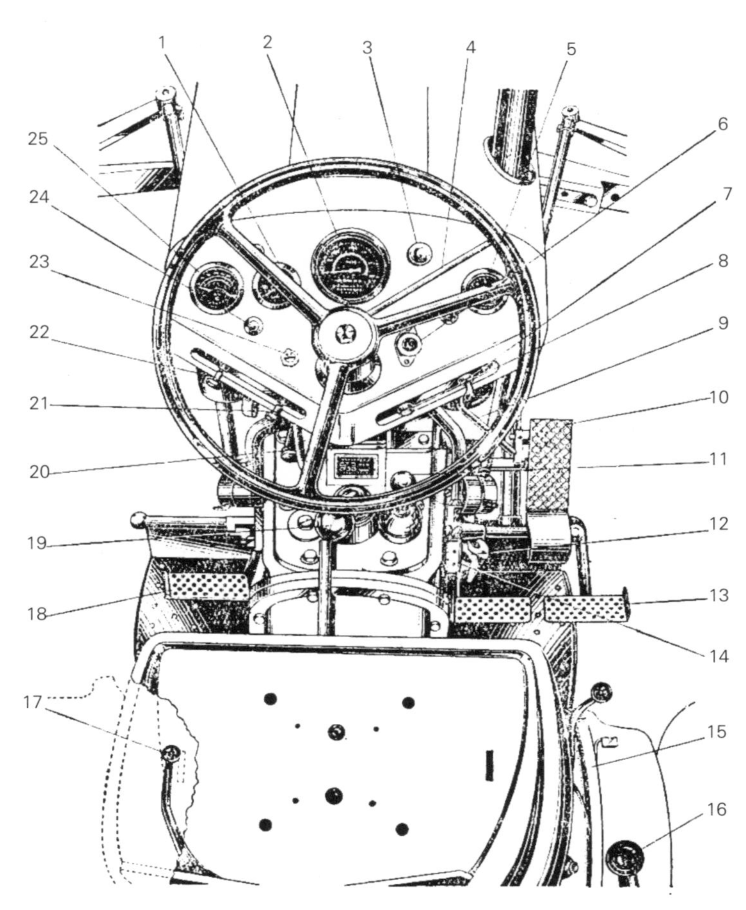

1—机油压力表；2—车速里程表；3—仪表灯；4—手油门拉杆；5—电流表；6—喇叭按钮；7—预热启动开关；8—电门开关；9—减压手柄；10—油门踏板；11—副变速杆；12—制动踏板联动块；13—制动踏板；14—停车锁爪；15—液压悬挂系统操纵机构；16—差速锁操纵手柄；17—动力输出轴操纵手柄；18—离合器踏板；19—主变速杆；20—停车油门拉杆；21—灯开关Ⅰ；22—灯开关Ⅱ；23—转向灯开关；24—转向灯；25—冷却液温度表

图 3-105　丰收 -35 型拖拉机驾驶室仪表盘上的按键、各种功能操纵示意图

为适应农业机械化多种功能的需要，丰收 -35 型拖拉机在生产过程中被先后开发出多种系列化变型拖拉机。1973 年，根据上海市对拖拉机能宽耕、深耕和“三秋”（秋收、秋种、秋管）耕烂田的要求，试造了四轮驱动拖拉机，实地耕作试验证明它比两轮驱动拖拉机牵引力提高 40%，生产率提高 40% ～ 47%，油耗降低 33%，耕烂田性能良好，成为全国首创的丰收 -35 型四轮驱动拖拉机，以后经过四轮改进完善，于 1978 年完成了全密封式二级锥齿轮传动的轮边减速前桥结构和液压助力转向

结构。经过两年试耕，性能优良，功能齐全，农民甚为满意。此外，1978 年 10 月，完成丰收 –650 型和丰收 –654 型的试造；1979 年设计丰收 –40 型拖拉机，功率约为 29 kW，转速为 2 400 r/min，12 挡变速箱，最高车速为 27.65 km/h；1979 年还设计了丰收 –35 型运输拖拉机。丰收 –40 型拖拉机及丰收 –35 型运输拖拉机曾在 1981 年成为热销产品。但 1982 年丰收 –35 型拖拉机的转产，丰收 –40 型未进入批量投产。无论是哪一种型号的产品，驾驶室仪表盘上的按键、各种功能操纵杆的设计原则基本相同。因轮式拖拉机多在泥泞崎岖的耕地上运行，故操作员在长时间的劳作中疲劳度是很高的，为尽可能在操作过程中降低调试设备带来的疲劳感，所有按键和操纵功能都被相对集中在一个区域。

三、工艺技术

作为一款设计门槛相对较低、完成度极高的产品，丰收 –35 型拖拉机在工艺上的进化主要着重于解决工艺装备的产量与寿命问题。由于该产品投产后供不应求，农业机械部于 1966 年向上海丰收拖拉机厂下达了年产 3 000 台的生产计划，并计划向工厂投资 180 万元。1969 年，上海市为技术改造拨款 135 万元。1971 年，为推行华东地区农业生产机械化目标，进一步要求年产 5 000 台，增加拨款 120 万元。这些投资对丰收 –35 型拖拉机生产能力的扩大起了决定性作用。从 1969 年开始，上海丰收拖拉机厂广泛开展技术革新，将 98 种 211 件零件推行少无切削，40 多种零件改用自动车床加工，平均提高工效 30% 以上。1970 年全厂形成“双革四新”高潮，到 1975 年，全厂实现 128 台高效专机、7 条生产流水线和半自动生产流水线，专机的比例从原来的 25% 提高到 55%，生产率大为提高。液压泵盖转塔式组合机床，提高工效 4.8 倍；冷打花键机提高工效 11.6 倍；差速器三工位组合机床提高工效 6 倍；制动器壳生产线提高工效 2.5 倍；离合器盖镗孔专机提高工效 6 倍；后桥壳体生产线提高工效 24 倍；液压机盖三工位流水线提高工效 10 倍；差速器壳粗车机床提高工效 7.7 倍；整机总装环形流水线提高工效 3 倍；其他如曲柄自动线、液压缸二头镗 7 孔钻、离合器三大壳体 8 孔钻、离合器盖三等分自动分度铣专机、电镦头机、电泳涂漆流水线、制动器盖生产线等，分别提高工效 2 ～ 7.5 倍。同时冲压钣金件，包括罩壳、油箱、仪表板、挡泥板等大型复杂件，也迅速实现全面模具化生产，为产品上批量奠定物质基础。1975 年，产量突破 5 000 台。丰收 –35 型拖拉机批量投产后，根据用户反馈意见，对产品结构工艺继续进行改进。如液压泵的安全阀和进出油阀改为球阀，简化了工艺，保证了密封性。封油垫圈材料由 GCr15 改为 38CrMoAl 并氮化处理，耐磨寿命提高 3.5 倍。活塞的两道金属环改用“O”形密封圈。功率输出轴的改进解决了旋耕的推力问题。前轴总成选择最佳的加强板，保证了使用不变形。

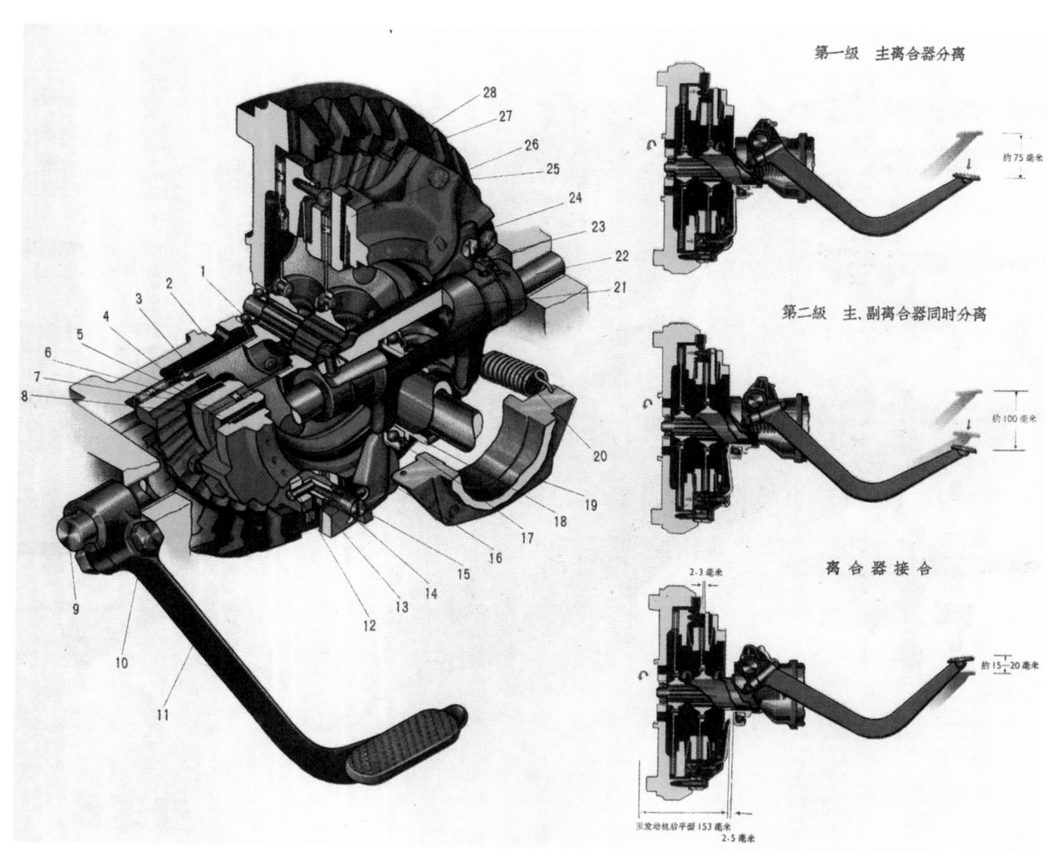

1—单列向心球轴承 60203；2—飞轮；3—主摩擦片总成；4—离合器主压板；5—膜片弹簧；6—副摩擦片衬板；7—副摩擦片总成；8—副摩擦片压板；9—离合器分离轴长轴；10—离合器踏脚紧固螺栓；11—离合器踏脚总成；12—小轴（分离杆固定座）；13—分离杆固定座；14—弹簧（分离杆调整）；15—分离杆调整螺钉；16—离合器压盘分离杆；17—推力轴承 986713；18—离合器推力轴承套；19—第一轴轴承座；20—离合器推力轴承套拉力弹簧；21—离合器推力支座；22—离合器分离轴短轴；23—制动螺钉；24—小轴—分离杆与离合器盖固定；25—离合器盖固定螺栓；26—离合器盖；27—垫片；28—副摩擦片压板联动螺钉

图 3–106　丰收 –35 型拖拉机离合器设计示意图

摩擦片推广黏接技术，离合器片的制动器片改善工作性能，增设驾驶棚，改善了安全性和操作性。增加了拖挂车的气刹车装置，保证了行车安全。液压泵方铜衬改用粉末冶金，后又改用硫化粉末冶金，提高耐久性能。

1973 年 6 月，第一机械工业部拖拉机技术改造调查组提出丰收 -35 型拖拉机在两年内进行技术改造，在第四个五年计划期间尽快实现年产万台的能力。上海丰收拖拉机厂发动群众对 363 种零件采取“三查三落实”的攻关措施，对“一泵二壳五轴”采取重点攻关措施，并加强工艺路线整顿，严格生产管理，使整机合格率达 87%。

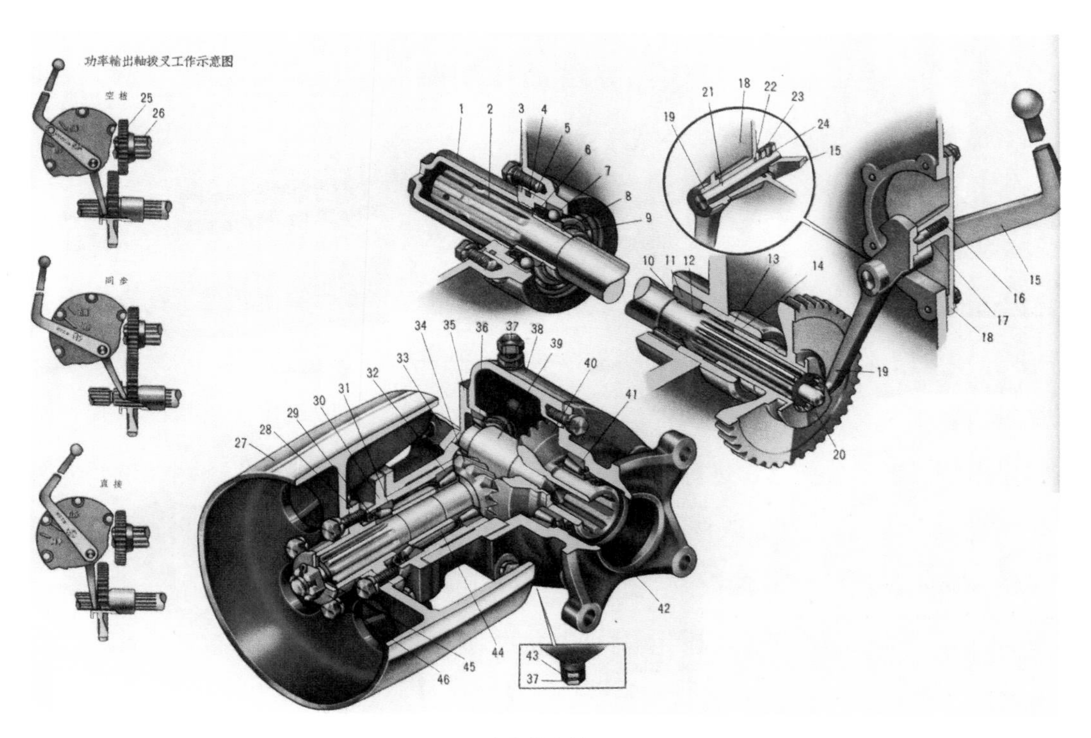

功率输出轴

1—防护罩；2—功率输出轴；3—压板；4—封油圈；5—挡圈；6—功率输出轴油封；7—单列向心球轴承；8—挡圈；9—功率输出轴轴套；10—滚针轴承锁环；11—功率输出轴轴承座；12—滚针轴承；13—轴承座；14—轴承座衬套；15—手柄；16—弹簧；17—撑销；18—拨叉座；19—拨叉总成；20—功率输出轴传动齿轮；21—拨叉轴；22—拨叉轴；23—垫圈；24—销；25—同步齿轮；26—主动螺旋圆锥齿轮

皮带轮总成

27—皮带轮；28—花键套；29—油封；30—轴承座；31—圆锥滚子轴承；32—圆锥滚子轴承；33—观察孔盖；34—小锥齿轮；35—轴承盖；36—圆锥滚子轴承；37—螺塞；38—箱壳；39—轴；40—大锥齿轮；41—圆锥滚子轴承；42—箱壳盖；43—石棉垫片；44—中间套；45—毛毡圈；46—垫圈

图 3-107 丰收 -35 型拖拉机功率输出轴和皮带轮示意图（早期的丰收 -35 型拖拉机受生产工艺的限制，这一部分经常出现故障，使得设备功率下降。改革开放后，随着工艺技术的快速提升，这一问题已不复存在）

从1979年起，制定赶超英国和日本的产品升级规划，推行全面质量管理，推广新工艺，添置新专机，如液压泵活塞孔采用脉冲挤压，采用超声波清洗，添置精测量具，液压泵装配流水线，调整后桥壳体流水线，完善电泳涂漆线。经过这些技术措施的落实，产品质量经行业组整机成品抽查，合格率达95%，主要件项次合格率达95.2%，被第一机械工业部评为一等品，并具备了年产万台的生产能力。

四、产品记忆

虽然丰收–35型拖拉机是一款在设计上非常成熟的产品，但是受工业能力、工艺水平和工人技术三方面的限制，产品在推向市场后的一段时间里因为“三漏”（漏油、漏气、漏水）问题而广受诟病。

在对工人进行动员之后，工厂领导参与对“三漏”问题的攻关。通过实地走访及对返厂设备的检测，技术人员认为引起拖拉机“三漏”问题的主要原因是设计结构不合理，加工、装配不严谨，密封元件性能不可靠，零件碰伤碰毛。在分析的基础上，上海丰收拖拉机厂确定了24个技术攻关项，总结出了“去毛、清洗、除尘、试套、校压”十个字的防漏经验，并一改过去产品组装完成便出厂销售的模式，制定了对每一辆下线产品都进行“三漏”检测的生产规程，对拖拉机的泵壳材料加工工艺进行完善，从源头上降低了“三漏”问题的出现概率。通过“工人创新”活动，上海丰收拖拉机厂发现采用密封胶能进一步克服产品在使用过程中出现的“三漏”问题，特别是在一些用螺纹作为密封形式的螺塞、螺钉、管接头部位涂上密封胶后效果十分好。

由于丰收拖拉机产量巨大，所以工厂在改进产品的同时意识到在生产过程中所采用的技术也应得到更新，绝不能停留在过去作坊式的加工模式，原先的粗加工与半精加工工艺应该被淘汰，而兼顾合理性与经济性的一次走刀或二次走刀工艺则应被推广。通过对生产流程的层层把关，上海丰收拖拉机厂在1976年达到了“基本不漏”的产品标准，同时也提高了产量。

五、系列产品

上海 –50 型轮式拖拉机

上海拖拉机厂生产的上海 –50 型轮式拖拉机是一种水旱田兼用、以耕为主、兼顾运输的中型轮式拖拉机。额定牵引力约为 10 787 N；结构质量为 1 800 kg；车速为 2.50 ～ 26.85 km/h；悬挂轴额定提升质量为 850 kg。

上海 –50 型轮式拖拉机是在丰收 –35 型拖拉机的基础上改进设计的机型。1970 年 6 月，上海机电一局和上海市拖拉机汽车工业公司将试制约 33 kW 中型拖拉机的任务下达给上海拖拉机厂及与之配套的上海农业药械厂（上海内燃机厂前身）。上海拖拉机厂接到试制任务后，立即组建了试制工作领导小组，下设产品技术组和试制组。产品技术组负责校对、补齐图纸；试制组负责主要零件的加工工艺，设计制造工夹模具和整机装配。当时机器设备陈旧简陋，零件加工采用通用机床和简易夹具，装配靠用榔头敲打、分散成台的方式进行。检测方法简单，金加工件主要用通用量具游标卡尺、分厘卡等检测；热处理件用硬度机测量；整机

图 3–108　上海 –50 型后继产品 SH–650 型一直保持着前代产品的造型，线条硬朗而简洁

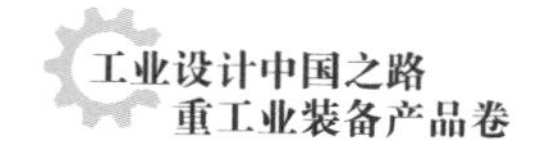

检测主要通过田间试验。1970 年 9 月底完成 5 台样机的试制工作，10 月从 5 台样机中抽出 3 台做 2 000 h 田间试验。1971 年按第一机械工业部指示，从当年生产的 305 台拖拉机中抽出 2 台分别参加南方和北方的集中试验。试验结果表明，上海 –45 型拖拉机的设计结构合理，性能较好，但存在液压系统缺乏调节装置、马力不足、旱田作业打滑率大的问题。为了解决上述问题，1972 年对上海 –45 型拖拉机进行改型设计：功率提高到约 37 kW；液压系统增加了调节装置；前、后轮增加配重块；改称为“上海 –50 型轮式拖拉机”，当年生产 510 台。

第七节　其他产品

1. 东方红 –54 型拖拉机

东方红 –54 型拖拉机是 20 世纪 50 年代中国人心中的农业机械化形象代表。该型拖拉机是由位于洛阳的第一拖拉机制造厂生产的，1959 年下线的中国第一代履带

图 3–109　位于第一拖拉机制造厂户外展示区内的东方红 –54 型链轨拖拉机

式拖拉机。在记录20世纪中国最具影响百件大事的北京世纪坛公园中展示了东方红-54型拖拉机，并附有“中国一拖（东方红-54型拖拉机）1959年建成投产”的文字。

东方红-54型拖拉机长3 660 mm，宽1 865 mm，高2 300 mm，离地间隙为260 mm。装有一台AE-54型四缸四冲程水冷柴油机，额定功率约为39.7 kW，额定转速为1 300 r/min，气缸直径为125 mm，活塞行程为152 mm，压缩比为16 ：1，最大牵引力约为27 949 N。5个前进挡，1个倒退挡，最低速度为3.59 km/h，最高速度为7.9 km/h。空载质量5 100 kg，载重质量为5 400 kg。这种拖拉机每天可耕地8万m^2，是牛耕地效率的40多倍。

其后继型号东方红-75型拖拉机则在动力系统上进行了升级，其液压系统是属于分置式的，包括齿轮油泵、分配器、油箱、油缸和各种油管等。这些液压元件分

1- 润滑油冷却器；2- 散热器；3- 发动机；4- 空气滤清器；5- 主离合器；6- 启动机燃油箱加油器；7- 制动器踏板；8- 柴油供给操纵杆；9- 转向杆；10- 变速杆；11- 驾驶室；12- 驾驶座；13- 柴油箱；14- 变速箱；15- 后桥；16- 最后传动装置 17- 牵引装置；18- 履带；19- 支重轮；20- 平衡臂；21- 联轴节；22- 车架；23- 导向轮；24- 牵引钩

图3-110　东方红-54型拖拉机剖面图

别布置在拖拉机前、后各部位，相互间由高、低压油管连接。液压系统的四个工作位置是由操纵分配器手柄实现的，这一设计降低了误操作的风险，同时也降低了对操作人员的要求。

东方红拖拉机不仅在我国农业中使用极为普遍，还在水利、交通、土方工程施工领域得到了广泛应用。20 世纪 80 年代以前，东方红拖拉机完成了中国机耕地 70% 以上的耕作，为解决我国人民吃饭问题做出了突出贡献。

2. 上海 –120 系列推土机

上海从 1963 年开始生产推土机。当年，彭浦机器厂在苏联 C–100 型推土机的基础上，重新设计试制成功当时国产最大的上海 –100 型推土机。它的额定功率约为 73.55 kW，可在 100 m 距离内进行推土、运土、推填路基、兴修水利、修筑公路及平整地基等作业。1967 年 12 月，在上海 –100 型的基础上试制出上海 –120 型推土机。较之此前的上海 –100 型，上海 –120 型以液压操纵代替钢绳操纵，推土装置也采用回转结构，使铲刀角度可调，发动机从原先的 4146 型提升为性能更为可靠的

图 3–111　上海 –120 型推土机

6135K–2 型，该型发动机性能可靠、油耗降低。至 1978 年，彭浦机器厂年产上海 –120 型推土机 120 台，1979 年获全国履带式推土机厂际竞赛第一名。

1981 年 4 月，试制出上海 –120A 型推土机，该机与上海 –120 型比较，整机噪声有所降低，油门操纵更加方便灵活；解决了发动机冷却液温度高的问题，延长了发动机使用寿命；降低了操作员的疲劳感；大链轮由整体铸钢改为镶装式锻造齿坯；台车采用黄油张紧装置，维修保养方便，增大了推力，提高了效率。同时，还配套附带了松土器、后绞盘等附属装置，一机多能。1987 年生产 400 台。此外，彭浦机器厂还在上海 –120 型的基础上发展了横向派生产品，如上海 –D6D 型推土机、上海 –PD6 型履带式推土机、上海 –PD6LGP 型湿地推土机以及 GJW221 型机械爆破挖壕机、上海 –120AG 型高原军用推土机、上海 –120A 型挖沟机、上海 –120A 型拖拉机等。

3. 东方红系列内燃机车

东方红系列内燃机车是由四方机车车辆厂于 1959 年开始试制的内燃机车，总计有 8 个型号。东方红 1 型是 1964 年批量生产的干线客运内燃机车，总计生产 109 辆，机车按双机联挂设计，也可以单机使用。前 73 辆机车的标称功率是 1 060 kW，最大速度为 140 km/h，车长 16 550 mm，轴式 B–B。后 36 辆机车的标称功率增大到 1 220 kW，最大速度降为 120 km/h，其他不变。

东方红 2 型是 1966 年由四方机车车辆厂按客运内燃机车设计制造的，机车功率为 1 470 kW，只试制了一台。1972 年资阳内燃机车厂和四方机车车辆厂共同设计，1973 年资阳内燃机车厂试制投产的东方红 2 型，已改为调车用的内燃机车，机车标称功率是 650 kW，最大速度为 62 km/h，车长 12 400 mm，轴式 B–B。

东方红 3 型是四方机车车辆厂 1976 年开始制造的干线客运内燃机车，机车标称功率是 730 kW × 2，最大速度为 120 km/h，车长 17 970 mm，轴式 B–B。机车的动力装置是两套相同而独立的机组，可以使用其中任何一套或两套同时工作。1987 年，该厂还制造了 2 台机车标称功率为 820 kW × 2 的东方红 3 型。

东方红 4 型从 1969 年到 1977 年共制造了 5 台，没有进行大批量生产。机车功

图 3–112　东方红 1 型内燃机车

率为 3 308 kW。

作为东方红系列内燃机车的巅峰之作，东方红 5 型柴油机车是在东方红 2 型机车的基础上改进而成的调车用柴油机车。东方红 2 型机车最初并非按照铁路干线的调车需要设计，原本仅打算供应路外厂矿使用，但大部分后来却配属铁路局担当干线车站的调车任务。经过一段时间运用，机务部门普遍反映东方红 2 型机车调车作业时“拉不动、停不住、跑不快”，主要原因是机车设计速度较高，而机车质量仅为 60 t，黏着质量不足。1975 年，资阳内燃机车厂根据这些意见对机车进行改进设计，包括提高整备质量，增设工况齿轮箱，改善设备布置等，于 1976 年 4 月研制了东方红 5 型柴油机车。

相较于东方红 2 型，东方红 5 型产品的质量由原来的 60 t 增加到 86 t，提高了

图 3-113　东方红 5 型内燃机车（1）

机车的启动牵引力和制动力；增设了工况齿轮箱，通过换挡可实现调车及小运转两种工况，扩大了机车适用范围；加大了油箱容积，改善机车的冷却、防寒、隔音能力等。改进后，东方红 5 型机车的启动牵引力、持续牵引力比东方红 2 型机车分别提高了 43%、67%。

人体工程学方面，为降低长时间操作带来的疲劳，设计师将驾驶员室加高加宽，并布置在机车偏中部位，改善乘务员和调车员的工作条件。此后东方红 5 型机车不断革新，1985 年研制了东方红 5B 型、东方红 5C 型机车。至 1996 年停产，资阳内燃机车厂累计生产了 512 台各型东方红系列柴油机车，其中东方红 5 型 480 台，东方红 5B 型约 20 台、东方红 5C 型 6 台。东方红系列机车大部分配属到北京、天津、石家庄、山海关、沈阳、三棵树、勉西等机务段使用，并有 150 多台东方红 5 型机车（包括东方红 5B、5C 型）交付炼钢厂和炼油厂等路外厂矿企业使用。2000 年起，东方红 5 型机车陆续被淘汰。

东方红 5 型柴油机车是约 919 kW 液力传动调车柴油机车，采用外走廊式、单驾

图 3-114　东方红 5 型内燃机车（2）

驶员室、主车架承载的机车车体，由前到后分别为制动室、传动冷却室、动力室、驾驶员室、后机室五个部分；其中制动室内装有空气压缩机、风缸等设备；传动冷却室内装有一台液力传动箱、冷却风扇、启动发电机等；动力室内装有柴油机、空气滤清器、燃油泵等装置；后机室放置电器柜、监控设备。东方红 5 型机车采用单机组结构，机车轴式 B–B，最高运行速度为 80 km/h，轴质量为 21.5 t。

机车装用一台 12V180ZJ 型柴油机，与 DFH 系列、东方红 3 型柴油机车相同，为 12 气缸、四冲程、废气涡轮增压的 V 形高速柴油机，额定转速为 1 500 r/min，标定功率约为 919 kW，装车功率约为 791 kW。

东方红 2 型柴油机车的液力传动系统主要包括液力传动箱、工况齿轮箱（中间齿轮箱）、车轴齿轮箱、辅助传动装置、万向轴等。液力传动箱位于机车冷却室下方，而中间齿轮箱设置在车体中部、柴油机和液力传动箱之间。柴油机通过万向轴将功率传递到液力传动箱，再从液力变速箱的输出法兰，经万向轴传递给中间齿轮箱并两端输出，再以万向轴传给前后转向架上的二级、一级车轴齿轮箱，从而驱动轮对。

机车采用了资阳内燃机车厂设计的 ZJ2011 型多循环圆液力传动箱，内装一个 B8– Ⅱ型启动变扭器和一个 B10 型运转变扭器；其中启动变扭器适用于机车启动和低速工况，而运转变扭器适用于机车中、高速运转工况；机车运行过程中通过充排油换挡。中间齿轮箱的主要作用是使机车具有两挡不同的构造速度，分别为 40 km/h、80 km/h，以适用于调车和小运转工况。

机车走行部为两台二轴转向架，采用钢板焊接箱形结构构架、轴箱拉杆式定位。一系悬挂为轴箱两侧螺旋弹簧配油压减震器，不设二系悬挂，转向架以滑动摩擦旁承承载车体质量。牵引力和制动力通过中心销传递。

4. 解放型蒸汽机车

解放型蒸汽机车最初是美国设计制造的货运机车，取名“米卡多”（Mikado），代号为M/MA。1919—1928 年，由美国机车工厂制造。1935—1942 年，改由日本川崎、日立等厂制造。机车及煤水车总质量为 160.47 t，机车全长为 21 823 mm，动轮直径为 1 370 mm，车轴排列为 1–4–1 式。此后，日本将该款产品的设计图返售给美国、捷克、法国、中国等国家，这些国家都陆续生产这一系列的机车。

四方机车车辆厂首先参照旧机型中数量最多、功率较大、性能较好的干线货运机车进行设计制造。1952 年 7 月，中国制造的第一台机车出厂，命名为解放型，代号 JF。机车全长为 21 906 mm，构造速度为 80 km/h，模数牵引力为 236 kN，轴式 1–4–1。四方、大连、齐齐哈尔等机车厂先后批量生产，1960 年停止生产，共制造 455 台。该系列的机车型号有 20 多种，分别被命名为 JF、JF1、JF2、JF3、JF4、JF5、JF6、JF7、JF8、JF9、JF10、JF11、JF12、JF13、JF15、JF16、JF17、JF18、JF21、JF51 等。

5. 胜利型蒸汽机车

胜利型蒸汽机车 1914—1922 年间由美国机车公司（ALCO）设计制造。该型车及煤水车总质量为 132.84 t，机车全长为 20 397 mm，动轮直径为 1 580 mm，车轴排列为 2–3–1 式，曾配属京绥铁路，有 20 台。四方机车车辆厂于 1956 年开始对其

图 3-115　胜利型蒸汽机车

进行参照设计，编号从 601 号开始，到 1959 年停产为止，共计生产了 151 台。国产胜利型干线客运蒸汽机车投入运用后，长途直达旅客列车扩大了编组，取得了很好的社会与经济效益。

参考文献

[1] 张柏春，姚芳，张久春 . 苏联技术向中国的转移（1949—1966）[M]. 济南：山东教育出版社，2004.

[2] 刘济美 . 一个国家的起飞：中国商用飞机的生死突围 [M]. 北京：中信出版集团，2016.

[3] 麦卡菲，琼斯 . 国防预算与财政管理 [M]. 陈波，邱一鸣，译 . 北京：经济科学出版社，2015.

[4] 柯伟林 . 德国与中华民国 [M]. 陈谦平，陈红民，武菁，等，译 . 南京：江苏人民出版社，2006.

[5] 梵冈 . 汽车设计：交通工具设计理念、方法、流程及演化 [M]. 温为才，译 . 北京：清华大学出版社，2015.

[6] 沈榆，张国新 . 1949—1979 中国工业设计珍藏档案 [M]. 上海：上海人民美术出版社，2014.

[7] 兰德斯 . 解除束缚的普罗米修斯 [M]. 谢怀筑，译 . 北京：华夏出版社，2007.

[8] 赖纳特 . 穷国的国富论 [M]. 贾根良，译 . 北京：高等教育出版社，2007.

[9] 刘人伟 . 永恒的记忆：苏联专家基列夫的中国情结 [M]. 北京：世界知识出版社，2010.

[10] 严鹏 . 富强求索：工业文化与中国复兴 [M]. 北京：电子工业出版社，2016.

[11] 严鹏 . 战略性工业化的曲折展开：中国机械工业的演化（1900—1957）[M]. 上海：上海人民出版社，2015.

[12] 中国航空工业史编修办公室 . 中国航空工业老照片 [M]. 北京：航空工业出版社，2012.

[13] 中国机械工业年鉴编辑委员会 . 中国机械工业 60 年图鉴 [M]. 北京：机械工业出版社，2010.

[14] 江泽民在一机部编写组 . 江泽民在一机部 1970—1980[M]. 北京：中央文献出版社，2014

[15] 詹金森，马奇曼 . 飞机设计案例教程 [M]. 李占科，译 . 北京：航空工业出版社，2013.

[16] 魏钢，陈应明，张维 . 中国飞机全书 [M]. 北京：航空工业出版社，2009.

[17] 周日新，孟赤兵，李周书，等 . 中国航空图志 [M]. 北京：北京航空航天大学出版社，2008.

[18] 周兰钦 . 运八起落架上采用耐久性设计更改的分析 [J]. 航空学报，1993，14(5)：313-316.

[19] 尹希林，李银海，张广庆 . 运 8F400 型飞机适航试飞 [C]// 航空实验技术学术交流会 . 2003.

[20] 侯勇 . 运八型飞机 [J]. 航空史研究，1996(3):45.

[21] 《中、大型机床采用拼焊结构研究》通过鉴定 [J]. 焊接，1988(02):28.

[22] 武汉重型机床研究所技术情报组 . C563 型 φ6.3 米立式车床 [J]. 机械制造 , 1964(4):8+1.

[23] 武汉重型机床厂 . C5235A 双柱立式车床 [J]. 机电新产品导报 , 1998(Z3):106.

[24] 吴晓明 , 赵梅芳 , 蒋登峰， 等 . C5235A 型机床可靠性指标计算和分析 [J]. 湖北工业大学学报 , 2003, 18(1):22–24.

[25] 齐齐哈尔第一机床厂 . C5250 型双柱立式车床 [J]. 机电新产品导报 , 1994(11):17–17.

[26] 上海市机床制造公司 . C61125 型 1.25 米普通车床 [J]. 机械制造 , 1962(11):47.

[27] 刘蜀 . C61200 轧辊车床修理工艺方法研究 [J]. 科技展望 , 2017(26).

[28] 瞿克俭 . C61200 重型卧式车床数控化改造方案设计 [J]. 武汉职业技术学院学报 , 2012, 11(5):86–88.

[29] 齐齐哈尔第一机床厂 . C61315 型重型普通卧式车床 [J]. 制造技术与机床 , 1977(6):64.

[30] 张冬生 . CK6132 型数控车床的设计 [J]. 科技资讯 , 2012(15):81–81.

[31] 张才信 . H194 型 CNC 数控端面外圆磨床 [J]. 精密制造与自动化 , 1990(1):74–75.

[32] 黄淑荣 . M5M 万能工具磨床的技术改造 [J]. 制造技术与机床 , 2012(4):140–142.

[33] 夏良明 . M113 外圆磨床液压冲击爬行的改进 [J]. 制造技术与机床 , 1983(1):42–43.

[34] 大连第四机床厂 . M7132A 卧轴矩台平面磨床试制成功 [J]. 精密制造与自动化 , 1977(2):78–81.

[35] 华觉源 , 王自裔 . MTU8V331TC41 柴油机的燃烧放热分析 [J]. 车用发动机 , 1982(4):3–17.

[36] 许向东 . T4163 镗床电气改装 [J]. 设备管理与维修 , 1987(2):48.

[37] 郭荫基 . T42100 型双柱坐标镗床精度检验项目分析及总装调整 [J]. 装备机械 , 1977(3).

[38] 林毓相 . T42100 坐标镗床水平主轴溜板进给控制 [J]. 制造技术与机床 , 1984(2):32–34+45.

[39] 李建猷 , 朱文浩 . T42200 大型坐标镗床的设计与结构分析 [J]. 制造技术与机床 , 1974(1):27–34+46.

[40] 昆明机床厂 . T42200 大型坐标镗床简介 [J]. 制造技术与机床 , 1972(2):7–9.

[41] 何玲祥 , 张继尧 . W029 强力旋压机床静压导轨的设计 [J]. 机床与液压 , 1988(6):23–34.

[42] 丁景民 . Y7125A 磨齿机砂轮修整器的数控技术改造 [J]. 中国设备工程 , 1999(7):25–26.

[43] 张健 . Y7125 型磨齿机的数控化改造 [D]. 西安工业大学 , 2013.

[44] 佚名 . YK7232 数控蜗杆砂轮磨齿机 [J]. 中国对外贸易 , 1996(1):17–17.

[45] 陈实光 . YK7232 数控蜗杆砂轮磨齿机 [J]. 机械与电子 , 1994(5).

[46] 刘传科 . 不平凡的两年 介绍武汉重型机床厂铸造生产 [J]. 铸造 , 1959(10):6–8.

[47] 柳刚 . 从高原奔向大海——云南机床厂走上良性循环道路纪实 [J]. 中国经贸导刊 , 1994(13).

[48] 罗国鑫 . 从西德胡尔特公司最新的 SRS 系列剃齿刀磨床看我国 Y7125A 型磨齿机的改进方向 [J]. 精密制造与自动化 , 1988(4):12–13.

[49] 叶言正 . 第二届中国机床工具博览会筹展工作就绪 [J]. 精密制造与自动化 , 1990(1):80.

[50] 王德文 . 对西德 MTU 公司 331 柴油机活塞组设计的评论 [J]. 车用发动机 , 1981(2).

[51] 朱绍丰 . 发轫的一年——记我厂建厂一年来的发展与成就 [J]. 机械制造 , 1959(10):17–20.

[52] 桑恭 . 丰收 –35 型轮式拖拉机 [J]. 机械制造 , 1964(10):20–23.

[53] 谈士良 . 丰收 –45 拖拉机创制成功 [J]. 粮油加工与食品机械 , 1971(4):27–28.

[54] 胡延庆 . 丰收型拖拉机水田驱动轮在江西地区的试验研究 [J]. 农业机械学报 , 1965(5).

[55] 无锡机床厂 . 国营无锡柴油机厂和公私合营无锡机床厂 加工、装配、锻工车间 1956 年第一季度竞赛合同 [J]. 制造技术与机床 , 1956(6):1–3+13.

[56] 唐建刚 . 环形外球面加工工装 [J]. 金属加工 (冷加工) 冷加工 , 2002(10):30–30.

[57] 尹国仙 . 机床工业的一颗 “明珠” ——记武汉重型机床厂的变化 [J]. 中国机械工程 , 1979(z1):27–29.

[58] 王琼礼 . 减轻工人疲劳的新设计 [J]. 制造技术与机床 , 1956(20):35.

[59] 王邦益 . 老厂换新颜 “明珠” 放光彩——昆明机床厂发展成就 [J]. 制造技术与机床 , 1989(2):10.

[60] 秦川机床厂 . 秦川机床厂研制成功新型磨齿机 [J]. 工具技术 , 2000, 34(12):26–26.

[61] 贝加勋 . 上海 –50 型和丰收 –35 型拖拉机转向器的装配 [J]. 农业机械 , 1998(3).

[62] 梁玉 , 谭弘颖 . 上海机床百年沧桑之二：中流砥柱之上海机床公司 [J]. 制造技术与机床 , 2017(6):1–4.

[63] 梁玉 , 谭弘颖 . 上海机床百年沧桑之三：中流砥柱之上海机床厂 [J]. 制造技术与机床 , 2017(7):1–4.

[64] 上海机床厂磨床研究所 . 上海机床厂产品治三漏点滴 [J]. 精密制造与自动化 , 1976(3):29–39.

[65] 上海机床厂磨床研究所 . 上海机床厂高精度万能外圆磨床的发展概况及其主要的几个技术问题 [J].

精密制造与自动化, 1976(3):10–14.

[66] 第二机器工业管理局生产处 . 上海机床厂是怎样把生产技术准备工作组织起来的 [J]. 制造技术与机床, 1955(18):1–13+48.

[67] 上海重型机床厂 . 上海重型机床厂简介 [J]. 装备机械, 1981(4):54–56.

[68] 沈阳第一机床厂 . 沈阳第一机床厂关于执行苏联专家建议工作中的缺点及改进办法 [J]. 制造技术与机床, 1960(s1):22–23.

[69] 李欣 . 沈阳机床：迟来的醒悟 [J]. 软件和信息服务, 2004(1):85–88.

[70] 张永红 . 双柱立式车床刀架故障的分析 [J]. 制造技术与机床, 1994(2).

[71] 梁训瑄, 尚玉润, 倪嘉容 . 苏联专家布罗斯古林对沈阳第一机床厂组织机构的建议 [J]. 制造技术与机床, 1960(s5):1–13.

[72] 丰收 –35 拖拉机“治漏”攻关组 . 我们是怎样开展丰收 –35 拖拉机“治漏”工作的 [J]. 洛阳：拖拉机与农用运输车, 1977(1).

[73] 武汉重型机床厂情报组 . 卧式工频感应熔炼炉——在武汉重型机床厂试制成功 [J]. 工业加热, 1972(2):51.

[74] 姜学文 . 无锡机床厂简介 [J]. 制造技术与机床, 1989(2):9.

[75] 于胜军 . 武汉重型机床厂产品开发及发展近况 [J]. 制造技术与机床, 1990(2):6–7.

[76] 广州机床研究所静压室 . 液体静压技术在大型机床上的应用 [J]. 机床与液压, 1974(6):3–124.

[77] 佚名 . 跃进中的上海机床工业 上海工业展览会机床展品简介 [J]. 制造技术与机床, 1972(3):6–12.

[78] 贾剑 . 在 M7475B 平面磨床上磨削大直径工件 [J]. 轴承, 2003(11):21–21.

[79] 刘先海 . 在外圆磨床上磨制▽▽▽▽ 12 工件的经验 [J]. 金属加工 (冷加工) 冷加工, 1964(3).

[80] 机床与静压编辑部 . 在重型机床中大力推广应用感应同步器和数显装置 [J]. 机床与液压, 1976(2):32–33.

[81] 沈机集团昆明机床股份有限公司 . 制造精密 昆明机床 [J]. 云南科技管理, 2009, 22(3):86–86.

[82] 曾江 . 中国金属加工 60 年 (18) 上海金属切削机床制造业的一面旗帜：上海机床厂 [J]. 金属加工 (冷

加工）冷加工，2009(18):4–5.

[83] 中加美三国公司签署运 –8 飞机改装协议 [N]. 新华每日电讯，2000–07–27(007).

[84] 佚名 . 东风 –4 型内燃机车 [J]. 铁道机车与动车，1979(5):26–35.

[85] 昆明机床厂厂志编辑部 . 昆明机床厂志 1936——1989. 昆明机床厂

[86] 武汉重型机床厂厂志办公室 . 武汉重型机床厂厂志 . 武汉重型机床厂厂志办公室，1988

[87] 国营上海机床厂 . 产品样本 . 国营上海机床厂

[88] 铁道部资阳内燃机车工厂 . 东方红 <5> 型调小内燃机车液力传动装置使用与维护 . 铁道部资阳内燃机车工厂

[89] 秦川机床厂情报室 . 秦川机床厂新产品简介 . 秦川机床厂

[90] 第一机械工业部、技术情报所、机械工人编辑部 . 机械工人热加工 1959 年第七期 . 北京：机械工业出版社

[91] 第一机械工业部、技术情报所、机械工人编辑部 . 机械工人热加工 1959 年第八期 . 北京：机械工业出版社

[92] 第一机械工业部、技术情报所、机械工人编辑部 . 机械工人热加工 1959 年第九期 . 北京：机械工业出版社

[93] 第一机械工业部、技术情报所、机械工人编辑部 . 机械工人热加工 1959 年第十期 . 北京：机械工业出版社

[94] 第一机械工业部、技术情报所、机械工人编辑部 . 机械工人热加工 1959 年第十一期 . 北京：机械工业出版社

[95] 第一机械工业部、技术情报所、机械工人编辑部 . 机械工人热加工 1959 年第十二期 . 北京：机械工业出版社

[96] 第一机械工业部、技术情报所、机械工人编辑部 . 机械工人热加工 1960 年第一期 . 北京：机械工业出版社

[97] 第一机械工业部、技术情报所、机械工人编辑部 . 机械工人热加工 1960 年第二期 . 北京：机械工业

出版社
[98] 第一机械工业部、技术情报所、机械工人编辑部．机械工人热加工 1960 年第三期．北京：机械工业出版社
[99] 第一机械工业部、技术情报所、机械工人编辑部．机械工人热加工 1960 年第四期．北京：机械工业出版社
[100] 第一机械工业部、技术情报所、机械工人编辑部．机械工人热加工 1960 年第五期．北京：机械工业出版社
[101] 第一机械工业部、技术情报所、机械工人编辑部．机械工人热加工 1960 年第六期．北京：机械工业出版社
[102] 机械工人出版社．机械工人冷加工 1958 年第一期．北京：机械工业出版社
[103] 机械工人出版社．机械工人冷加工 1958 年第二期．北京：机械工业出版社
[104] 机械工人出版社．机械工人冷加工 1958 年第三期．北京：机械工业出版社
[105] 机械工人出版社．机械工人冷加工 1958 年第四期．北京：机械工业出版社
[106] 机械工人出版社．机械工人冷加工 1958 年第五期．北京：机械工业出版社
[107] 机械工人出版社．机械工人冷加工 1958 年第六期．北京：机械工业出版社
[108] 机械工人出版社．机械工人冷加工 1958 年第七期．北京：机械工业出版社
[109] 机械工人出版社．机械工人冷加工 1958 年第八期．北京：机械工业出版社
[110] 机械工人出版社．机械工人冷加工 1958 年第九期．北京：机械工业出版社
[111] 机械工人出版社．机械工人冷加工 1958 年第十期．北京：机械工业出版社
[112] 机械工人出版社．机械工人冷加工 1958 年第十一期．北京：机械工业出版社
[113] 机械工人出版社．机械工人冷加工 1958 年第十二期．北京：机械工业出版社
[114] 机械工人出版社．机械工人冷加工 1959 年第一期．北京：机械工业出版社
[115] 机械工人出版社．机械工人冷加工 1959 年第二期．北京：机械工业出版社
[116] 机械工人出版社．机械工人冷加工 1959 年第三期．北京：机械工业出版社

[117] 机械工人出版社 . 机械工人冷加工 1959 年第四期 . 北京：机械工业出版社

[118] 机械工人出版社 . 机械工人冷加工 1959 年第五期 . 北京：机械工业出版社

[119] 机械工人出版社 . 机械工人冷加工 1959 年第六期 . 北京：机械工业出版社

[120] 上海动力机厂、上海拖拉机齿轮厂、上海七一拖拉机厂编 . 丰收 –35 水田型拖拉机零件图册 . 上海：上海市出版革命组

[121] 上海动力机厂、上海拖拉机齿轮厂、上海七一拖拉机厂编 . 丰收 –35 水田型拖拉机结构图 . 上海：上海人民出版社

[122] 上海动力机厂、上海拖拉机齿轮厂、上海七一拖拉机厂编 . 丰收 –35 型拖拉机的结构与维修 . 上海：上海人民出版社

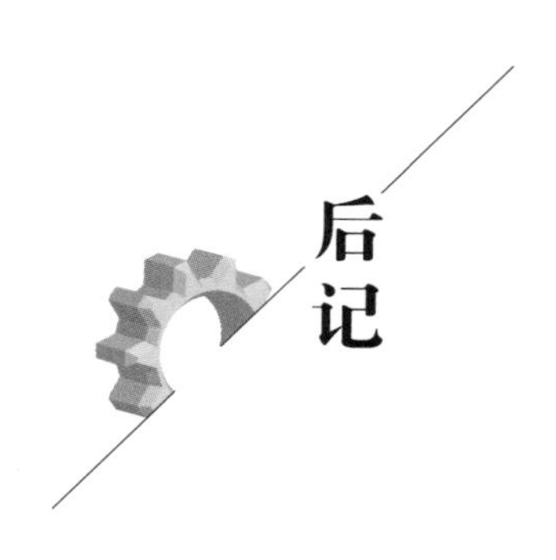

后记

写完本卷书，我们不禁感慨万端，以我们现有的知识和能力来研究似乎十分勉强，但是要叙述工业设计中国之路，工业装备设计无论如何都是不能回避的内容，尽管这个问题在今天仍然是有争议的。长期以来，不少的学者简单地用一般的工业设计思想来考察工业装备的设计，并不自觉地将“工业设计”与“工程设计”对立起来，由此简单地否定了中国工业装备设计的成就。因为对中国工业化进程中工业装备设计的价值和历史作用缺少专题的研究，而且对国际机械设计的成果、作用和发展历史也知之甚少，所以不可避免地产生了一些误读。

相对于公众触手可及的通用产品，工业装备设计、制造的“预算、指标、时间”构成了其基本的“三要素”，即必须在预算范围之内，研发周期之中来实现规定的参数指标，其工业设计的态度也更为理性与冷静。为此，工业装备设计不仅需要有宏观的战略构想，还需要大量的技术、工程集成与创新作为基础。设计需要动用更多的社会资源，甚至需要国家机器的推动，才能实现一件装备所承载的战略价值。鉴于这种特点，用工业设计通用的方法与经验来评判工业装备产品是十分不够的，也是缺乏专业性的。本卷写作的意义就在于希望通过大量基础资料再现相关产品的诞生过程，使读者能对工业装备的设计有一个正向的认识。书中的每一件产品都是具有时代意义的，都需要一个彻底的和系统性的研究，为此我们尽量呈现相关的数据并尽可能地做介绍。

为此我们要感谢华中师范大学中国近代史研究所的严鹏教授，他的一系列学术观点拓宽了我们的视野。同时要感谢东华大学机械学院王继成教授，早在6年前我们初步构想写作的时候，他就带领我们考察了东华大学实训中心，邀请了经验丰富的指导教师来向我们介绍各类机床的性能，并让我们与学生一起听金工实习辅导课，其间我们还邀请过数位全国劳动模范来讲解各类机床操作的体会。华东理工大学聂桂平教授耐心仔细地给我们解释各种制造图纸，特别是苏联与欧美工程图表达方法的差异。原上海飞机制造厂陆峥高级工程师不断地给我们讲解关于工业设计在飞机设计中的作用，中国商用飞机有限公司工业设计室主任伍志湘女士赠送了公司出版的有关飞机设计的专业书籍，负责驾驶舱模块设计的董大勇高级工程师专门讲解了详细内容。特别要感谢西北工业大学余隋怀教授，他一直以来支持我们的研究和写作工作，在不涉密的情况下尽可能地介绍相关的设计成果，并欣然应允作序。还有无数的专家、教师、国内外同行朋友，无论在我们研究写作顺利还是碰到困难的时候，都给予了无私的帮助和鼓励，在此我们一并表示感谢。

本卷涉及的内容虽然并没有穷尽工业装备的所有内容，却依然涉及了大量的资料和技术文献的读解，从中碰到的困难可想而知，但是研究和写作不仅让我们更加清晰地看到了无数的设计前辈以身许国、忍辱负重、不断开拓的精神，更让我们看到了中国在推进工业化建设过程中史诗般的创举。正是这种伟大的实践奠定了中国在世界的地位，使得中国成为世界上为数不多的具有完整的工业体系的国家。诚然，我们的水平有限，全书中一定存在着许多问题和错误，我们真诚地希望读者能够提出宝贵的意见。

写完后记已经是2018年的春节，在这万物复苏的季节，我们期待着中国工业装备设计的春天。今天，我们面临的核心问题就是实现制造业智能升级，在与“互联网＋”的融合发展上，加快推动中国装备工业的“浴火重生”。在这个过程中工业设计一定是一个不可或缺的要素，希望我们对历史梳理和书写的成果能够成为未来工业设计的思想资源，期待我们仅限于示范性的研究能够引发更加深入的学术讨论。

沈榆

2018 年 2 月